新世纪高职高专
数控技术应用类课程规划教材

U0683273

数控车床高级工考证实训指导

SHUKONG CHECHUANG GAOJIGONG KAOZHENG SHIXUN ZHIDAO

新世纪高职高专教材编审委员会 组编

主编 俞 涛 张德荣

副主编 吴建峰 钟俊文

主审 蒋建强

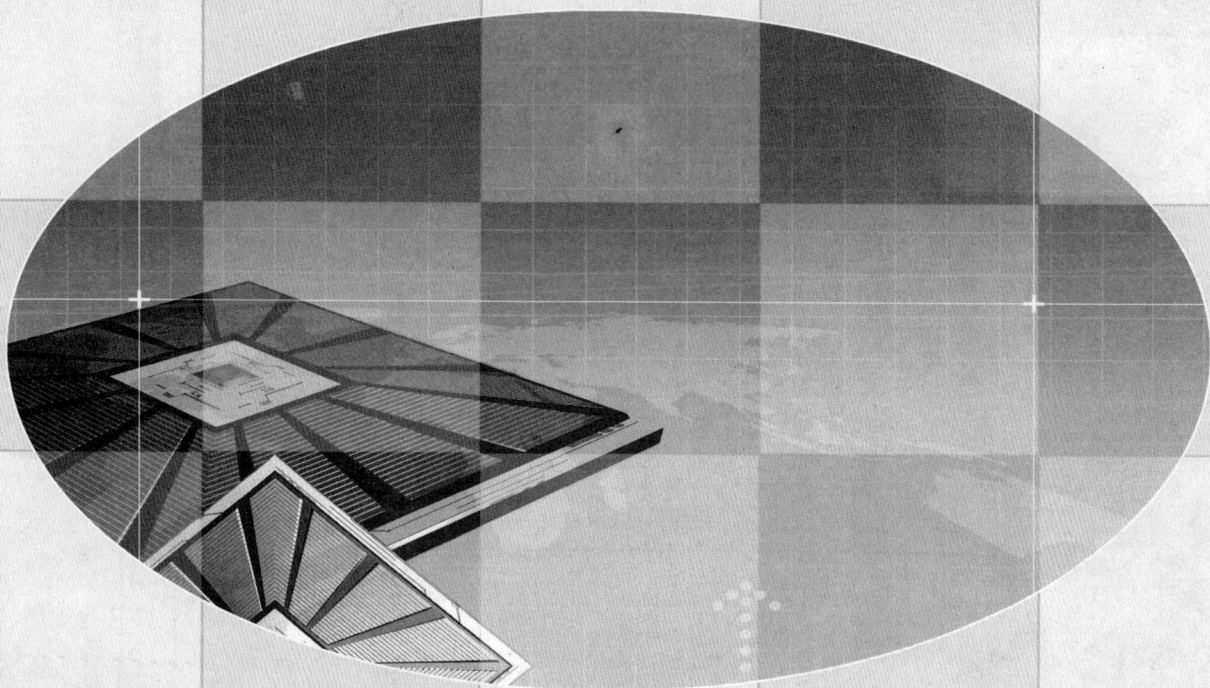

大连理工大学出版社
DALIAN UNIVERSITY OF TECHNOLOGY PRESS

图书在版编目(CIP)数据

数控车床高级工考证实训指导 / 俞涛,张德荣主编.
— 大连 : 大连理工大学出版社,2010.10
新世纪高职高专数控技术应用类课程规划教材
ISBN 978-7-5611-5805-0

Ⅰ.①数… Ⅱ.①俞… ②张… Ⅲ.①数控机床:车床—加工工艺—高等学校:技术学校—教材 Ⅳ.①TG519.1

中国版本图书馆 CIP 数据核字(2010)第 190683 号

大连理工大学出版社出版
地址:大连市软件园路 80 号 邮政编码:116023
发行:0411-84708842 邮购:0411-84703636 传真:0411-84701466
E-mail:dutp@dutp.cn URL:http://www.dutp.cn
大连业发印刷有限公司印刷 大连理工大学出版社发行

幅面尺寸:185mm×260mm   印张:15   字数:360 千字
印数:1~3000
2010 年 10 月第 1 版   2010 年 10 月第 1 次印刷

责任编辑:吴媛媛   责任校对:王 哲
封面设计:张 莹

ISBN 978-7-5611-5805-0   定 价:29.00 元

总 序

我们已经进入了一个新的充满机遇与挑战的时代,我们已经跨入了21世纪的门槛。

20世纪与21世纪之交的中国,高等教育体制正经历着一场缓慢而深刻的革命,我们正在对传统的普通高等教育的培养目标与社会发展的现实需要不相适应的现状作历史性的反思与变革的尝试。

20世纪最后的几年里,高等职业教育的迅速崛起,是影响高等教育体制变革的一件大事。在短短的几年时间里,普通中专教育、普通高专教育全面转轨,以高等职业教育为主导的各种形式的培养应用型人才的教育发展到与普通高等教育等量齐观的地步,其来势之迅猛,发人深省。

无论是正在缓慢变革着的普通高等教育,还是迅速推进着的培养应用型人才的高职教育,都向我们提出了一个同样的严肃问题:中国的高等教育为谁服务,是为教育发展自身,还是为包括教育在内的大千社会?答案肯定而且唯一,那就是教育也置身其中的现实社会。

由此又引发出高等教育的目的问题。既然教育必须服务于社会,它就必须按照不同领域的社会需要来完成自己的教育过程。换言之,教育资源必须按照社会划分的各个专业(行业)领域(岗位群)的需要实施配置,这就是我们长期以来明乎其理而疏于力行的学以致用问题,这就是我们长期以来未能给予足够关注的教育目的问题。

众所周知,整个社会由其发展所需要的不同部门构成,包括公共管理部门如国家机构、基础建设部门如教育研究机构和各种实业部门如工业部门、商业部门,等等。每一个部门又可作更为具体的划分,直至同它所需要的各种专门人才相对应。教育如果不能按照实际需要完成各种专门人才培养的目标,就不能很好地完成社会分工所赋予它的使命,而教育作为社会分工的一种独立存在就应受到质疑(在市场经济条件下尤其如此)。可以断言,按照社会的各种不同需要培养各种直接有用人才,是教育体制变革的终极目的。

随着教育体制变革的进一步深入,高等院校的设置是否会同社会对人才类型的不同需要一一对应,我们姑且不论。但高等教育走应用型人才培养的道路和走研究型(也是一种特殊应用)人才培养的道路,学生们根据自己的偏好各取所需,始终是一个理性运行的社会状态下高等教育正常发展的途径。

高等职业教育的崛起,既是高等教育体制变革的结果,也是高等教育体制变革的一个阶段性表征。它的进一步发展,必将极大地推进中国教育体制变革的进程。作为一种应用型人才培养的教育,它从专科层次起步,进而应用本科教育、应用硕士教育、应用博士教育……当应用型人才培养的渠道贯通之时,也许就是我们迎接中国教育体制变革的成功之日。从这一意义上说,高等职业教育的崛起,正是在为必然会取得最后成功的教育体制变革奠基。

高等职业教育还刚刚开始自己发展道路的探索过程,它要全面达到应用型人才培养的正常理性发展状态,直至可以和现存的(同时也正处在变革分化过程中的)研究型人才培养的教育并驾齐驱,还需要假以时日;还需要政府教育主管部门的大力推进,需要人才需求市场的进一步完善发育,尤其需要高职教学单位及其直接相关部门肯于做长期的坚忍不拔的努力。新世纪高职高专教材编审委员会就是由全国100余所高职高专院校和出版单位组成的旨在以推动高职高专教材建设来推进高等职业教育这一变革过程的联盟共同体。

在宏观层面上,这个联盟始终会以推动高职高专教材的特色建设为己任,始终会从高职高专教学单位实际教学需要出发,以其对高职教育发展的前瞻性的总体把握,以其纵览全国高职高专教材市场需求的广阔视野,以其创新的理念与创新的运作模式,通过不断深化的教材建设过程,总结高职高专教学成果,探索高职高专教材建设规律。

在微观层面上,我们将充分依托众多高职高专院校联盟的互补优势和丰裕的人才资源优势,从每一个专业领域、每一种教材入手,突破传统的片面追求理论体系严整性的意识限制,努力凸现高职教育职业能力培养的本质特征,在不断构建特色教材建设体系的过程中,逐步形成自己的品牌优势。

新世纪高职高专教材编审委员会在推进高职高专教材建设事业的过程中,始终得到了各级教育主管部门以及各相关院校相关部门的热忱支持和积极参与,对此我们谨致深深谢意,也希望一切关注、参与高职教育发展的同道朋友,在共同推动高职教育发展、进而推动高等教育体制变革的进程中,和我们携手并肩,共同担负起这一具有开拓性挑战意义的历史重任。

新世纪高职高专教材编审委员会

2001 年 8 月 18 日

前　言

　　《数控车床高级工考证实训指导》是新世纪高职高专教材编审委员会组编的数控技术应用类课程规划教材之一。

　　数控技术是用数字信息对机械运动和工作过程进行控制的技术,数控装备是以数控技术为代表的新技术对传统制造业和新兴制造业的渗透形成的机电一体化产品,即所谓的数字化装备,其技术范围覆盖很多领域,包括机械制造技术,信息处理、加工、传输技术,自动控制技术,伺服驱动技术,传感器技术和软件技术等。数控技术的应用不但给传统制造业带来了革命性的变化,使制造业成为工业化的象征,而且随着数控技术的不断发展和应用领域的扩大,对国计民生的一些重要行业(机械、汽车、轻工、医疗等)的发展起着越来越重要的作用,因为这些行业所需装备的数字化已是现代发展的大趋势。

　　学生或员工一旦进入现代企业就能够接受行业标准、通晓企业流程及适应工作规范,从而表现出强烈的职业化素质与人文素养,是职业教育所追求的。为配合国家紧缺型数控人才的培养,针对数控乃至相关专业高职高专的学生,我们编写了《数控车床高级工考证实训指导》。本教材是基于工作过程的课程开发方法(Work Process Based Curriculum Design Method)、按照从简单到复杂、从单一到组合的能力递增方法进行编写,内容充实,针对性强。目的是使学生或员工能够通过较短时间的学习或培训,尽快掌握数控车床的编程和操作,从而获得数控车床高级工技能证书。

　　针对高等职业教育的教学特点,本教材在编写过程中主要突出以就业为导向、以职业为载体的前提,结合企业对数控操作技术人才的规格需求,将教学的知识、能力目标以项目为载体设计成不同的学习情境,采用在行动体系下突出过程性知识的教学模式,替代原本在学科体系下以陈述知识为主的教学模式,让学生能在以形象思维为主的明确的项目目标引导下学会如何应用知识和掌握技能,让学生在"做中学",在"学中做",大大激发了学生的学习兴趣,使教学效果得以提高。

　　全书分为11个学习情境和1个附录,学习情境0主要介绍了数控机床特点、分类、机床坐标系及FANUC数控系统的程序格式;学习情境1~5分别介绍了轴类、中等复杂套类、成型

新世纪

面、槽类及螺纹类零件的编程及加工方法;学习情境6重点介绍了内、外螺纹等组合件编程及加工方法;学习情境7重点介绍了刀具补偿在编程中的应用;学习情境8重点介绍了内、外圆锥面配合等组合件的编程及加工方法;学习情境9重点介绍了宏程序编程及加工技巧;学习情境10重点介绍了高级工所必须具备的复杂组合件编程及加工技能;附录为数控车床操作工职业标准和数控车床高级工技能测试题库。通过本书的学习及实践,可以使学生全面掌握数控编程与操作技巧,提高数控编程和操作水平,从而获得数控车床中、高级工技能证书。

从实用角度及教学角度而言,本教材特别适合数控车床实训或数控车床中、高级操作工考证使用,结合学校实际情况,可以选用相关学习情境的内容实施教学。

本教材由南京铁道职业技术学院俞涛、张德荣任主编,硅湖职业技术学院吴建峰和苏州工业职业技术学院钟俊文任副主编,南京铁道职业技术学院刘晓冬、乔志花和王建胜参与了部分章节的编写。具体编写分工如下:学习情境4、7、8、10和附录由俞涛编写;学习情境6由吴建峰编写;学习情境9由钟俊文编写;学习情境5由张德荣编写;学习情境0由刘晓冬编写;学习情境1、2由乔志花编写;学习情境3由王建胜编写。全书由俞涛、张德荣负责统稿和定稿。苏州经贸职业技术学院蒋建强教授和常州机电职业技术学院马学峰老师审阅了全书并提出了许多宝贵的意见和建议,在此深表感谢!

由于编写时间仓促和作者水平有限,书中难免存在错误和不足,恳请广大读者批评指正,并将发现的问题和建议及时反馈给我们,以便修订时完善。

所有意见和建议请发往:gzjckfb@163.com

欢迎访问我们的网站:http://www.dutpgz.cn

联系电话:0411-84707492 84706104

编 者

2010 年 10 月

目　录

基础篇

子学习情境 1　数控机床概述

01　数控机床的特点

数控机床是由普通机床演变而来的,它将加工过程所需的各种操作(如主轴变速、松夹工件、进刀与退刀、开车与停车、选择刀具、供给冷却液等)和步骤及刀具与工件之间的相对位移量都用数字化代码表示,通过控制介质将数字信息送入专用或通用计算机,计算机对输入信息进行处理与运算,发出各种指令控制机床伺服系统或其他执行元件,使机床自动加工出所需要的工件。

数控车床与普通车床相比,其结构仍然是由主轴箱、刀架、进给传动系统、床身、液压系统、冷却系统、润滑系统等部分组成,但数控车床的传动系统与普通车床在结构上存在本质的差别。

普通车床:主轴的运动经过挂轮架、进给箱、溜板箱传到刀架,实现纵向进给和横向进给运动。

数控车床:采用伺服电动机经滚珠丝杠传到滑板和刀架,实现 Z 向(纵向)和 X 向(横向)进给运动。

同时,数控车床也有加工各种螺纹的功能,一般是采用伺服电动机驱动主轴旋转,并且在主轴箱内安装有脉冲编码器,其与数控系统配合使主轴电动机的旋转与刀架的切削进给保持同步关系,实现主轴转一周,刀架 Z 向移动一个导程的运动关系。

总的来说,数控加工有如下特点:

(1)自动化程度高,具有很高的生产效率。除手工装夹毛坯外,其余全部加工过程都可由数控机床自动完成。若配合自动装卸手段,则是无人控制工厂的基本组成环节。数控加工减轻了操作者的劳动强度,改善了劳动条件,省去了划线、多次装夹定位、检测等工序及其辅助操作,有效地提高了生产效率。

(2)对加工对象的适应性强。改变加工对象时,除了更换刀具和解决毛坯装夹方式外,只需重新编程即可,不需要作其他任何复杂的调整,从而缩短了生产准备周期。

(3)加工精度高,质量稳定。加工尺寸精度在 $0.005\sim0.01$ mm 之间,不受零件复杂程度的影响。由于大部分操作都由机器自动完成,因而消除了人为误差,提高了批量零件尺寸的一致性,同时精密控制的机床上还采用了位置检测装置,更加提高了数控加工的精度。

(4)易于建立与计算机间的通信联络,容易实现群控。由于机床采用数字信息控制,所以,易于与计算机辅助设计系统连接,形成 CAD/CAM 一体化系统,并且可以建立各机床间的联系,容易实现群控。

02 数控机床的加工原理

数控机床加工工件的过程如图 0-1 所示。

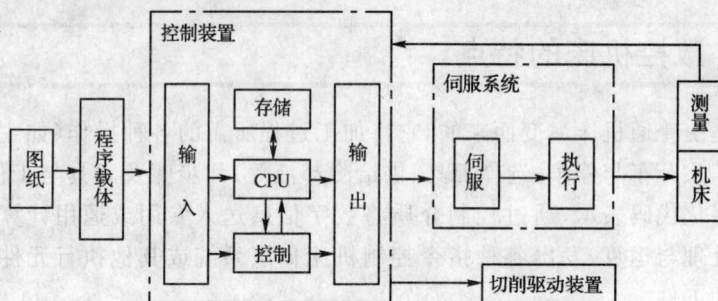

图 0-1 数控机床加工工件的过程

(1)在数控机床上加工工件时,首先要根据加工零件的图样与工艺方案,用规定的格式编写程序单,并且记录在程序载体上。数控机床工作时,不需要工人直接去操作机床,而是要对数控机床进行控制,这就必须编制加工程序。在零件加工程序中,包括机床上刀具和工件的相对运动轨迹、工艺参数(进给量、主轴转速等)和辅助运动等。将零件加工程序用一定的格式和代码,通过数控机床的输入装置,将程序信息输入到 CNC 单元。

(2)把程序载体上的程序通过输入装置输入到数控装置中去。数控装置是数控机床的核心。现代数控装置均采用 CNC(Computer Numerical Control)形式,这种 CNC 装置一般使用多个微处理器,以程序化的软件形式实现数控功能,因此又称软件数控(Software NC)。CNC 系统是一种位置控制系统,它是根据输入数据插补出理想的运动轨迹,然后输出到执行部件加工出所需要的零件。因此,数控装置主要由输入、处理和输出三个基本部分构成。而所有这些工作都由计算机的系统程序进行合理地组织,使整个系统协调地进行工作。

(3)数控装置将输入的程序经过运算处理后,向机床各个坐标的伺服系统发出信号。伺服系统包括驱动装置和执行机构两大部分。驱动装置由主轴驱动单元、进给驱动单元和主轴伺服电动机、进给伺服电动机组成。步进电动机、直流伺服电动机和交流伺服电动机是常用的驱动装置。

(4)伺服系统根据数控装置发出的信号,通过驱动装置(如步进电动机、直流伺服电动机、交流伺服电动机),经传动装置(如滚珠丝杠螺母副等),驱动机床各运动部件,使机床按规定的动作顺序、速度和位移量进行工作,从而制造出符合图样要求的零件。

(5)机床主机是数控机床的主体。它包括床身、底座、立柱、横梁、滑座、工作台、主轴箱、进给机构、刀架及自动换刀装置等机械部件。它是在数控机床上自动地完成各种切削加工的机械部分。

(6)数控机床的辅助装置。辅助装置是保证充分发挥数控机床功能所必需的配套装置,常用的辅助装置包括:气动、液压装置,排屑装置,冷却、润滑装置,回转工作台和数控分度头,防护、照明等各种辅助装置。

03　数控加工常用术语

1. 坐标联动加工

数控机床加工时的横向、纵向等进给量都是以坐标数据来进行控制的。像数控车床、数控线切割机床等是属于两坐标控制的,数控铣床则是三坐标控制的,还有四坐标轴、五坐标轴甚至更多的坐标轴控制的加工中心等。坐标联动加工是指数控机床的几个坐标轴能够同时进行移动,从而获得平面直线、平面圆弧、空间直线和空间螺旋线等复杂加工轨迹的能力。当然也有一些早期的数控机床尽管具有三个坐标轴,但能够同时进行联动控制的可能只是其中两个坐标轴,那就属于两坐标联动的三坐标机床。像这类机床就不能获得空间直线、空间螺旋线等复杂加工轨迹。要想加工复杂的曲面,只能采用在某平面内进行联动控制,第三轴作单独周期性进给的"两维半"加工方式。

2. 脉冲当量、进给速度与速度修调

数控机床各轴采用步进电动机、伺服电动机或直线电动机驱动,是用数字脉冲信号进行控制的。每发送一个脉冲,电动机就转过一个特定的角度,通过传动系统或直接带动丝杠,从而驱动与螺母副连接的工作台移动一个微小的距离。单位脉冲作用下工作台移动的距离就称之为脉冲当量。手动操作时数控坐标轴的移动通常是采用按键触发或手摇脉冲发生器(手轮方式)产生脉冲的,采用倍频技术可以使触发一次的移动量分别为 0.001 mm、0.01 mm、0.1 mm、1 mm 等多种控制方式,相当于触发一次分别产生 1、10、100、1000 个脉冲。

进给速度是指单位时间内坐标轴移动的距离,也即是切削加工时刀具相对于工件的移动速度。如某步进电动机驱动的数控轴,其脉冲当量为 0.002 mm,若数控装置在 0.5 min 内发送出 20000 个进给指令脉冲,那么其进给速度应为:$20000 \times 0.002/0.5 = 80$ mm/min。加工时的进给速度由程序代码中的 F 指令控制,但实际进给速度还是可以根据需要作适当调整的,这就是进给速度修调。修调是按倍率来进行计算的,如程序中指令为 F80,修调倍率调在 80% 挡上,则实际进给速度为 $80 \times 80\% = 64$ mm/min。同样的,有些数控机床的主轴转速也可以根据需要进行调整,那就是主轴转速修调。

3. 插补与刀补

数控加工直线或圆弧轨迹时,程序中只提供线段的两端点坐标等基本数据,为了控制刀具相对于工件走在这些轨迹上,就必须在组成轨迹的直线段或曲线段的起点和终点之间,按一定的算法进行数据点的密化工作,以填补确定一些中间点,如图 0-2(a)、(b)所示,各轴就以趋近这些点为目标实施配合移动,这就称之为插补。这种计算插补点的运算称为插补运算。早期 NC 硬线数控机床的数控装置中是采用专门的逻辑电路器件进行插补运算的,称之为插补器。在现代 CNC 软线数控机床的数控装置中,则是通过软件来实现插补运算的。现代数控机床大多都具有直线插补和平面圆弧插补的功能,有的机床还具有一些非圆曲线的插补功能。

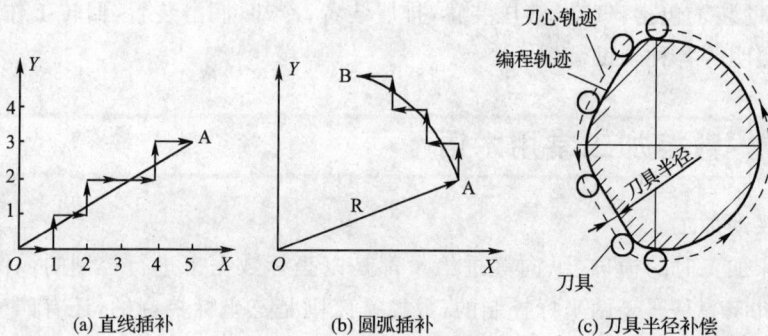

(a) 直线插补　　　(b) 圆弧插补　　　(c) 刀具半径补偿

图 0-2　插补和刀补

　　刀补是指数控加工中的刀具半径补偿和刀具长度补偿功能。具有刀具半径补偿功能的机床数控装置,能使刀具中心自动地相对于零件实际轮廓向外或向内偏离一个指定的刀具半径值,并使刀具中心在这偏离后的补偿轨迹上运动,刀具刃口正好切出所需的轮廓形状,如图 0-2(c)所示。编程时直接按照零件图纸的实际轮廓大小编写,再添加上刀补指令代码,然后在机床刀具补偿寄存器对应的地址中输入刀具半径值即可。加工时由数控机床的数控装置临时从刀补地址寄存器中提出刀具半径值,再进行刀补运算,然后控制刀具中心走在补偿后的轨迹上。刀具长度补偿主要是用于补偿由于刀具长度发生变化的情况。

04 数控机床种类

　　数控机床的种类很多,从不同角度对其进行考查,就有不同的分类方法,通常有以下几种不同的分类方法:

1. 按工艺用途分类

(1)切削加工类:数控镗铣床、数控车床、数控磨床、加工中心、数控齿轮加工机床、FMC 等。

(2)成型加工类:数控折弯机、数控弯管机等。

(3)特种加工类:数控线切割机、电火花加工机、激光加工机等。

(4)其他类型:数控装配机、数控测量机、机器人等。

2. 按控制功能分类

(1)点位控制数控系统:

适用范围:数控钻床、数控镗床、数控冲床和数控测量机。

（2）轮廓控制数控系统

适用范围：数控车床、数控铣床、加工中心等用于加工曲线和曲面的机床。现代的数控机床基本上都是装备的这种数控系统。

3.按联动轴数分类

（1）2 轴联动（平面曲线）；

（2）3 轴联动（空间曲面，球头刀）；

（3）4 轴联动（空间曲面）；

（4）5 轴联动及 6 轴联动（空间曲面）。

4.按数控系统的进给伺服子系统有无位置测量装置分类

按数控系统的进给伺服子系统有无位置测量装置可分为开环数控系统和闭环数控系统，在闭环数控系统中根据位置测量装置安装的位置又可分为全闭环和半闭环两种。

（1）开环数控系统（图 0-3）

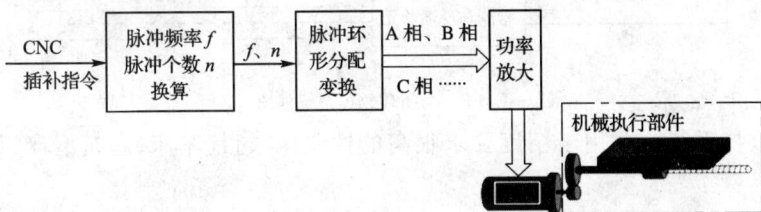

图 0-3 开环数控系统框图

开环数控系统一般用于经济型数控机床。没有位置测量装置，信号流是单向的（数控装置→进给系统），系统稳定性好，精度相对闭环数控系统来讲不高，其精度主要取决于伺服驱动系统和机械传动机构的性能和精度。一般以功率步进电动机作为伺服驱动元件。

这类系统具有结构简单、工作稳定、调试方便、维修简单、价格低廉等优点，在精度和速度要求不高、驱动力矩不大的场合得到了广泛应用。

（2）半闭环数控系统（图 0-4）

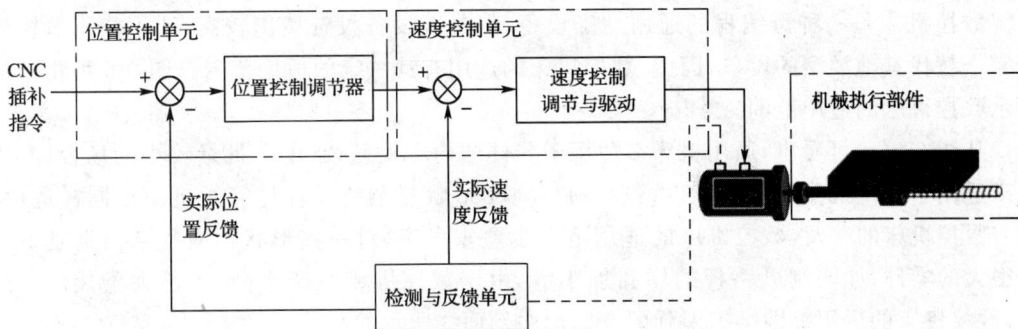

图 0-4 半闭环数控系统框图

半闭环数控系统结构简单，调试方便，精度也较高，因而在现代 CNC 机床中得到了广泛应用。

半闭环环路内不包括或只包括少量机械传动环节，因此可获得稳定的控制性能，其系统的稳定性虽不如开环数控系统,但比闭环数控系统要好。半闭环数控系统的位置采样点如图所示,是从驱动装置(常用伺服电动机)或丝杠引出,采样旋转角度进行检测,不是直接检测运动部件的实际位置。由于丝杠的螺距误差和齿轮间隙引起的运动误差难以消除。因此,其精度较闭环数控系统差,较开环数控系统好。

(3)全闭环数控系统(图 0-5)

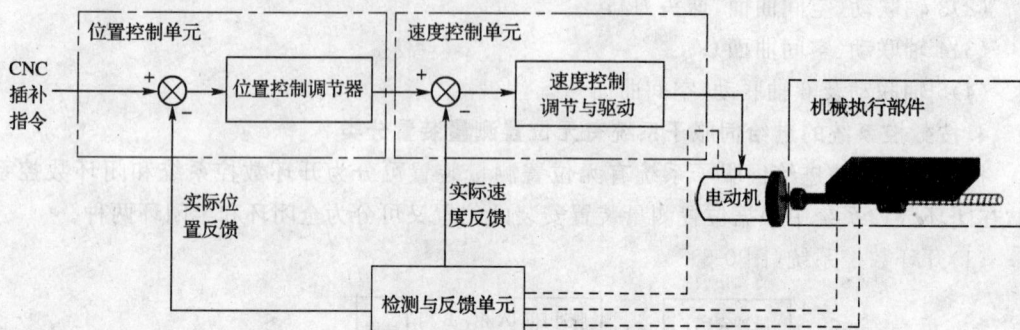

图 0-5 全闭环数控系统框图

全闭环数控系统主要用于精度要求很高的镗铣床、超精车床、超精磨床以及较大型的数控机床等。

全闭环数控系统的位置采样点如图中虚线所示,直接对运动部件的实际位置进行检测,从理论上讲,可以消除整个驱动和传动环节的误差、间隙和失动量。具有很高的位置控制精度。

由于位置环内的许多机械传动环节的摩擦特性、刚性和间隙都是非线性的,故很容易造成系统的不稳定,使闭环数控系统的设计、安装和调试都相当困难。

05 数控机床的应用范围

数控机床是一种可编程的通用加工设备,但是因设备投资费用较高,还不能用数控机床完全替代其他类型的设备,因此,数控机床的选用有其一定的适用范围。图 0-6 可粗略地表示数控机床的适用范围。

从图 0-6(a)可看出,通用机床多适用于零件结构不太复杂、生产批量较小的场合;专用机床适用于生产批量很大的零件;数控机床对于形状复杂的零件尽管批量小也同样适用。随着数控机床的普及,数控机床的适用范围也愈来愈广,对一些形状不太复杂而重复工作量很大的零件,如印制电路板的钻孔加工等,由于数控机床生产率高,也已大量使用。因而,数控机床的适用范围已扩展到图 0-6(a)中剖面线所示的范围。

图 0-6(b)表示当采用通用机床、专用机床及数控机床加工时,零件生产批量与零件总加工费用之间的关系。据有关资料统计,当生产批量在 100 件以下时,用数控机床加工具有一定复杂程度零件时,加工费用最低,能获得较高的经济效益。

由此可见,数控机床最适宜加工以下类型的零件:

(1)生产批量小的零件(100 件以下);

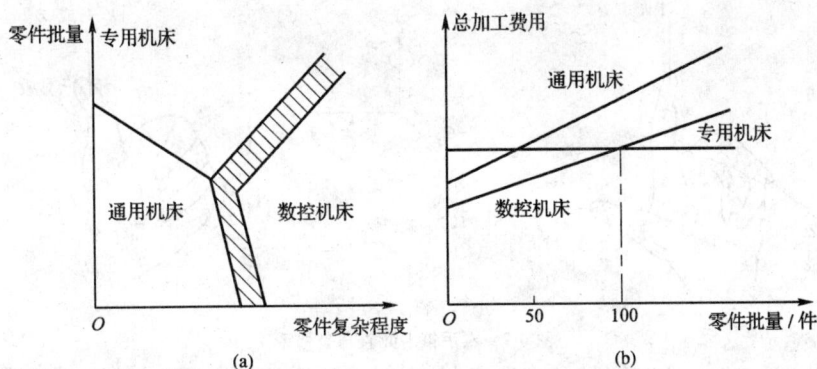

图 0-6 数控机床的适用范围

(2)需要进行多次改型设计的零件；

(3)加工精度要求高、结构形状复杂的零件，如箱体类，曲线、曲面类零件；

(4)需要精确复制和尺寸一致性要求高的零件；

(5)价值昂贵的零件，这种零件虽然生产量不大，但是如果加工中因出现差错而报废，将产生巨大的经济损失。

子学习情境 2　坐标系、程序的基本格式

01　坐标系

1.命名原则

数控机床的进给运动是相对的，有的是刀具相对于工件运动（如车床），有的是工件相对于刀具运动（如铣床）。为了使编程人员能在不知道是刀具移向工件，还是工件移向刀具的情况下，可以根据图样确定机床的加工过程，特规定：永远假定刀具相对于静止的工件移动，并且将刀具与工件距离增大的方向作为坐标轴的正方向。

2.标准坐标系

在数控机床上，机床的动作是由数控装置来控制的，为了确定数控机床上的成型运动和辅助运动，必须先确定机床上运动的位移和运动的方向，这就需要通过坐标系来实现，这个坐标系被称之为机床坐标系。

标准机床坐标系中 X、Y、Z 坐标轴的相互关系用右手笛卡儿直角坐标系决定，如图 0-7 所示。

(1)伸出右手的大拇指、食指和中指，并互成 $90°$。则大拇指代表 X 坐标，食指代表 Y 坐标，中指代表 Z 坐标。

(2)大拇指的指向为 X 坐标的正方向，食指的指向为 Y 坐标的正方向，中指的指向为 Z 坐标的正方向。

(3)围绕 X、Y、Z 坐标旋转的旋转坐标分别用 A、B、C 表示，根据右手螺旋定则，大拇指

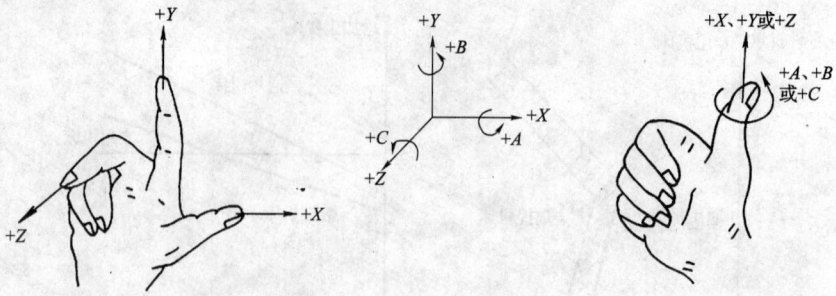

图 0-7   右手笛卡儿直角坐标系

的指向为 X、Y、Z 坐标中任意轴的正向,则其余四指的旋转方向即为旋转坐标 A、B、C 的正方向。

3. 坐标轴方向的规定

(1)Z 坐标

Z 坐标的运动方向是由传递切削动力的主轴所决定的,即平行于主轴轴线的坐标轴为 Z 坐标,Z 坐标的正方向为刀具离开工件的方向。

如果机床上有几个主轴,则选一个垂直于工件装夹平面的主轴方向为 Z 坐标方向;如果主轴能够摆动,则选垂直于工件装夹平面的方向为 Z 坐标方向;如果机床无主轴,则选垂直于工件装夹平面的方向为 Z 坐标方向。

(2)X 坐标

X 坐标平行于工件的装夹平面,一般在水平面内。确定 X 轴的方向时,要考虑以下两种情况:

①如果工件作旋转运动,则刀具离开工件的方向为 X 坐标的正方向。

②如果刀具作旋转运动,则分为两种情况:Z 坐标水平时,观察者沿刀具主轴向工件看时,$+X$ 运动方向指向右方;Z 坐标垂直时,观察者面对刀具主轴向立柱看时,$+X$ 运动方向指向右方。

(3)Y 坐标

在确定 X、Z 坐标的正方向后,可根据 X 和 Z 坐标的方向,按照右手直角坐标系来确定 Y 坐标的方向。

数控车床的坐标系如图 0-8 所示,数控立式铣床的坐标系如图 0-9 所示。

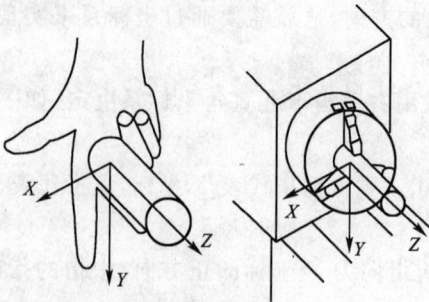

图 0-8   数控车床的坐标系

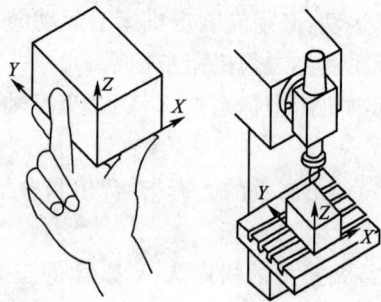

图 0-9   数控立式铣床的坐标系

4.附加坐标系

如果在基本的直角坐标轴 X、Y、Z 之外,还有其他轴线平行于 X、Y、Z,则附加的直角坐标系指定为 U、V、W 和 X'、Y'、Z',如图 0-10 所示。

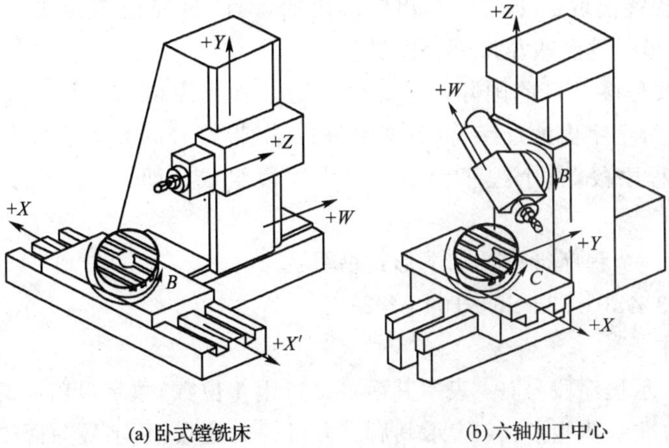

(a)卧式镗铣床   (b)六轴加工中心

图 0-10 多轴数控机床坐标系示例

5.原点坐标

机床坐标系是机床固有的坐标系,机床坐标系的原点也称为机床原点或机床零点,在机床经过设计制造和调整后这个原点便被确定下来,它是数控机床进行加工运动的基准参考点。

(1)数控车床的原点

在数控车床上,机床原点一般取在卡盘端面与主轴中心线的交点处。同时,通过设置参数的方法,也可将机床原点设定在 X、Z 坐标的正方向极限位置上。

(2)数控铣床的原点

在数控铣床上,机床原点一般取在 X、Y、Z 坐标的正方向极限位置上。

(3)机床参考点

数控装置上电时并不知道机床原点,为了正确地在机床工作时建立机床坐标系,通常在每个坐标轴的移动范围内设置一个机床参考点(测量起点),机床启动时进行机动或手动回参考点,以建立机床坐标系。

机床参考点的位置是由机床制造厂家在每个进给轴上用限位开关精确调整好的,是一个固定位置点,其坐标值已输入到数控系统中。因此机床参考点相对机床原点的坐标是一个已知数。

通常在数控铣床上机床原点和机床参考点是重合的;而在数控车床上机床参考点是离机床原点最远的极限点。

---

02 程序的格式

1.数控程序的格式

按程序段(行)的表达形式可分为固定顺序格式、表格顺序格式和地址数字格式三种。

固定顺序格式属于早期采用的数控程序格式,因其可读性差、编程不直观等原因,现已基本不用。

表格顺序格式程序的每个程序行都具有统一的格式,加工用数据间用固定的分隔符分隔,其编程工作类似于填表。当某一项数值为零时,其数值虽然可省略,但分隔符却不能省略;否则,在数控装置读取数据时就会出错。比如,国产数控快走丝线切割机床所采用的3B、4B 程序格式,就是这种表格顺序格式类型。

地址数字格式程序是目前国际上较为通用的一种程序格式。其组成程序的最基本的单位称之为"字",每个字由地址字符(英文字母)加上带符号的数字组成。各种指令字组合而成的一行即为程序段,整个程序则由多个程序段组成。即:字母+符号+数字→指令字→程序段→程序。

一般情况下,一个程序行可按如下形式书写:

N04 G02 X43 Z43…F32 S04 T04 M02;

在该程序行中:

N04——N 表示程序段号,04 表示其后最多可跟 4 位数,数字最前面的 0 可省略不写。

G02——G 为准备功能字,02 表示其后最多可跟 2 位数,数字最前面的 0 可省略不写。

X43、Z43——坐标功能字,其后跟的数字值有正、负之分,以±表示,正号可省略,负号不能省略。43 表示小数点前取 4 位数,小数点后可跟 3 位数。程序中作为坐标功能字的主要有作为第一坐标字的 X、Y、Z,平行于 X、Y、Z 的第二坐标字 U、V、W,第三坐标字 P、Q、R 以及表示圆弧圆心相对位置的坐标字 I、J、K,在五轴加工中心上可能还用到绕 X、Y、Z 旋转的对应坐标字 A、B、C 等。坐标数值单位由程序指令设定或系统参数设定。

F32——F 为进给速度指令字,32 表示小数点前取 3 位数,小数点后可跟 2 位数。

S04——S 为主轴转速指令字,04 表示其后最多可跟 4 位数,数字最前面的 0 可省略不写。

T04——T 为刀具功能字,04 表示其后最多可跟 4 位数。

M02——M 为辅助功能字,02 表示其后最多可跟 2 位数,数字最前面的 0 可省略不写。

总体来说,在地址数字格式程序中代码字的排列顺序没有严格的要求,不需要的代码字可以不写。整个程序的书写相对来说是比较自由的。

此外,为了方便程序编写,有时也往往将一些多次重复用到的程序段,单独抽出做成子程序存放,这样就将整个加工程序做成了主-子程序的结构形式。在执行主程序的过程中,如果需要,可多次重复调用子程序,有的还允许在子程序中再调用另外的子程序,即所谓"多层嵌套",从而大大简化了编程工作。至于主-子程序结构的程序例子,将会在后面实际加工应用中列举,到时再慢慢体会。

即使是广为应用的地址数字程序格式,不同的生产厂家,不同的数控系统,由于其各种功能指令的设定不同,所以对应的程序格式也有所差别。在加工编程时,一定要先了解清楚机床所用的数控系统及其编程格式后才能着手进行。当然,有些机床的程序格式不一定都会采用上述那样的格式说明方法,可能会采用表格分别说明的方式,如某机床列出其编程指令方式是:最大指令值±99999.999 mm,即相当于 X±53 的坐标字要求。

2. 程序编制的过程及方法

(1)程序编制过程

数控程序的编制应该有如下过程:

①分析零件图纸。要分析零件的材料、形状、尺寸、精度及毛坯形状和热处理要求等,以便确定该零件是否适于在数控机床上加工,或适于在哪类数控机床上加工。有时还要确定在某台数控机床上加工该零件的哪些工序或哪几个表面。

②确定工艺过程。确定零件的加工方法(如采用的工夹具、装夹定位方法等)和加工路线(如对刀点、走刀路线),并确定加工用量等工艺参数(如切削进给速度、主轴转速、切削宽度和深度等)。

③数值计算。根据零件图纸和确定的加工路线,算出数控机床所需输入数据,如零件轮廓相邻几何元素的交点和切点,用直线或圆弧逼近零件轮廓时相邻几何元素的交点和切点等的计算。

④编写程序单。根据加工路线计算出的数据和已确定的加工用量,结合数控系统的程序段格式编写零件加工程序单。此外,还应填写有关的工艺文件,如数控加工工序卡片、数控刀具卡片、工件安装和零点设定卡片等。

⑤制备控制介质。按程序单将程序内容记录在控制介质(如穿孔纸带)上作为数控装置的输入信息。应根据所用机床能识别的控制介质类型制备相应的控制介质。

⑥程序调试和检验。可通过模拟软件来模拟实际加工过程,或将程序送到机床数控装置后进行空运行,或通过首件加工等多种方式来检验所编制出的程序,发现错误则应及时修正,一直到程序能正确执行为止。

(2)程序编制方法

数控程序的编制方法有手工编程和自动编程两种。

①手工编程。从零件图样分析及工艺处理、数值计算、书写程序单、制穿孔纸带直至程序的校验等各个步骤,均由人工完成,则属手工编程。对于点位加工或几何形状不太复杂的零件来说,编程计算较简单,程序量不大,手工编程即可实现。但对于形状复杂或轮廓不是由直线、圆弧组成非圆曲线零件;或者是空间曲面零件即使由简单几何元素组成,但程序量很大,因而计算相当繁琐,手工编程困难且易出错,则必须采用自动编程的方法。

②自动编程。编程工作的大部分或全部由计算机完成的过程称自动编程。编程人员只需根据零件图纸和工艺要求,用规定的语言编写一个源程序或者将图形信息输入到计算机中即可,由计算机自动地进行处理,计算出刀具中心的轨迹,编写出加工程序清单,并自动制成所需控制介质。由于走刀轨迹可由计算机自动绘出,所以可方便地对编程错误进行及时的修正。

子学习情境 3　刀具的选用

01　数控车床加工刀具及其选择

1. 常用车刀的用途

车刀是用于车削加工的、具有一个切削部分的刀具。车刀是切削加工中应用最广的刀具之一。车刀的工作部分就是产生和处理切屑的部分,包括刀刃、使切屑断碎或卷拢的结构、排屑或容储切屑的空间、切削液的通道等结构要素。

2. 常用车刀的种类

（1）按结构分类

按结构不同,可分为整体车刀、焊接车刀、机夹车刀、可转位车刀和成型车刀。其中可转位车刀的应用日益广泛,在车刀中所占比例逐渐增加。

（2）硬质合金焊接式车刀

所谓硬质合金焊接式车刀,就是在非合金钢刀杆上按刀具几何角度的要求开出刀槽,用焊料将硬质合金刀片焊接在刀槽内,并按所选择的几何参数刃磨后使用的车刀。

（3）机夹车刀

机夹车刀是指采用普通刀片,用机械夹固的方法将刀片夹持在刀杆上使用的车刀。

3. 常用车刀的选用

（1）刀片材质的选择

常见刀片材料有高速钢、硬质合金、涂层硬质合金、陶瓷、立方氮化硼和金刚石等,其中应用最多的是硬质合金和涂层硬质合金刀片。选择刀片材质主要依据被加工工件的材料、被加工表面的精度、表面质量要求、切削载荷的大小以及切削过程有无冲击和振动等。

（2）刀片尺寸的选择

刀片尺寸的大小取决于必要的有效切削刃长度 L。有效切削刃长度 L 与背吃刀量 a_p 和车刀的主偏角 k_r 有关(图 0-11),使用时可查阅有关刀具手册选取。

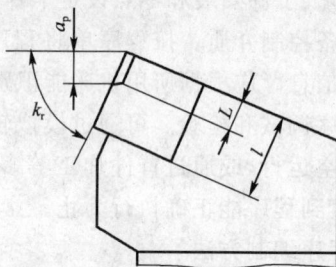

图 0-11 有效切削刃长度、背吃刀量与主偏角关系

（3）刀片形状的选择(图 0-12)

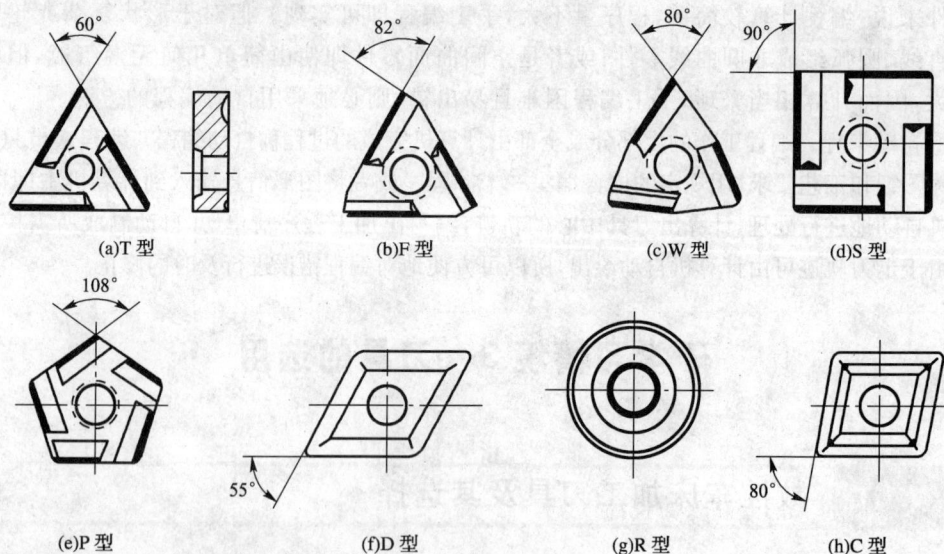

(a)T 型   (b)F 型   (c)W 型   (d)S 型

(e)P 型   (f)D 型   (g)R 型   (h)C 型

图 0-12 刀片形状的选择

刀片形状主要依据被加工工件的表面形状、切削方法、刀具寿命和刀片的转位次数等因素选择。

02 数控车削加工的切削用量选择

1.切削用量的选用原则

(1)背吃刀量 a_P 的确定

背吃刀量根据机床、工件和刀具的刚度来决定,在刚度允许的条件下,应尽可能使背吃刀量等于工件的加工余量,这样可以减少走刀次数,提高生产效率。为了保证加工表面质量,可留少许精加工余量,一般为 0.2~0.5 mm。

(2)切削速度 v 的确定

切削速度是指切削时,车刀切削刃上某一点相对待加工表面在主运动方向上的瞬时速度(m/min),又称为线速度。

与普通车削加工时一样,根据零件上被加工部位的直径,并按零件和刀具的材料及加工性质等条件所允许的切削速度根据实践经验来确定。

(3)进给量 f 的确定

进给量是指工件旋转一周,车刀沿进给方向移动的距离,单位为 mm/r,它与背吃刀量有着较密切的关系。表 0-1 为一些资料上切削用量推荐数据,供使用时参考。

表 0-1 切削用量推荐数据

工件材料	加工内容	背吃刀量 a_P/mm	切削速度 v/(m·min⁻¹)	进给量 f/(m·r⁻¹)	刀具材料
碳素钢 $\sigma_b>600$ MPa	粗加工	5~7	60~80	0.2~0.4	YT 类
	粗加工	2~3	80~120	0.2~0.4	
	精加工	2~6	120~150	0.1~0.2	
碳素钢 $\sigma_b>600$ MPa	钻中心孔		500~800(r·min⁻¹)		W18Cr4V
	钻孔		约 30	0.1~0.2	
	切断(宽带<5 mm)		70~110	0.1~0.2	YT 类
铸铁 200HBS 以下	粗加工		50~70	0.2~0.4	YG 类
	精加工		70~100	0.1~0.2	
	切断(宽带<5 mm)		50~70	0.1~0.2	

2.选择切削用量时应注意的问题

(1)切削用量选择的一般原则

粗车时,宜选择大的背吃刀量 a_P、较大的进给量 f 和较低的切削速度 v,以提高生产率;半精车或精车时,应选用较小(但不能太小)的背吃刀量 a_P、进给量 f 以及较高的切削速度 v,以保证零件加工精度和表面粗糙度。

(2)主轴转速

由于交流变频调速数控车床低速输出力矩小,因而切削速度不能太低。主轴转速 n 可用下式计算

$$n=1000\ v/\pi d \qquad (0\text{-}1)$$

（3）车削螺纹时的主轴转速

①螺纹加工程序段中指令的螺距值。

②刀具在其位移过程的始/终，都将受到伺服驱动系统升/降频率和数控装置插补运算速度的约束。

③车削螺纹必须通过主轴的同步运行功能来实现，即车削螺纹需要有主轴脉冲发生器（编码器）。当其主轴转速选择过高、编码器的质量不稳定时，会导致工件螺纹产生乱纹（俗称"烂牙"）。

车床数控系统推荐车削螺纹时主轴转速如下

$$n \leqslant \frac{1200}{P} - k \tag{0-2}$$

式中　P——被加工螺纹螺距，mm；

　　　k——保险系数，一般为 80。

03　数控车削加工的装夹与定位

1. 数控车床的定位及装夹要求

（1）在数控车床上加工零件，应按工序集中的原则划分工序，在一次装夹下尽可能完成大部分甚至全部表面的加工。根据零件的结构形状不同，通常选择外圆、端面或内孔装夹，并力求设计基准、工艺基准和编程基准统一，以减少定位误差，提高加工精度。

（2）要充分发挥数控车床的加工效能，工件的装夹必须快速，定位必须准确。

2. 数控车床对工件的装夹要求

（1）首先应具有可靠的夹紧力，以防止工件在加工过程中松动。

（2）其次应具有较高的定位精度，并多采用气动或液压夹具，以便于迅速和方便地装拆工件。

3. 常用的夹具形式及定位方法

（1）圆柱心轴定位夹具

加工套类零件时，常用工件的孔在圆柱心轴上定位，如图 0-13(a)、(b)所示。

（2）小锥度心轴定位夹具

将圆柱心轴改成锥度很小的锥体（$C=1/1000\sim1/5000$）时，就成了小锥度心轴。

工件在小锥度心轴定位，消除了径向间隙，提高了心轴的定心精度。定位时，工件楔紧在心轴上，靠楔紧产生的摩擦力带动工件，不需要再夹紧，且定心精度高；缺点是工件在轴向不能定位。

这种方法适用于有较高精度定位孔的工件精加工。

（3）圆锥心轴定位夹具

当工件的内孔为锥孔时，可用与工件内孔锥度相同的圆锥心轴定位。为了便于卸下工件，可在心轴大端配上一个旋出工件的螺母。如图 0-13(c)、(d)所示。

（4）螺纹心轴定位夹具

当工件内孔是螺孔时，可用螺纹心轴定位夹具。如图 0-13(e)、(f)所示。

（5）拨齿顶尖夹具

用于轴类工件车削的夹具。车削时，工件由主轴上通过变径套而安装的拨齿带动旋转。

(a) 减小平面的圆柱心轴　　　　(b) 增加球面垫圈的圆柱心轴

(c) 普通圆锥心轴　　　　(d) 带螺母的圆锥心轴

(e) 简易螺纹心轴　　　　(f) 带螺母的螺纹心轴

图 0-13　心轴的使用

04 数控车削加工中的装刀与对刀

装刀与对刀是数控机床加工中极其重要并十分棘手的一项工艺准备工作。对刀的好与差,将直接影响到加工程序的编制及零件的尺寸精度。通过对刀或刀具预调,还可同时测定其各号刀的刀位偏差,有利于设定刀具补偿量。

1. 车刀的安装

图 0-14 是车刀安装角度示意图,正确地安装车刀,是保证加工质量、减小刀具磨损、提高刀具使用寿命的重要步骤。

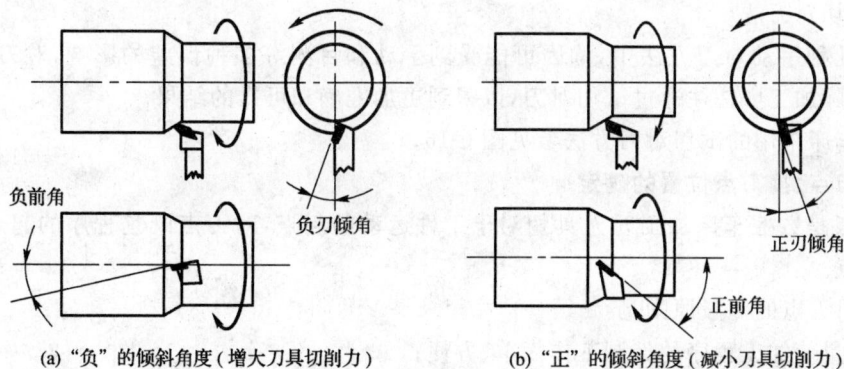

负前角　　负刃倾角　　　　　　正刃倾角　　正前角

(a)"负"的倾斜角度(增大刀具切削力)　　　　(b)"正"的倾斜角度(减小刀具切削力)

图 0-14　车刀安装角度示意图

2. 刀位点（图 0-15）

刀位点是指在加工程序编制中,用以表示刀具特征的点,也是对刀和加工的基准点。

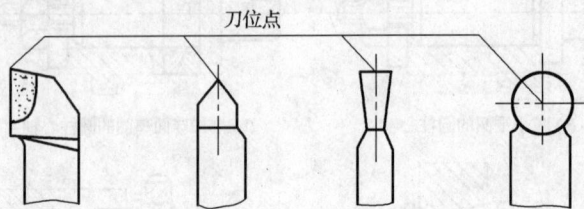

图 0-15　刀位点

3. 对刀

在加工程序执行前,调整每把刀的刀位点,使其尽量重合于某一理想基准点,这一过程称为对刀。

理想基准点可以设定在基准刀的刀尖上,也可以设定在对刀仪的定位中心(如光学对刀镜内的十字刻线交点)上。

对刀一般分为手动对刀和自动对刀两大类。目前,绝大多数的数控机床(特别是车床)采用手动对刀,其基本方法有定位对刀法、光学对刀法和试切对刀法。

(1)定位对刀法

定位对刀法的实质是按接触式设定基准重合原理而进行的一种粗定位对刀方法,其定位基准由预设的对刀基准点来体现。

对刀时,只要将各号刀的刀位点调整至对刀基准点重合即可。

该方法简便易行,因而得到较广泛的应用,但其对刀精度受到操作者技术熟练程度的影响,一般情况下其精度都不高,还需在加工或试切中修正。

(2)光学对刀法

光学对刀法是一种按非接触式设定基准重合原理而进行的对刀方法,其定位基准通常由光学显微镜(或投影放大镜)上的十字基准刻线交点来体现。

这种对刀方法比定位对刀法的对刀精度高,并且不会损坏刀尖,是一种推广采用的方法。

(3)试切对刀法

在前几种手动对刀方法中,均因可能受到手动和目测等多种误差的影响,对刀精度十分有限,实际加工中往往通过试切对刀,以得到更加准确和可靠的结果。

数控车床常用的试切对刀方法参见图 0-16。

4. 对刀点、换刀点位置的确定

对刀点是数控车床加工时刀具相对于工件运动的起点,对刀点既是程序的起点,也是程序的终点。

选择对刀点的一般原则是:

(1)尽量使加工程序的编制工作简单、方便;

(2)便于用常规量具在车床上进行测量;

(3)便于工件的装夹;

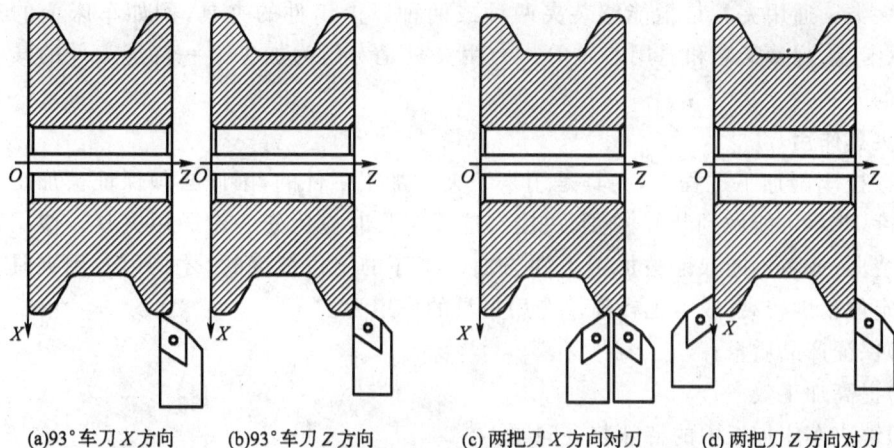

(a)93°车刀 X 方向   (b)93°车刀 Z 方向   (c) 两把刀 X 方向对刀   (d) 两把刀 Z 方向对刀

图 0-16 车刀对刀点示意图

（4）对刀误差较小或可能引起加工的误差最小。

换刀点是指在编制数控车床多刀加工的加工程序时，相对于机床固定原点而设置的一个自动换刀或换工作台的位置。

为了防止在换（转）刀时碰撞到被加工零件、夹具或尾座而发生事故，除特殊情况外，其换刀点都设置在被加工零件的外面，并留有一定的安全区。

05 刀具安全使用

1. 请不要在不合适的切削条件下使用。

请将产品目录中所记载的切削条件表内的参数作为新的加工工作开始时的大致标准。因为切削而出现异常的震动或响声时，请调整切削条件。

2. 请不要使用磨损严重、有缺口的刀具。

连续地使用磨损严重、有缺口的刀具，会引起破损，在装上刀具之前请先确认刀具的损伤情况，并在合适的时候更换刀具或重新研磨。

3. 请不要进行反向使用

刀具通常是在向右旋转的状态下使用。如为向左旋转，则会在包装上加以提示，故请予确认。

子学习情境 4 数控车床零件的装夹及找正

01 数控车床工装夹具的概念

1. 数控车床夹具的定义和分类

在数控车床上用于装夹工件的装置称为车床夹具。车床夹具可分为通用夹具和专用夹具两大类。通用夹具是指能够装夹两种或两种以上工件的夹具,例如车床上的三爪卡盘、四爪卡盘、弹簧卡套和通用心轴等。专用夹具是专门为加工某一特定工件的某一工序而设计的夹具。

2. 夹具作用

在数控车削加工过程中,夹具是用来装夹被加工工件的,因此必须保证被加工工件的定位精度,并尽可能做到装卸方便、快捷。选择夹具时应优先考虑通用夹具。使用通用夹具无法装夹,或者不能保证被加工工件与加工工序的定位精度时,才采用专用夹具。专用夹具的定位精度较高,成本也较高。专用夹具的作用为:

(1)保证产品质量;

(2)提高加工效率;

(3)解决车床加工中的特殊装夹问题;

(4)扩大车床的使用范围;

使用专用夹具可以完成非轴套、非轮盘类零件的孔、轴、槽和螺纹等的加工。

02 工件的装夹与夹具选择

1. 用通用夹具装夹

(1)在三爪自定心卡盘上装夹

三爪自定心卡盘的三个卡爪是同步运动的,能自动定心,一般无须找正。三爪自定心卡盘装夹工件方便、省时,自动定心好,但夹紧力较小,所以适用于装夹外形规则的中、小型工件。三爪自定心卡盘可装成正爪或反爪两种形式。反爪用来装夹直径较大的工件。用三爪自定心卡盘装夹精加工过的表面时,被夹住的工件表面应包一层铜皮,以免夹伤工件表面。

数控车床多采用三爪自定心卡盘夹持工件,轴类工件还可使用尾座顶尖支持工件。数控车床主轴转速较高,为便于工件夹紧,多采用液压高速动力卡盘。这种卡盘在生产厂已通过了严格平衡检验,具有高转速(极限转速可达 8000 r/min 以上)、高夹紧力(最大推拉力为 2000~8000 N)、高精度、调爪方便、通孔、使用寿命长等优点。通过调整油缸的压力,可改变卡盘的夹紧力,以满足夹持各种薄壁和易变形工件的特殊需要。还可使用软爪夹持工件,软爪弧面由操作者随机配制,可获得理想的夹持精度。为减少细长轴加工时的受力变形,提高加工精度,以及在加工带孔轴类工件内孔时,可采用液压自动定心中心架,其定心精度可达 0.03 mm。

(2)在两顶尖之间装夹

对于长度尺寸较大或加工工序较多的轴类工件,为保证每次装夹时的装夹精度,可用两顶尖装夹。两顶尖装夹工件方便,无须找正,装夹精度高,但必须先在工件的两端面钻出中心孔。该装夹方式适用于多工序加工或精加工。

用两顶尖装夹工件时需注意的事项:

①前、后顶尖的连线应与车床主轴轴线同轴,否则车出的工件会产生锥度误差。

②尾座套筒在不影响车刀切削的前提下,应尽量伸出得短些,以增加刚性,减少振动。

③中心孔应形状正确,表面粗糙度值小。轴向精确定位时,中心孔倒角可加工成准确的圆弧形倒角,并以该圆弧形倒角与顶尖锋面的切线为轴向定位基准定位。

④两顶尖与中心孔的配合应松紧合适。

(3)用卡盘和顶尖装夹

用两顶尖装夹工件虽然精度高,但刚性较差。因此,车削质量较大工件时要一端用卡盘夹住,另一端用后顶尖支撑。为了防止工件由于切削力的作用而产生轴向位移,必须在卡盘内装一限位支撑,或利用工件的台阶面限位。

(4)用双三爪自定心卡盘装夹

对于精度要求高、变形要求小的细长轴类零件可采用双主轴驱动式数控车床加工,机床两主轴轴线同轴、转动同步,零件两端同时分别由三爪自定心卡盘装夹并带动旋转,这样可以减小切削加工时切削力矩引起的工件扭转变形。

2. 用找正方式装夹

(1)找正要求

找正装夹时必须将工件的加工表面回转轴线(同时也是工件坐标系 Z 轴)找正到与车床主轴回转中心重合。

(2)找正方法

与普通车床上找正工件相同,一般为打表找正。通过调整卡爪,使工件坐标系 Z 轴与车床主轴的回转中心重合。单件生产工件偏心安装时常采用找正装夹;用三爪自定心卡盘装夹较长的工件时,工件离卡盘夹持部分较远处的旋转中心不一定与车床主轴旋转中心重合,这时必须找正;当三爪自定心卡盘使用时间较长,已失去应有精度,而工件的加工精度要求又较高时,也需要找正。

(3)装夹方式

一般采用四爪单动卡盘装夹。四爪单动卡盘的四个卡爪是各自独立运动的,可以调整工件夹持部位在主轴上的位置,使工件加工面的回转中心与车床主轴的回转中心重合,但四爪单动卡盘找正比较费时,只能用于单件小批量生产。四爪单动卡盘夹紧力较大,所以适用于大型或形状不规则的工件。四爪单动卡盘也可装成正爪或反爪两种形式。

3. 其他类型的数控车床夹具

为了充分发挥数控车床的高速度、高精度和自动化的效能,必须有相应的数控夹具与之配合。数控车床夹具除了使用通用三爪自定心卡盘、四爪单动卡盘、顶尖,大批量生产中使用便于自动控制的液压、电动及气动卡盘、顶尖外,还有其他类型的夹具,它们主要分为两大类,即用于轴类工件的夹具和用于盘类工件的夹具。

(1)用于轴类工件的夹具

数控车床加工一些特殊形状的轴类工件(如异形杠杆)时,坯件可装卡在专用车床夹具上,夹具随同主轴一同旋转。用于轴类工件的夹具还有自动夹紧拨动卡盘、三爪拨动卡盘和快速可调万能卡盘等。

(2)用于盘类工件的夹具

用于盘类工件的夹具适用在无尾座的卡盘式数控车床上。用于盘类工件的夹具主要有可调卡爪式卡盘和快速可调卡盘。

子学习情境5 数控机床的手动操作

不同的数控系统,其界面和操作顺序是不同的。本子学习情境选用的机床为 FANUC 0i 系统的数控机床。

01 系统面板说明

操作者对机床操作通过人机对话界面(图 0-17)实现,数控机床的人机对话界面由数控系统操作面板(也称 CRT/MDI 面板)(图 0-18)和机床操作面板组成。

FANUC 0i 系统的数控系统操作面板如图 0-18 所示。操作面板的右侧是 MDI 键盘,MDI 键盘上的键按其用途不同可分为功能键、数据输入键、程序编辑键等,MDI 键盘上各种键的用途见表 0-2。操作面板左侧是 CRT(或 LCD)显示器,设在显示器下面的一行键,称为软键。软键的用途是可以变化的,在不同的界面下随屏幕最下一行的软件功能提示而有不同的用途。

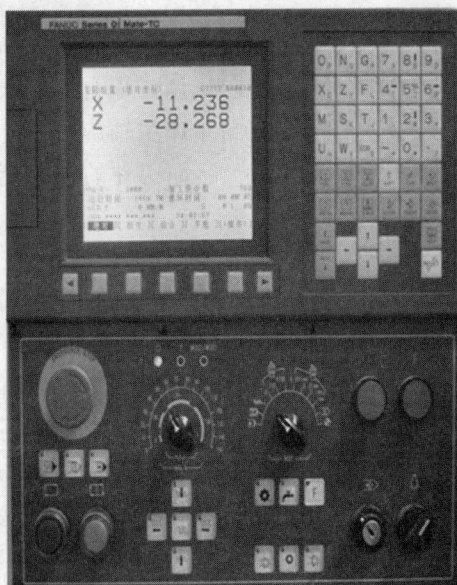

图 0-17 人机对话界面

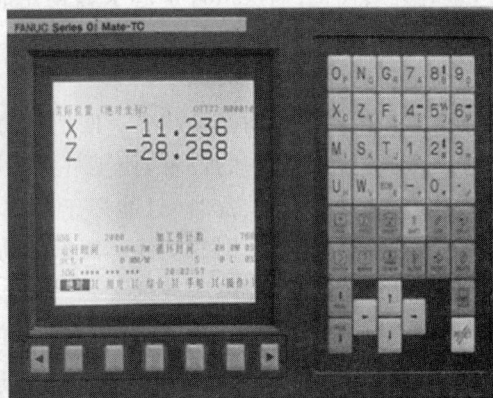

图 0-18 CRT/MDI 面板

表 0-2   MDI 键盘功能

按 键	功 能	按 键	功 能
N_Q	地址和数字键	EOB_E	按下该键生成";"
ALTER	替换键	INSERT	插入键,用于输入程序

（续表）

按 键	功 能	按 键	功 能
DELETE	删除键	CAN	取消键,用于删除最后一个进入输入缓存区的字符或符号
INPUT	输入键,用于输入工件偏移值、刀具补偿值	RESET	复位键,用于使 CNC 复位或取消报警等
PAGE↑ PAGE↓	换页键,用于将屏幕显示的页面向前或向后翻页	←↑→↓	光标移动键,在程序中,按向上光标键,光标向前移动;按向下光标键,光标向后移动
POS	显示位置屏幕	PROG	显示程序屏幕
OFS/SET	偏置/设置键,用于显示偏置/设置屏幕	CSTM/GR	图形显示键,用于显示图形画面或用户宏画面
SYSTEM	显示系统画面	MESSAGE	显示信息画面
SHIFT	换挡键,有些键的顶部有两个字符,按(Shift)键来选择字符	HELP	帮助键,显示如何操作机床
 « »			软键,按下功能键后,再按与屏幕文字相对的软键,可以进入该菜单。最左侧带有向左箭头的软键为菜单返回键,最右侧带有向右箭头的软键为菜单继续键

　　FAUNC 0i 系统的机床操作面板在人机对话界面下部,装有各种按钮、指示灯及操作部件,以下主要对机床操作面板(图 0-19)各按钮、指示灯及操作部件进行说明,见表 0-3。

图 0-19　机床操作面板

表 0-3　　　　　　　　　　机床大操作面板各键功能

按　键	功　能	按　键	功　能
	旋合急停按钮		启动按钮,用于启动和关闭数控系统。每次进入系统后,首先要按下 ON 按钮,给系统上电。完成操作、退出系统前,按下 OFF 按钮,关闭系统电源
	进给倍率/JOG 进给速度旋钮,用于进给倍率/JOG 进给速度修调和快速进给倍率修调		模式选择旋钮
	循环启动键,自动运转的启动。在自动运转中,自动运转指示灯亮		单段开关键,用于控制程序是单段运行还是连续运行
	空运行,即不安装工件,自动运行加工程序,机床空跑		快速进给键
	手动主轴反转		手动主轴停止
	手动主轴正转		手动换刀键
	冷却液开关		机床照明开关键
	程序编辑锁定开关		程序段跳读
	程序运行显示绿灯		机床报警显示红灯
	程序停止显示红灯		手持式手轮(带移动轴选择旋钮)

02　手动操作

1. 开机

(1)合上机床左侧电源开关;

(2)顺时针旋合急停按钮;

(3)按下启动按钮(绿色)。

2. 手动返回机床参考点

(1)模式选择旋钮打到手动模式;

(2)分别按快速进给键,先−Z轴后−X轴,各约 100 mm;

(3)模式选择旋钮打到回参考点模式;

(4)分别按快速进给键,先+X轴后+Z轴,直到自动停止。

3. 手动连续进给

(1)模式选择旋钮打到手动连续移动模式;

(2)旋转进给倍率旋钮(内圈),调整机床移动速度;

(3)按住快速进给键,X轴产生正向或负向连续移动或Z轴产生正向或负向连续移动。

4. 手动单步进给

(1)模式选择旋钮打到手轮移动模式(×1 挡＝0.001 mm×1;×10 挡＝0.001 mm×10;×100 挡＝0.001 mm×100)。

(2)在手持式手轮上,先选择轴向,然后转动手轮即可。

5. 手动换刀

(1)模式选择旋钮打到手动模式;

(2)按下换刀键,刀架旋转,换到下一个刀位。

6. 主轴运转操作

方法 1:

(1)模式选择旋钮打到手动数据输入模式。

(2)按显示程序屏幕键,进入程序输入界面(图 0-20),输入"M03 S800 T0404;";

(3)按下循环启动键,机床执行程序段指令,主轴运行。

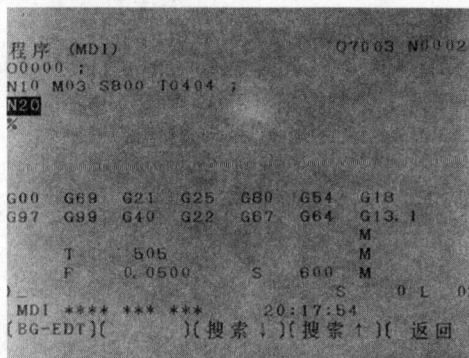

图 0-20   程序输入界面

方法 2:

(1)模式选择旋钮打到手动模式。

(2)选择执行下列三者之一:

按下主轴正转键,主轴以机床参数设定的转速正转;

按下主轴停止键,主轴停止运转;

按下主轴反转键,主轴以机床参数设定的转速反转。

7. 进入程序编辑状态

(1)模式选择旋钮打到编辑方式模式。

(2)按显示程序屏幕键,进入程序界面。

①建立新程序

● 输入程序号,如 O0050;

● 按插入键即可。

②程序的删除

● 输入程序号,如 O0050;

● 按插入键即可。

③程序的调用

● 按程序列表软键,进入程序目录界面(图 0-21);

● 输入程序号,如 0001;

● 按换页键即可。

8. 对刀

(1)按偏置/设置键,进入偏置界面(图 0-22);

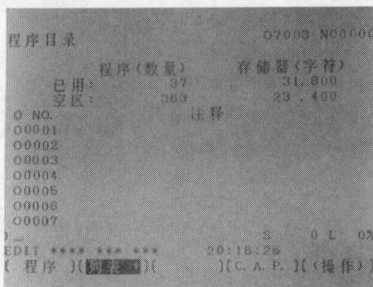

图 0-21 程序目录界面

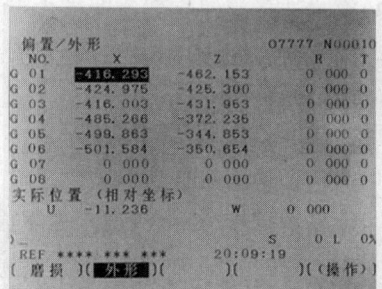

图 0-22 偏置界面

(2)将刀尖相对于零件原点的位置距离数值分别输入 X 与 Z 项,按插入键来确定。

9. 程序模拟演示

(1)按偏置/设置键,进入偏置界面(图 0-22);

(2)按相应软键,进入操作面板 1(图 0-23);

(3)按相应软键,进入操作面板 2(图 0-24);

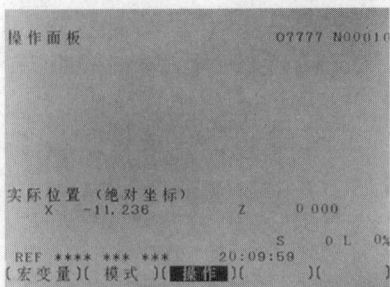

图 0-23 操作面板 1

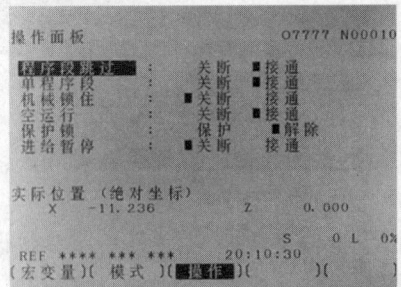

图 0-24 操作面板 2

（4）利用光标移动键,使机械锁住接通;

（5）按图形显示键,进入图形参数界面（图 0-25）,进行参数设置;

（6）按图形软键,进入加工模拟界面（图 0-26）;

图 0-25 图形参数界面

图 0-26 加工模拟界面

（7）模式选择旋钮打到自动运行模式,按下循环启动键,机床执行程序指令,图形同步显示。

10. 单段运行

（1）在程序运行过程中,按单段开关键;

（2）单段指示灯亮,执行程序的一个程序段后,程序暂停运行;

（3）再按循环启动键,机床开始执行下一个程序段,执行完后,程序暂停。

11. 机床报警

（1）当界面红灯闪烁,界面 ALM 处闪烁时,机床无法继续操作;

（2）按显示信息画面键,进入报警履历界面（图 0-27）,查找原因;

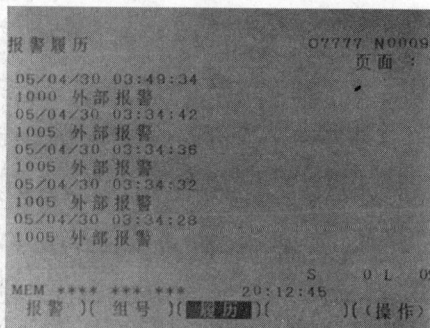

图 0-27 报警履历界面

（3）故障排除后,按复位键恢复。

子学习情境 6　5S 管理、安全

01　5S 的定义及目的

5S 是指整理（SEIRI）、整顿（SEITON）、清扫（SEISO）、清洁（SEIKETSU）、素养

(SHITSUKE),因其日语的罗马拼音均以"S"开头,因此简称为"5S"。其定义和目的见表0-4。

表 0-4 5S 的定义和目的

内 容	定 义	目 的
1S——整理	区分"要"与"不要"的东西,对"不要"的东西进行处理	腾出空间,提高生产效率
2S——整顿	要的东西依规定定位、定量摆放整齐,明确标识	排除寻找的浪费
3S——清扫	清除工作场所内的脏污,设备异常马上修理,并防止污染的发生	使不足、缺点明显化,是品质的基础
4S——清洁	将上面 3S 的实施制度化、规范化,并维持效果	通过制度化来维持成果,并显现"异常"之所在
5S——素养(又称修养、心灵美)	人人依规定行事,养成好习惯	提升"人的品质",养成对任何工作都持认真的态度

02 5S 的效用

1. 5S 是最佳的推销员

(1)顾客对工厂满意,增强下订单信心;

(2)很多人来工厂参观学习,提升知名度;

(3)清洁明朗的环境,留住优秀员工。

2. 5S 是节约能手

(1)降低很多不必要的材料及工具的浪费,减少"寻找"的浪费,节省很多宝贵时间;

(2)能降低工时,提高效率。

3. 5S 是安全专家

(1)遵守作业标准,不会发生工伤事故;

(2)所有设备都进行清洁、检修,能预先发现存在的问题,从而消除安全隐患;

(3)消防设施齐全,消防通道无阻塞,万一发生火灾或地震,员工生命安全有保障。

4. 5S 是标准化的推进者

(1)强调按标准作业;

(2)品质稳定,如期达成生产目标。

5. 5S 可以形成愉快的工作场所

(1)明亮、清洁的工作场所让人心情愉快;

(2)员工动手进行改善,有成就感;

(3)员工凝聚力增强,工作更愉快。

03 数控车床加工安全规程及日常保养

1. 数控车床的安全操作规程

(1)操作人员必须熟悉机床使用说明书等有关资料。例如,主要技术参数、传动原理、主要结构、润滑部位及维护保养等一般知识。

(2)开机前应对机床进行全面细致的检查,确认无误后方可操作。

(3)机床通电后,检查各开关、按钮和按键是否正常、灵活,机床有无异常现象。

(4)检查电压、油压是否正常,有手动润滑的部位先要进行手动润滑。

(5)各坐标轴手动回零(机械原点)。

(6)程序输入后,应仔细核对。其中包括核对代码、地址、数值、正负号、小数点及语法。

(7)正确测量和计算工件坐标系,并对所得结果进行检查。

(8)输入工件坐标系,并对坐标值、正负号及小数点进行认真核对。

(9)未装工件前,空运行一次程序,看程序能否顺利运行,刀具和夹具安装是否合理,有无超程现象。

(10)无论是首次加工的零件,还是重复加工的零件,首件都必须对照图纸工艺规程、加工程序和刀具调整卡,进行试切。

(11)试切时快速进给倍率开关必须打到较低挡位。

(12)每把刀首次使用时,必须先验证它的实际长度与所给刀补值是否相符。

(13)试切进刀时,在刀具运行至工件表面 $30\sim50$ mm 处,必须在进给保持下,验证 Z 轴和 X 轴坐标剩余值与加工程序是否一致。

(14)试切和加工中,刃磨刀具和更换刀具后,要重新测量刀具位置并修改刀补值和刀补号。

(15)程序修改后,对修改部分要仔细核对。

(16)手动进给连续操作时,必须检查各种开关所选择的位置是否正确,运动方向是否正确,然后再进行操作。

(17)必须在确认工件夹紧后才能启动机床,严禁工件转动时测量、触摸工件。

(18)操作中出现工件跳动、打抖、异常声音、夹具松动等异常情况时必须立即停车处理。

(19)加工完毕后,及时清理机床。

2. 数控车床日常维护及保养

(1)日检查要点

①接通电源前的检查

● 检查机床的防护门、电柜门等是否关闭。

● 检查冷却液、液压油、润滑油的油量是否充足。

● 检查所选择的液压卡盘的夹持方向是否正确。

● 检查工具、量具等是否已准备好。

● 检查切削槽内的切屑是否已清理干净。

②接通电源后的检查

● 检查操作面板上的指示灯是否正常,各按钮、开关是否处于正确位置。显示屏上是否有报警显示,若有问题应及时予以处理。

● 液压装置的压力表指示是否在所要求的范围内。

● 各控制箱的冷却风扇是否正常运转。

● 刀具是否正确夹紧在刀架上,回转刀架是否可靠夹紧,刀具是否有损伤。

● 若机床带有导套、夹簧,应确认其调整是否合适。

③机床运转后的检查
- 运转中,主轴、滑板处是否有异常噪音。
- 有无异常现象。

(2)月检查要点

①检查主轴的运转情况。主轴以最高转速一半左右的转速旋转 30 min,用手触摸壳体部分,若感觉温和即为正常。

②检查 X、Z 轴的滚珠丝杠,若有污垢,应清理干净;若表面干燥,应涂润滑脂。

③检查 X、Z 轴行程限位开关、各急停开关动作是否正常。可用手按压行程开关的滑动轮,若有超程报警显示,说明限位开关正常。同时清洁各接近开关。

④检查回转刀架的润滑状态是否良好,具体见表 0-5。

表 0-5　　　　　　　　　　　　回转刀架的润滑状态检查内容

检查部位	检查内容		检查周期
液压系统	液压油箱	检查液压油,清洗过滤器和磁分离器	6个月
润滑系统	润滑泵装置 润滑管路	清洗油滤网,更换、清洗滤油器; 检查润滑管路状态	1年 6个月
冷却系统	过滤网 水箱	清洗底部的过滤器及过滤网; 更换冷却水,清扫冷却水箱	适时 适时
气动系统	气动过滤器	清洗过滤器	1年
传动系统	皮轮 皮带轮	外观检查,张紧力检查; 清洁皮带轮槽部	6个月
主轴电动机	声音振动、发热 绝缘	检查异常声音、异常振动; 检查测定绝缘电阻值是否合适	1个月 6个月
X、Z轴驱动电机	声音振动、发热、 电缆插座	检查异常声音,异常振动,轴承的温升; 检查插座有无松动	1个月 6个月
其他部位电机	声音振动、发热、	检查异常声音及轴承部位的温升	1个月
液压卡盘	卡盘 回转油缸	分解,清洗除去卡盘内异物; 检查有无漏油现象	6个月 3个月
电箱 操作盘	电气件端子 螺钉	检查电气件接点的磨损,接线端子螺钉有无松动,清洁内部	6个月
安装在机械部件上的电气件	极限开关传感器,电磁阀	检查电气件接点的磨损,接线端子螺钉有无松动及动作的灵敏度	6个月
X轴、Y轴	反向间隙	用百分表检查间隙情况	6个月
地基	床身水平	用水平仪检查床身水平并进行修正	1年

⑤检查导套装置。
- 检查导套内孔状况,看是否有裂纹、毛刺。若有问题,予以修整。
- 检查并清理导套前面盖帽内的切屑。
⑥检查并清理冷却液槽内的切屑。
⑦检查液压装置。
- 检查压力表的工作状态。通过调整液压泵的压力,检查压力表的指针是否工作正常。
- 检查液压管路是否有损坏,各管接头是否有松动或漏油现象。

⑧查润滑装置。

● 检查润滑泵的排油量是否符合要求。

● 检查润滑油管路是否损坏，管接头是否有松动、漏油现象。

（3）6 个月检查要点

①检查主轴。

● 检查主轴孔的振摆。将千分表探头伸入卡盘套筒的内壁，然后轻轻地将主轴旋转一周，指针的摆动量小于出厂时精度检查表的允许值即可。

● 检查主轴传动皮带的张力及磨损情况。

● 检查编码盘用同步皮带的张力及磨损情况。

②检查刀架。主要看换刀时其换位动作的连贯性，以刀架夹紧、松开时无冲击为好。

③检查导套装置。用手沿轴向拉导套，检查其间隙是否过大。

④检查润滑泵装置浮子开关的动作状况。可用润滑泵装置抽出润滑油，看浮子落至警戒线以下时，是否有报警指示以判断浮子开关的好坏。

⑤检查各插头、插座、电缆、各继电器的触点是否接触良好；检查各印刷电路板是否干净；检查主电源变压器、各电动机的绝缘电阻（应在 1 MΩ 以上）。

⑥检查断电后保存机床参数、工作程序用后备电池的电压值，视情况予以更换。

04 工作完成后的注意事项

（1）清除铁屑，擦扫机床，使机床与环境保持清洁状态。

（2）注意检查或更换磨损破坏了的机床导轨上的油擦板。

（3）检查润滑油、冷却液的状态，视情况及时添加或更换。

（4）使用完毕后，依次关掉机床操作面板上的电源开关和总电源开关。

子学习情境 1　简单轴类零件的加工

资　讯

01　课题描述与课题图

如图 1-1 所示工件，毛坯为 $\phi 32$ mm×105 mm 的铝，试分析其加工工艺，编写数控车加工程序并进行加工。

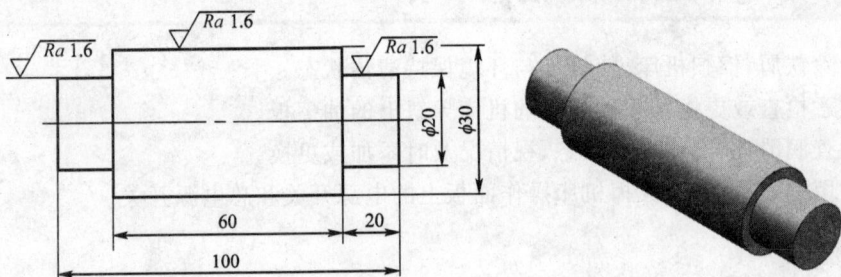

Ra 1.6　Ra 1.6　Ra 1.6

$\phi 20$　$\phi 30$

60　20

100

图 1-1　综合实例 1

02　车削固定循环指令

1. 外圆车削循环指令 G90

书写格式：G90 X(U)_ Z(W)_ F_；

说明：X、Z 为切削终点的坐标值；U、W 为切削终点相对于循环起点的增量值；F 为进给速度。

【例 1-1】　编写车削如图 1-2 所示零件程序：

N0050　G90　X50　Z-30　F50；

执行结果：刀具从 A 点快进到 B 点，再从 B 点切削到 C 点，然后从 C 点退刀至 D 点，最后刀具又快速返回到 A 点。

2. 外圆锥面循环指令 G90

书写格式：G90 X(U)_ Z(W)_ I(或 R)_ F_；

说明：X、Z 为切削终点的坐标值；U、W 为切削终点相对于循环起点的增量值，I（或 R）为锥体两端的半径之差，即 $I = \dfrac{D-d}{2}$（D 为锥体起点直径，d 为锥体终点直径）；F 为进给速度。

【例 1-2】　编写车削如图 1-3 所示零件程序：

图 1-2　外圆车削循环

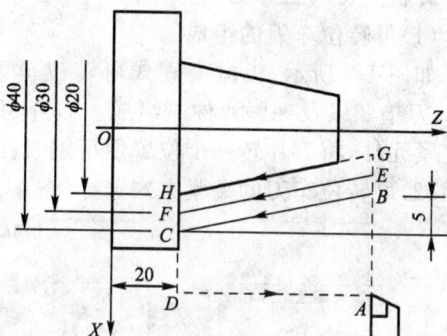

图 1-3　外圆锥面循环

N0050　G90　X40　Z20　I-5　F30；

N0060　X30；

N0060　X20；

执行结果：刀具从 A 点快进到 B 点，再从 B 点切削到 C 点，然后从 C 点退刀至 D 点，最后刀具又快速返回到 A 点；如此又走刀：$A \Rightarrow E \Rightarrow F \Rightarrow D \Rightarrow A \cdots \cdots$，每次循环都退回到 A 点。

N0130　M30；（纸带结束）

3. 端面切削循环指令 G94

书写格式：

G94　X(U)_ Z(W)_ F_；（平端面）

G94　X(U)_ Z(W)_ I(或 R)_ F_；（带锥度端面）

说明：指令中各地址字含义同上。只是加工时先走 Z 方向，再走 X 方向。

如图 1-4 所示为切削带有锥度的端面循环。刀尖从起始点 A 开始按 1、2、3、4 顺序循环，2(F)、3(F) 表示 F 代码指令的工进速度，1(R)、4(R) 的虚线表示刀具快速移动。R 为锥面的长度。当去掉格式中的 I（或 R）时，即切削不带锥度的端面循环。

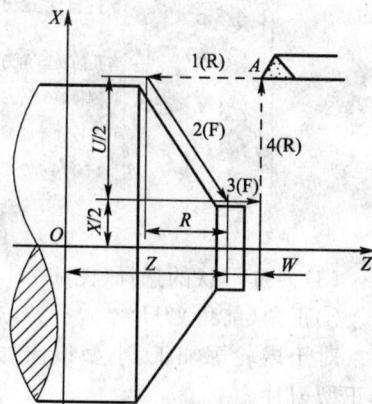

图 1-4　端面切削循环

03 常用外圆车刀

1. 焊接式车刀

这种车刀的优点是结构简单，制造方便，刚性较好。缺点是由于存在焊接应力，使刀具材料的使用性能受到影响，甚至出现裂纹。另外，刀杆不能重复使用，硬质合金刀片不能充分回收利用，造成刀具材料的浪费。根据工件加工表面以及用途不同，焊接式车刀又可分为切断刀、外圆车刀、端面车刀、内孔车刀、螺纹车刀以及成型车刀等。

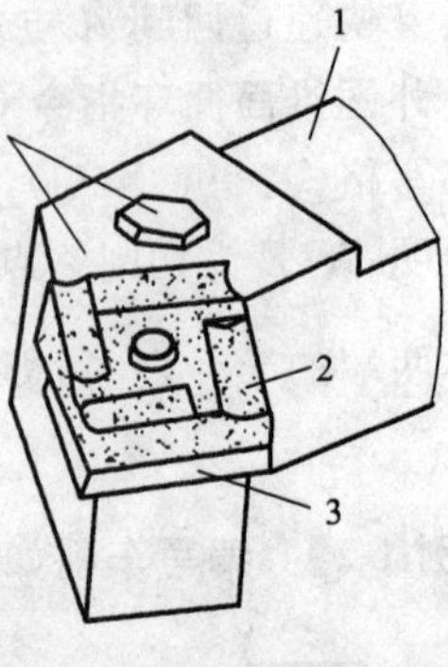

图 1-5 机械夹固式可转位车刀

1—刀杆；2—刀片；3—刀垫；4—夹紧元件

2. 机夹可转位车刀

(1)可转位车刀的组成

如图 1-5 所示，机械夹固式可转位车刀由刀杆 1、刀片 2、刀垫 3 以及夹紧元件 4 组成。刀片每边都有切削刃，当某切削刃磨损钝化后，只需松开夹紧元件，将刀片转一个位置便可继续使用。

(2)可转位车刀的夹紧方式选择(图 1-6)

	T-MAX P					CoroTurn 107	T-MAX 陶瓷和立方氮化硼
3 = 最佳选择	(RC) 刚性夹紧	杠杆	楔块	楔块夹紧	螺钉和上夹紧	螺钉夹紧	螺钉和上夹紧
安全夹紧/稳定性	3	3	3	3	3	3	3
仿形切削/可达性	2	2	3	3	3	3	3
可重复性	3	3	2	2	3	3	3
仿切削形/轻工序	2	2	3	3	3	3	3
间歇切削工序	3	2	2	3	3	3	3
外圆加工	3	3	1	3	3	3	3
内圆加工	3	3	3	3	3	3	3
刀片 80° C 55° D R S T 35° V 80° W	有孔的负前角刀片 双侧和单侧 平刀片和带断屑槽的刀片					有孔的负前角刀片 单侧 平刀片和带断屑槽的刀片	有孔和无孔负前角和正前角刀片 双侧和单侧

图 1-6 可转位车刀的夹紧方式

(3)刀片形状的选择(图 1-7)

①正角(前角)刀片

对于内轮廓加工，小型机床加工，工艺系统刚性较差和工件结构形状较复杂应优先选择正型刀片。

②负角(前角)刀片

对于外圆加工,金属切除率高和加工条件较差时应优先选择负型刀片。

③一般外圆车削

常用80°凸三角形、四方形和80°菱形刀片。

④仿形加工

常用55°、35°菱形和圆形刀片。

⑤在机床刚性、功率允许的条件下大余量、粗加工

应选择刀尖角较大的刀片,反之选择刀尖角较小的刀片。

(4)车刀基本角度的作用

①刀具前角的作用(图1-8)

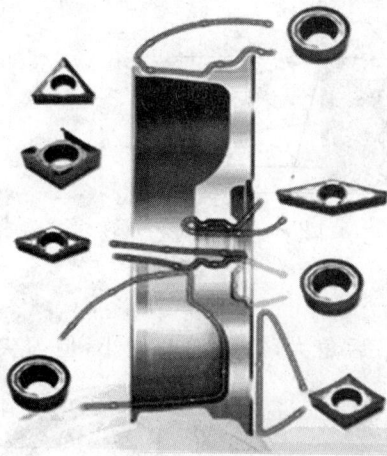

图1-7　刀片形状的选择

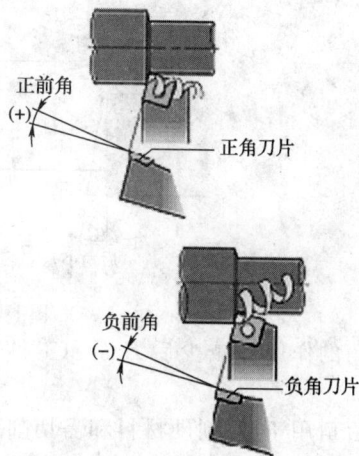

图1-8　切屑排除与前角的关系

大正前角用于:切削软材料;易切削材料;被加工材料及机床刚性差时。

大负前角用于:切削硬材料;需切削刃强度大,以适应断续切削、切削含黑皮表面层的加工条件。

②刀具主偏角的作用(图1-9)

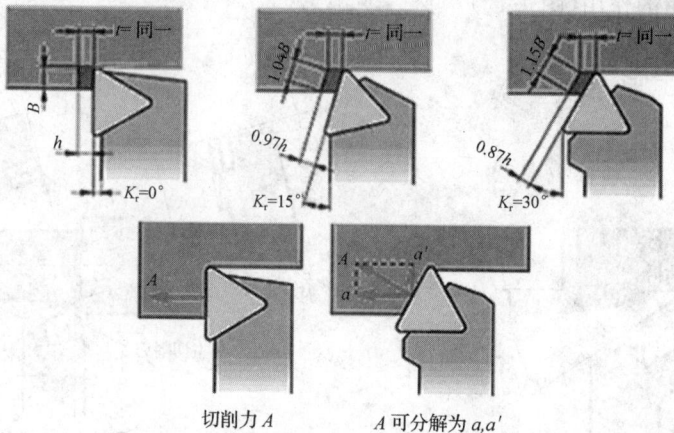

切削力 A　　　A 可分解为 a,a′

图1-9　主偏角与切削厚度的关系

B—切削宽度;f—进给量;h—切削厚度;Kr—主偏角

● 进给量相同时,主偏角大,刀片与切屑接触的长度增加,切削厚度变薄,使切削力分散作用在长的刀刃上,刀具耐用度得以提高。

● 主偏角小,分力 a' 也随之增加,加工细长轴时,易发生挠曲。

● 主偏角小,切屑处理性能变差。

● 主偏角小,切削厚度变薄,切削宽度增加,将使切屑难以碎断。

大主偏角用于:切深小的精加工、切削细而长的工件和机床刚性差的情况。

小主偏角用于:工件硬度高、切削温度高时大直径零件的粗加工和机床刚性高的情况。

③刀具后角的作用(图 1-10)

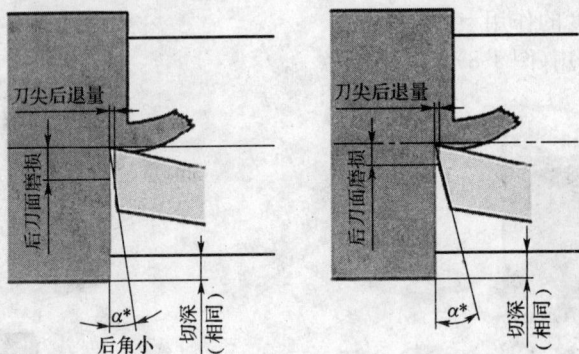

图 1-10 后角与切削的关系

后角的作用是减少后刀面和工件表面的摩擦。后角大,后刀面磨损小,但刀尖强度下降。

小后角用于:切削硬材料和需切削刃强度高的情况。

大后角用于:切削软材料和切削易加工硬化的材料的情况。

④刀具副偏角的作用(图 1-11)

副偏角具有减少已加工表面与刀具摩擦的功能,一般为 $5°\sim15°$。

副偏角小,切削刃强度增加,但刀尖易发热,同时切削背向力增加,切削时易产生震动。粗加工时副偏角宜小些;而精加工时副偏角宜大些。

⑤刀具刃倾角的作用(图 1-12)

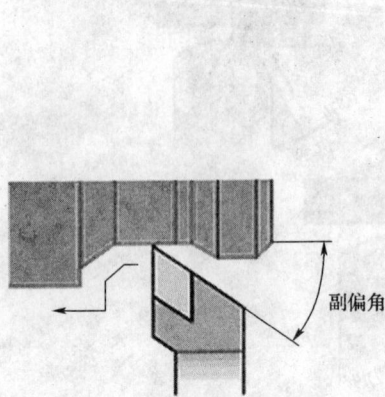

图 1-11 副偏角与切削的关系

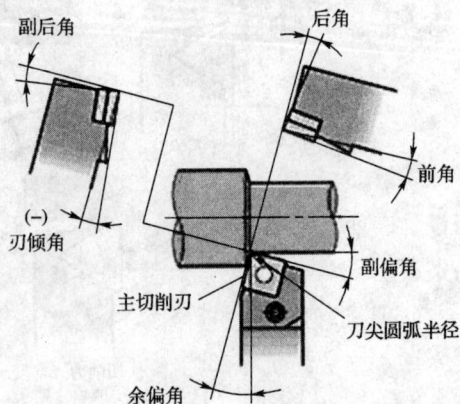

图 1-12 刀具刃倾角

刃倾角是前刀面倾斜的角度。重切削时,切削开始点的刀尖上要承受很大的冲击力,为防止刀尖受此力而发生脆性损伤,故需有刃倾角。车削时推荐为 3°～5°。

刃倾角为负时,切屑流向已加工表面;为正时,流向待加工表面。

刃倾角为负时,切削刃强度增大,但切削背向力也增加,易产生震动。

⑥刀尖圆弧半径的作用(图 1-13)

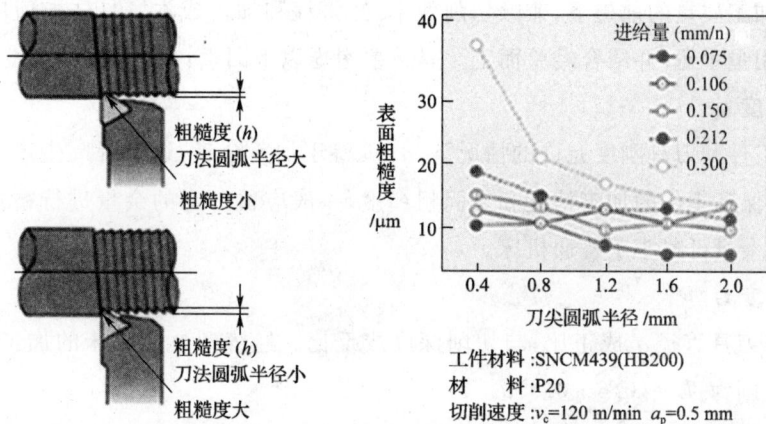

图 1-13　刀尖圆弧半径与表面粗糙度

刀尖圆弧半径对刀尖的强度及加工表面粗糙度影响很大,一般应选进给量的 2～3 倍。

刀尖圆弧半径的影响:

- 刀尖圆弧半径大时,表面粗糙度下降,刀刃强度增加,刀具前、后面磨损减小;
- 刀尖圆弧半径过大时,切削力增加,易产生震动,切屑处理性能恶化。

刀尖圆弧小用于:切削的精加工;细长轴加工;机床刚性差的情况。

刀尖圆弧大用于:需要刀刃强度高的黑皮切削,断续切削;大直径工件的粗加工;机床刚性好的情况。

3. 刀具选择应考虑的主要因素

刀具的选择是在数控编程的人机交互状态下进行的。应根据机床的加工能力、工件材料的性能、加工工序、切削用量以及其他相关因素正确选用刀具及刀柄。

刀具选择总的原则是:安装调整方便,刚性好,耐用度和精度高。在满足加工要求的前提下,尽量选择较短的刀柄,以提高刀具加工的刚性。选取刀具时,要使刀具的尺寸与被加工工件的表面尺寸相适应。另外,刀具的耐用度和精度与刀具价格关系极大,必须引起注意的是,在大多数情况下,选择好的刀具虽然增加了刀具成本,但由此带来的加工质量和加工效率的提高,则可以使整个加工成本大大降低。

在经济型数控机床的加工过程中,由于刀具的刃磨、测量和更换多为人工手动进行,占用辅助时间较长,因此,必须合理安排刀具的排列顺序。

一般应遵循以下原则:尽量减少刀具数量;一把刀具装夹后,应完成其所能进行的所有加工步骤;粗、精加工的刀具应分开使用,即使是相同尺寸规格的刀具。

04 合理选择切削用量的原则

粗加工时,一般以提高生产率为主,但也应考虑经济性和加工成本;半精加工和精加工时,应在保证加工质量的前提下,兼顾切削效率、经济性和加工成本。具体数值应根据机床说明书、切削用量手册,并结合经验而定。具体要考虑以下因素:

1. 切削深度 a_p

在机床、工件和刀具刚度允许的情况下,a_p 就等于加工余量,这是提高生产率的一个有效措施。为了保证零件的加工精度和表面粗糙度,一般应留一定的余量进行精加工。数控机床的精加工余量可略小于普通机床。

2. 切削宽度 L

一般 L 与刀具直径 d 成正比,与切削深度成反比。经济型数控机床的加工过程中,一般 L 的取值范围为:$L=(0.6\sim0.9)d$。

3. 切削速度 v

提高切削速度也是提高生产率的一个措施,但切削速度与刀具耐用度的关系比较密切。随着切削速度的增大,刀具耐用度急剧下降,故切削速度的选择主要取决于刀具耐用度。另外,切削速度与加工材料也有很大关系。例如,用立铣刀铣削合金刚 30CrNi2MoVA 时,切削速度 v 采用 8 m/min 左右;而用同样的立铣刀铣削铝合金时,切削速度可选 200 m/min 以上。

4. 主轴转速 $n(r/min)$

主轴转速一般根据切削速度 v 来选定,见公式(0-1)。数控机床的控制面板上一般备有主轴转速修调(倍率)开关,可在加工过程中对主轴转速进行整倍数调整。

5. 进给速度 v_f

v_f 应根据零件的加工精度和表面粗糙度要求以及刀具和工件材料来选择。增加 v_f 也可以提高生产效率。加工表面粗糙度要求低时,v_f 可选择得大些。在加工过程中,v_f 也可通过机床控制面板上的主轴转速修调(倍率)开关进行人工调整,但是最大进给速度要受到设备刚度和进给系统性能等的限制。

05 检测工具

轴类零件常用检测工具有游标卡尺、外径千分尺等。

1. 游标卡尺

游标卡尺是一种测量长度、内径、外径、深度的量具,如图 1-14 所示。游标卡尺由主尺和附在主尺上能滑动的游标两部分构成。主尺一般以毫米为单位,而游标上则有 10、20 或

50 个分格,根据分格的不同,游标卡尺可分为十分度游标卡尺、二十分度游标卡尺、五十分度游标卡尺等。游标卡尺的主尺和游标上有两副活动量爪,分别是内测量爪和外测量爪,内测量爪通常用来测量内径,外测量爪通常用来测量长度和外径。

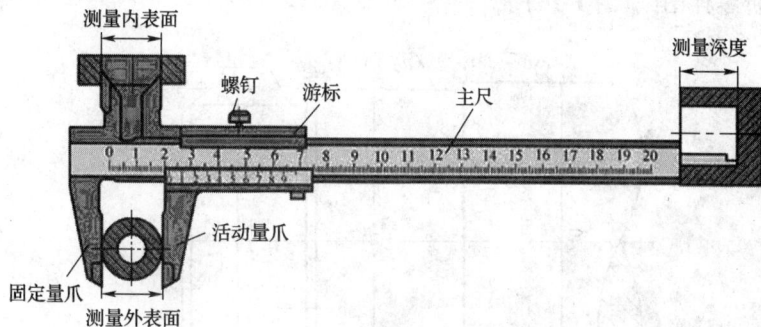

图 1-14　游标卡尺

2. 外径千分尺

外径千分尺常简称为千分尺,它是比游标卡尺更精密的长度测量仪器,常见的一种如图 1-15 所示,它的量程是 0~25 mm,分度值是 0.01 mm。外径千分尺的结构由固定的尺架、测砧、精密螺杆、固定套筒、微分筒、测力装置、锁紧装置等组成。固定套筒上有一条水平线,这条线上、下各有一列间距为 1 mm 的刻度线,上面的刻度线恰好在下面两相邻刻度线中间。微分筒上的刻度线是将圆周分为 50 等分的水平线,它是旋转运动的。

根据螺旋运动原理,当微分筒(又称可动刻度筒)旋转一周时,测微螺杆前进或后退一个螺距——0.5 mm。这样,当微分筒旋转一个分度后,它转过了 1/50 周,这时螺杆沿轴线移动了 $1/50 \times 0.5$ mm=0.01 mm,因此,使用千分尺可以准确读出 0.01 mm 的数值。

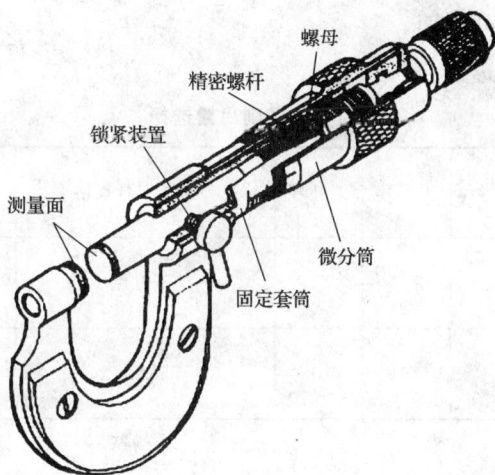

图 1-15　外径千分尺

06 编程实例

1.仔细分析零件图纸(图 1-16)

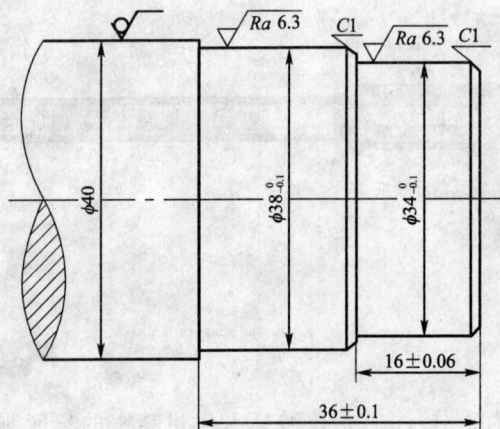

图 1-16 综合实例 2

2.识读图纸及编程

(1)编程原点的确定

编程坐标系原点定于工件右端面中心。

(2)确定工艺方案

①以左端毛坯面为装夹面,粗车外圆,X 向余量留 0.5 mm,Z 向余量留 0.2 mm。

②不拆除工件,精车端面;

③不拆除工件,精车外圆面。

(3)刀具及切削用量选择(表 1-1)

表 1-1 刀具及切削用量选择

序号	刀具名称	刀具号	刀补号	刀片或刀具规格	转速 S /(r·min^{-1})	进给量 F /(mm·r^{-1})
1	粗车外圆车刀	T01	01	55°刀片	600	0.25
2	精车外圆车刀	T01	01	55°刀片	1000	0.1

(4)编程部分(表 1-2)

表 1-2 程序表

程序段号	编程内容	程序说明
	O0001;	程序名
N10	G21 G40 G97 G99;	程序初始化
N20	T0101;	选择 1 号刀,加入该刀具刀补
N30	M03 S600;	主轴正转,设定粗车转速为 600 r/min
N40	G00 X42 Z2;	刀具快速定位到工件附近
N50	G90 X36.5 Z−35.8 F0.25;	粗车外圆至 ϕ36.5,进给量为 0.2 mm/r
N60	X34.5 Z−15.8;	粗车外圆至 ϕ34.5
N70	G00 S1000;	结束 G90 循环,设定精车转速 1000 r/min
N80	G00 X36 Z2;	X 向进刀
N90	G94 X0 Z0 F0.1;	精车端面
N100	G00 X28;	进刀
N110	G01 X33.95 Z−1;	倒角
N120	G01 Z−16;	车 ϕ34 至 Z−16
N130	X36;	车台阶至 ϕ36
N140	X37.95 Z−17;	倒角
N150	Z−36;	车 ϕ36 至 Z−36
N160	X42;	车台阶,并退刀至 ϕ42
N170	G00 X100 Z100;	快速退刀,远离工件
N180	M05;	主轴停止
N190	M30;	程序结束

决策与计划

学生制订计划,教师确认。

(1)各小组根据资讯获取的信息和教师的任务要求制订工作实施方案;

(2)各小组通过方案对比,作出决策和实施计划;

(3)教师对各小组实施计划进行确认。

学生:以分组形式自主完成决策与计划,项目计划应符合目标要求,同时必须考虑生产安全和环保要求。

教师:引导学生完成计划制订,在学生的决策过程中,给予实时的指导与评价,回答学生在制订计划中出现的问题,发挥咨询者和协调人的作用。

实 施

01 掌握各功能指令格式及功能

02 会简单程序的编写

03 识读图纸及编程(图 1-1)

1.依据图样要求,确定工艺方案及走刀路线

2.工件坐标系确定

_____

_____

3.选用刀具及切削用量(表 1-3)

切削用量应根据工件材料、硬度、刀具材料及机床等因素来综合考虑,一般凭经验确定。

表 1-3 　　　　　　　　　　　**刀具及切削用量选择**

序号	刀具名称	刀具号	刀补号	刀片或刀具规格	转速 S /(r·min^{-1})	进给量 F /(mm·r^{-1})
1						
2						
3						

4.编制加工程序(表 1-4)

该系统可以采用绝对值和增量值混合编程,绝对值用 X、Z 地址,增量值用 U、W 地址,采用小数点编程。

表 1-4 　　　　　　　　　　　**程序表**

程序段号	编程内容	程序说明

■ 04 量具准备

1. _____

2. _____

3. _____

4. _____

05 零件的加工及测量(表 1-5)

表 1-5　　　　　　　　　　　　　　　　　数控车床操作评分表

姓名		班级			学号			
零件名称		时间	60 min		起止时间		最后得分	
实训项目	实训内容及其要求	配分	评分标准		自检打分	教师打分	情况分析	
1	编程、调试熟练程度	5	程序思路清晰,可读性强,模拟调试纠错能力强					
2	操作熟练程度	5	试切对刀、建立工件坐标系操作熟练					
3	$\phi30$	20	样板检验 1 处不符合扣 15 分					
4	$\phi20$	20	超差不得分					
5	60	20	超差不得分					
6	100	20	超差不得分					
7	$Ra1.6$	10	大于 $Ra1.6$ 每处扣 3 分					
8	超时扣分		超时 5 min 扣 3 分,超时 10 min 停止考试					

检　查

学生通过自查、互查对已完成的工作任务进行全面的检查。检查内容包括:

◆ 检查是否安全操作;

◆ 检查是否操作正确;

◆ 检查是否观察仔细;

◆ 检查是否能表达清楚工艺流程;

◆ 听取各小组根据任务展开的讨论情况是否良好,涉及内容是否完整,提出补充或修改建议;

◆ 检查各小组执行任务中的进展程度以及最后结果,必要时给予一定的指导,使实训顺利进行;

◆ 检查各小组"5S"管理执行情况。

评　估

◆ 评价工作过程和成果的优、劣

(1)学生以小组为单位进行项目总结和评价(如果有需要,可以修改项目方案,重新完成项目),并进行工作任务相关知识点和技能点的总结,使学生建立积极的自我认知。最后各小组组织自评和互评,教师组织考核进行综合评价。

(2)根据现场各小组的讨论汇报情况、具体实施情况以及最后的结果给出客观评价并记录。

(3)根据现场各小组个人表现突出的组员进行评价表扬,对于实训中有问题的学生应给予指导和鼓励。

◆ 提出不足及改进意见

(1)学生提出不足及改进意见。

(2)教师总结不足及改进意见。

◆ 评价教学过程并提出建议(表1-6)

根据工作任务实施过程,学生、教师分别进行评价,并提出建议。

表 1-6 考核评价表

项目名称				班 级			
项目小组				项目组长			
小组成员				实施时间			
评价类别	评价内容	评价标准		配分	个人自评	小组评价	教师评价
决策与策划	资料准备	参与资料收集、整理,自主学习		5			
	计划制订	能初步制订计划		5			
	小组分工	分工合理,协调有序		5			
实施	操作技术	见项目评分标准		40			
	问题探究	能实践中发现问题,并用理论知识解释实践中的问题		10			
	文明生产	服从管理,遵守5S标准		5			
拓展	知识迁移	能实现前后知识的迁移		5			
	应变能力	能举一反三,提出改进建议方案		5			
	创新程度	有创新建议提出		5			
态度	主动程度	主动性强		5			
	合作意识	能与同伴团结协作		5			
	严谨细致	认真仔细,不出差错		5			
		总 计		100			
教师评估及建议							

子学习情境2 复杂轴类零件的加工

资 讯

01 课题描述与课题图

如图1-17所示工件,毛坯为φ40 mm×48 mm的铝,试分析其加工工艺,编写数控车加工程序并进行加工。

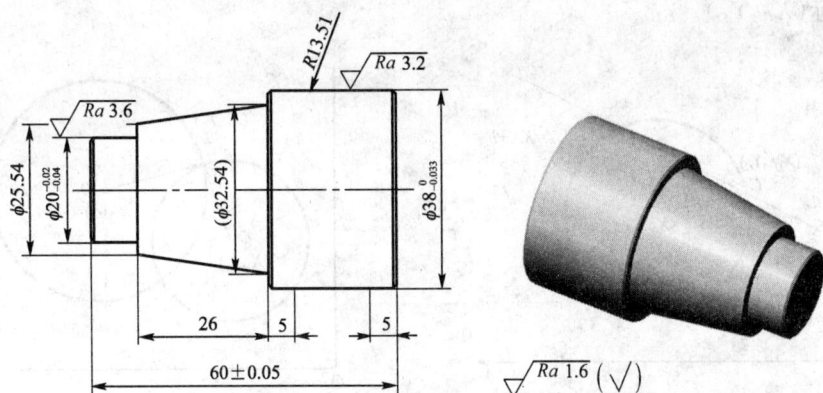

图 1-17　综合实例 3

02　基点坐标的计算

一个零件的轮廓往往是由许多不同的几何元素所组成,如直线、圆弧、二次曲线和特形曲线等。各个几何元素间的连接点称为基点,如两直线间的交点,直线与圆弧或圆弧与圆弧间的交点或切点,圆弧与二次曲线的交点或切点等。计算的方法可以是联立方程组求解,也可以利用几何元素间的三角函数关系求解或采用计算机辅助计算编程,计算比较方便。这里只简单介绍联立方程组求解基点坐标的方法。

采用联立方程组求解基点坐标,若直接列解方程组,计算过程是比较繁琐的,为简化计算,可以将计算过程标准化。

1. 直线与圆弧相交或相切

如图 1-18 所示,已知直线方程为 $Y=KX+b$,求以点 (X_0,Y_0) 为圆心,半径为 R 的圆与该直线的交点坐标 (X_c,Y_c)。

直线方程与圆方程联立,得联立方程组

$$\begin{cases} (X-X_0)^2+(Y-Y_0)^2=R^2 \\ Y=KX+b \end{cases}$$

经推算后给出标准计算公式如下

$$A=1+K^2$$

$$B=2[K(b-Y_0)-X_0]$$

$$C=X_0^2+(b-Y_0)^2-R^2$$

$$X_c=\frac{-B\pm\sqrt{B^2-4AC}}{2A}\quad(\text{求 }X_c\text{ 较大者时取“+”})$$

$$Y_c=KX_c+b$$

上述公式也可用于求解直线与圆相切时的切点坐标。当直线与圆相切时,取 $B^2-4AC=0$,此时 $X_c=-B/(2A)$,其余计算公式不变。

2. 圆弧与圆弧相交或相切

如图 1-19 所示,已知两相交圆的圆心坐标及半径分别为 (X_1,Y_1),R_1;(X_2,Y_2),R_2,求其交点坐标(X_C, Y_C)。

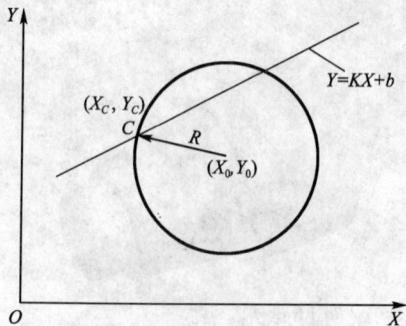

图 1-18　直线与圆弧相交

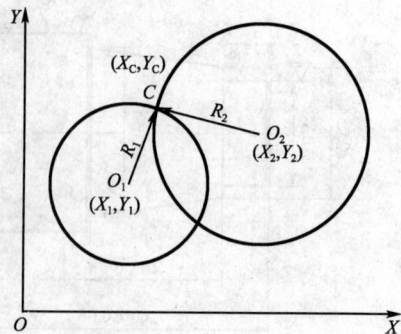

图 1-19　圆弧与圆弧相交

联立两圆方程

$$\begin{cases} (X-X_1)^2+(Y-Y_1)^2=R_1^2 \\ (X-X_2)^2+(Y-Y_2)^2=R_2^2 \end{cases}$$

经推算可给出标准计算公式如下

$$\Delta X = X_2 - X_1$$

$$\Delta Y = Y_2 - Y_1$$

$$D = \frac{(X_2^2+Y_2^2-R_2^2)-(X_1^2+Y_1^2-R_1^2)}{2}$$

$$A = 1 + \left(\frac{\Delta X}{\Delta Y}\right)^2$$

$$B = 2\left[\left(Y_1-\frac{D}{\Delta Y}\right)\frac{\Delta X}{\Delta Y}-X_1\right]$$

$$C = \left(Y_1-\frac{D}{\Delta Y}\right)^2+X_1^2-R_1^2$$

$$X_C = \frac{-B\pm\sqrt{B^2-4AC}}{2A} \quad (\text{求 } X_C \text{ 较大值时取"+"})$$

$$Y_C = \frac{D-\Delta X X_C}{\Delta Y}$$

当两圆相切时，$B_2-4AC=0$，因此上式也可用于求两圆相切的切点。

03　非圆曲线节点坐标的计算

当被加工零件轮廓形状与机床的插补功能不一致时，如在只有直线和圆弧插补功能的数控机床上加工双曲线、抛物线、阿基米德螺线或列表曲线时，就要采用逼近法加工，用直线或圆弧去逼近被加工曲线。这时，逼近线段与被加工曲线的交点，称为节点。如图 1-20(a) 所示为用直线段逼近非圆曲线的情况，如图 1-20(b) 所示为用圆弧段逼近非圆曲线的情况。

编写程序段时，应按节点划分程序段。逼近线段的近似区间愈大，则节点数目愈少，相应的程序段数目也会减少，但逼近线段的误差 δ 应小于或等于编程允许误差 $\delta_允$，即 $\delta \leqslant \delta_允$。考虑到工艺系统及计算误差的影响，一般取零件公差的 $1/10 \sim 1/5$。

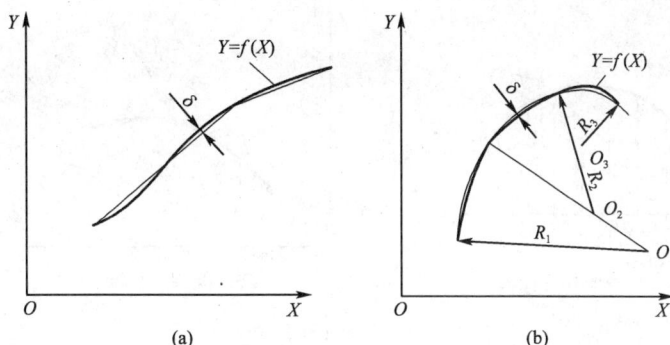

图 1-20 曲线逼近

非圆曲线轮廓零件的数值计算过程,一般可按以下步骤进行:

(1)选择插补方式,即采用直线段还是圆弧段逼近非圆曲线。采用直线段逼近,一般数学处理较简单,但计算的坐标数据较多,且各直线段间连接处存在尖角,由于在尖角处,刀具不能连续地对零件进行切削,零件表面会出现硬点或切痕,使加工质量变差。采用圆弧段逼近的方式,可以大大减少程序段的数目,同时若采用彼此相切的圆弧段来逼近非圆曲线,可以提高零件表面的加工质量。但采用圆弧段逼近,其数学处理过程比采用直线段逼近要复杂一些。

(2)确定编程允许误差,即使 $\delta \leqslant \delta_{允}$。

(3)选择数学模型,确定计算方法。目前生产中采用的算法比较多,在决定采用什么算法时,主要考虑的因素有两个:一是尽可能按等误差的条件,确定节点坐标位置,以便最大限度地减少程序段的数目;二是尽可能寻找一种简便的计算方法,以便于计算机程序的编制,及时得到节点坐标数据。

(4)根据算法,画出计算机处理流程图。

(5)用高级语言编写程序,上机调试,并获得节点坐标数据。

下面简单介绍常用算法。

1.用直线段逼近零件轮廓曲线的节点计算

常用的计算方法有:等间距法、等弦长法、等误差法和比较迭代法等。

(1)等间距法

等间距法就是将某一坐标轴划分成相等的间距。如图 1-21(a)所示,沿 X 轴方向取 ΔX 为等间距长,根据已知曲线的方程 $Y=f(X)$,可由 X_i 求得 Y_i,$X_{i+1}=X_i+\Delta X$,$Y_{i+1}=f(X_i+\Delta X)$。如此求得的一系列点就是节点。将相邻节点连成直线,用这些直线段组成的折线代替原来的轮廓曲线。坐标增量 ΔX 取得愈小则 $\delta_{插}$ 愈小,这使得节点增多,程序段也增多,编程费用高,但等间距法计算较简单。

(2)等弦长法

等弦长法就是使所有逼近直线段长度相等,如图 1-21(b)所示。由于零件轮廓曲线 $Y=f(x)$ 的曲率各处不相等,因此首先应求出该曲线的最小曲率半径 R_{min},由 R_{min} 及 $\delta_{允}$ 确定允许的步长 l,然后从曲线起点 a 开始,按等步长 l 依次截取曲线,得点 b、c、d…,则 $ab=bc=$ …$=l$ 即所求各直线段。

图 1-21 等间距法和等弦长法

总的看来,此种方法比等间距法的程序段数少一些。但当曲线曲率半径变化较大时,所求节点数将增多,所以,此法适用于曲率变化不大的情况。

(3)等误差法

等误差法是使逼近线段的误差相等,且等于 $\delta_{允}$,所以此法较上两种方法合理,特别适合曲率变化较大的复杂曲线轮廓。如图 1-22 所示。下面介绍用等误差法计算节点坐标的方法。设零件轮廓曲线的数学方程为 $Y=f(X)$。

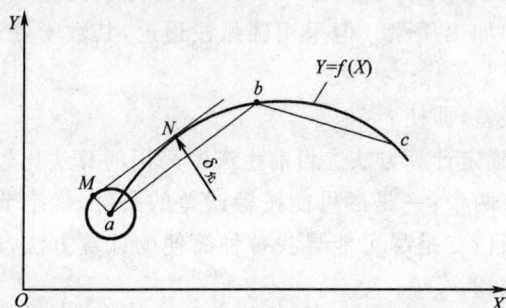

图 1-22 等误差法

①以起点 $a(X_a,Y_a)$ 为圆心,以 $\delta_{允}$ 为半径作圆。其圆方程为

$$\delta_{允}^2 = (X-X_a)^2 + (Y-Y_a)^2 \tag{1-1}$$

式中,X_a、Y_a 为已知的 a 点坐标值。

②作 $\delta_{允}$ 圆与曲线 $Y=f(X)$ 的公切线 MN,则可求公切线 MN 的斜率 K 为

$$K = \frac{Y_N - Y_M}{X_N - X_M}$$

为求 Y_N、Y_M、X_N、X_M,需解下面的方程组

$$\begin{cases} Y_N = f(X_N) & \text{(曲线方程)} \\ \dfrac{Y_N - Y_M}{X_N - X_M} = f'(X_N) & \text{(曲线切线方程)} \\ Y_M = F(X_M) & \text{(允差圆方程)} \\ \dfrac{Y_N - Y_M}{X_N - X_M} = F'(X_M) & \text{(允差圆切线方程)} \end{cases}$$

式中的允差圆即 $\delta_{允}$ 圆,$Y=F(X)$ 表示 $\delta_{允}$ 圆的方程,见式(1-1)。

③过 a 点作斜率为 K 的直线,则得到直线插补段 ab,其方程式为

$$Y - Y_a = K(X - X_a)$$

④求直线插补节点 b 的坐标。

联立方程组

$$\begin{cases} Y = f(X) \\ Y = K(X - X_a) + Y_a \end{cases}$$

求的交点 $b(X_b, Y_b)$ 的坐标值,便是第一个直线插补节点。

⑤按以上步骤顺次求得 c、$d\cdots$ 各节点坐标。

用等误差法,虽然计算较复杂,但可在保证 $\delta_允$ 的条件下,得到最少的程序段数目。此种方法的不足之处是直线插补段的连接处不光滑,使用圆弧插补段逼近,可以避免这一缺点。

2. 用圆弧段逼近零件轮廓曲线的节点计算

用圆弧段逼近非圆曲线,目前常用的算法有曲率圆法、三点圆法和相切圆法等。

(1)曲率圆法

①基本原理

曲率圆法是用彼此相交的圆弧段逼近非圆曲线。

已知轮廓曲线 $Y = f(X)$ 如图 1-23 所示,从曲线的起点开始,作与曲线内切的曲率圆,求出曲率圆的中心。以曲率圆中心为圆心,以曲率圆半径加(减) $\delta_允$ 为半径,所作的圆(偏差圆)与曲线 $Y = f(X)$ 的交点为下一个节点,并重新计算曲率圆中心,使曲率圆通过相邻的两节点。

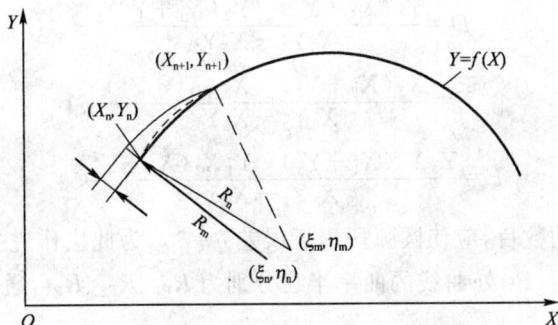

图 1-23　曲率圆法圆弧段逼近

重复以上计算,即可求出所有节点坐标及圆弧的圆心坐标。

②计算步骤

● 以曲线起点 (X_n, Y_n) 开始作曲率圆

$$\zeta_n = X_n - Y_n' \frac{1 + (Y_n')^2}{Y_n''}$$

圆心

$$\eta_n = Y_n + \frac{1 + (Y_n')^2}{Y_n''}$$

半径

$$R_n = \frac{[1 + (Y_n')^2]^{3/2}}{Y_n''}$$

● 偏差圆方程与曲线方程联立求解

$$\begin{cases} (X-\delta_n)^2+(Y-\eta_n)^2=(R_n\pm\delta_允)^2 \\ Y=f(X) \end{cases}$$

得交点 (X_{n+1},Y_{n+1})。

● 求过 (X_n,Y_n) 和 (X_{n+1},Y_{n+1}) 两点,半径为 R_n 的圆的圆心

$$\begin{cases} (X-X_n)^2+(Y-Y_n)^2=R_n^2 \\ (X-X_{n+1})^2+(Y-Y_{n+1})^2=R_n^2 \end{cases}$$

得交点 (ζ_m,η_m),即为逼近圆的圆心。

(2)三点圆法

三点圆法是在等误差直线段逼近求出各节点的基础上,通过连续三点作圆弧,并求出圆心点的坐标或圆的半径。如图 1-24 所示,首先从曲线起点开始,通过 P_1、P_2、P_3 三点作圆。圆方程的一般表达形式为

$$X^2+Y^2+DX+EY+F=0$$

其圆心坐标 $X_0=-\dfrac{D}{2},Y_0=-\dfrac{E}{2}$

半径 $R=\dfrac{\sqrt{D^2+E^2-4F}}{2}$

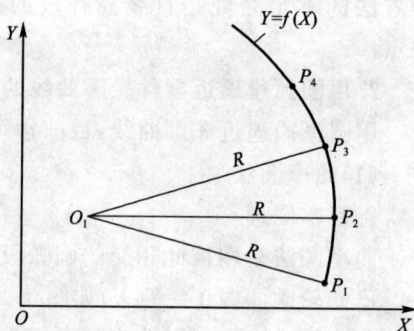

图 1-24 三点圆弧段逼近

通过已知点 $P_1(X_1,Y_1)$、$P_2(X_2,Y_2)$、$P_3(X_3,Y_3)$ 的圆,其

$$D=\frac{Y_1(X_3^2+Y_3^2)-Y_3(X_1^2+Y_1^2)}{X_1Y_2-X_3Y_2}$$

$$E=\frac{X_3(X_2^2+Y_2^2)-X_1(X_2^2+Y_2^2)}{X_1Y_2-X_3Y_2}$$

$$F=\frac{Y_3X_2(X_1^2+Y_1^2)-Y_1X_2(X_3^2+Y_3^2)}{X_1Y_2-X_3Y_2}$$

为了减少圆弧段的数目,应使圆弧段逼近误差 $\delta=\delta_允$,为此应作进一步的计算。设已求出连续三个节点 P_1、P_2、P_3 处曲线的曲率半径分别为 R_{P1}、R_{P2}、R_{P3},通过 P_1、P_2、P_3 三点的圆的半径为 R_P,取

$$R_P=\frac{R_{P1}+R_{P2}+R_{P3}}{3}$$

按 $\delta=\dfrac{R\delta_允}{|R-R_P|}$ 算出的 δ 值进行一次等误差直线段逼近,重新求得 P_1、P_2、P_3 三点,用此三点作一圆弧,该圆弧即为满足 $\delta=\delta_允$ 条件的圆弧。

(3)相切圆法

①基本原理

如图 1-25 所示粗实线表示工件轮廓曲线,在曲线的一个计算单元上任选四个点 A、B、C、D,其中 A 点为给定的起点。AD 段(一个计算单元)曲线用两相切圆弧 M 和 N 逼近。具体来说,点 A 和 B 的法线交于 M,点 C 和 D 的法线交于 N,以点 M 和 N 为圆心,以 MA

和 ND 为半径作两圆弧,则 M 和 N 圆弧相切于 MN 的延长线上 G 点。

曲线与 M、N 圆弧的最大误差分别发生在 B、C 两点,应满足的条件是:

两圆弧相切 G 点

$$|R_M - R_N| = \overline{MN} \tag{1-2}$$

满足 $\delta_允$ 要求

$$\begin{cases} |AM - BM| \leqslant \delta_允 \\ |DN - CN| \leqslant \delta_允 \end{cases} \tag{1-3}$$

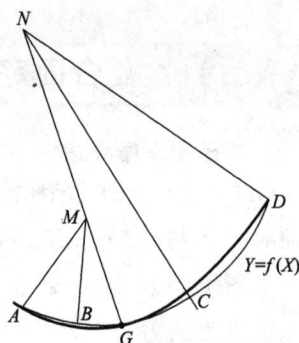

图 1-25　相切圆弧逼近轮廓线

②计算方法

● 求圆心坐标的公式。点 A 和 B 处曲线的法线方程式为

$$(X - X_A) - K_A(Y - Y_A) = 0$$
$$(X - X_B) - K_B(Y - Y_B) = 0$$

式中 K_A 和 K_B 为曲线在点 A 和 B 处的斜率,$k = \mathrm{d}y/\mathrm{d}x$。

解上两式得两法线交点 M(圆心)的坐标为:

$$\begin{cases} X_M = \dfrac{K_A X_B - K_B X_A + K_A K_B (Y_A - Y_B)}{K_A - K_B} \\ Y_M = \dfrac{(X_B - X_A) + (K_A Y_A - K_B Y_B)}{K_A - K_B} \end{cases} \tag{1-4}$$

同理,可通过 C、D 两点的法线方程求出 N(圆心)点坐标为

$$\begin{cases} X_N = \dfrac{K_C X_D - K_D X_C + K_C K_D (Y_C - Y_D)}{K_C - K_D} \\ Y_N = \dfrac{(X_D - X_C) + (K_C Y_C - K_D Y_D)}{K_C - K_D} \end{cases} \tag{1-5}$$

● B、C、D 三点坐标。根据式(2-2)和式(2-3),得

$$\sqrt{(X_A - X_M)^2 + (Y_A - Y_M)^2} + \sqrt{(X_M - X_N)^2 + (Y_M - Y_N)^2}$$
$$= \sqrt{(X_D - X_M)^2 + (Y_D - Y_M)^2} \tag{1-6}$$

$$\begin{cases} \left| \sqrt{(X_A - X_M)^2 + (Y_A - Y_M)^2} - \sqrt{(X_B - X_M)^2 + (Y_B - Y_M)^2} \right| = \delta_允 \\ \left| \sqrt{(X_D - X_N)^2 + (Y_D - Y_N)^2} - \sqrt{(X_C - X_N)^2 + (Y_C - Y_N)^2} \right| = \delta_允 \end{cases} \tag{1-7}$$

式中 A、B、C、D 各点的 Y 坐标值分别由以下公式求出

$$Y_A = f(X_A), Y_B = f(X_B)$$
$$Y_C = f(X_A), Y_D = f(X_D)$$

再代入式(1-6)和式(1-7),可求出 B、C、D 坐标值。

● 圆心 M、N 坐标值和 R_M、R_N 值

将 B、C、D 坐标值代入式(1-4)和式(1-5),即可求出圆心 M 和 N 的坐标值,并由此求出 R_M 和 R_N 值。

应该指出的是,在曲线有拐点和凸点时,应将拐点和凸点作为一个计算单元(每一计算单元为四个点)的分割点。

04 复合固定循环指令 G71、G70、G72

1. 直径粗车循环指令 G71(图 1-26)

G71 适用于用圆柱毛坯料粗车外圆和用圆筒毛坯料粗车内圆。它自动地将工件切削成精加工前的尺寸,精加工前的工件形状及粗加工的刀具路径由系统根据精加工尺寸自动设定。

如图 1-26 所示,A 点是粗加工循环起始点,按图中箭头所示方向进刀和退刀,每次 X 轴上的进给量为 Δd,从切削表面退出的距离为 e。Δw 和 $\Delta u/2$ 分别为轴向和径向精车余量。

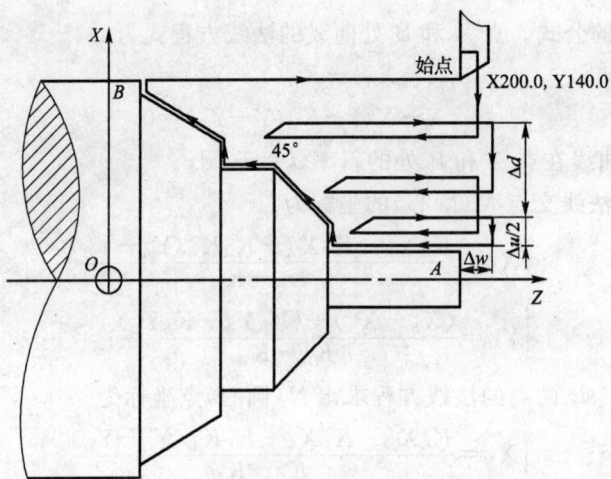

图 1-26 直径粗车循环

书写格式:

G71 U(Δd) R(e)_;

G71 P(ns) Q(nf) U(Δu) W(Δw) F_;

说明:

Δd——每次的切削深度(半径值);

e——每次切削循环的退刀量;

ns——指定最终加工路线的第一个程序段的顺序号;

nf——指定最终加工路线的最后一个程序段的顺序号;

Δu——X 轴方向,为精车保证的余量(直径值);

Δw——Z 轴方向,为精车保证的余量;

F——进给速度。

2. 端面粗车复合循环 G72(图 1-27)

程序段格式如下:

G72 W(Δd) R(e);

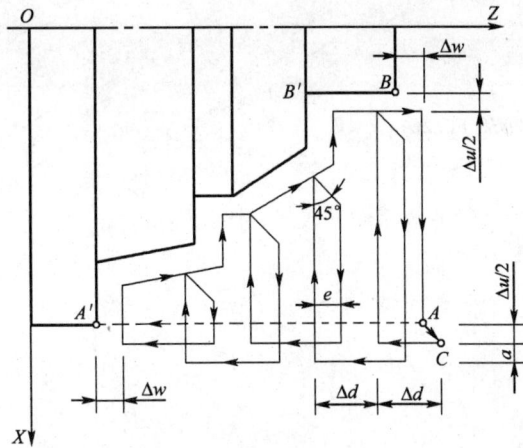

图 1-27　端面粗车复合循环

G72 P(ns) Q(nf) U(Δu) W(Δw) F_ ;

N(ns) ······

······

N(nf) ······

G72 指令与 G71 指令的区别仅在于切削方向平行于 X 轴，在 ns 程序段中不能有 X 方向的移动指令，其他相同。

3. 精车循环指令 G70

G70 指令切除 G71 指令加工后的剩下的余量。

书写格式：G70 P(ns) Q(nf) F_ ;

【例 1-3】　加工如图 1-28 所示的零件，试编写程序清单。

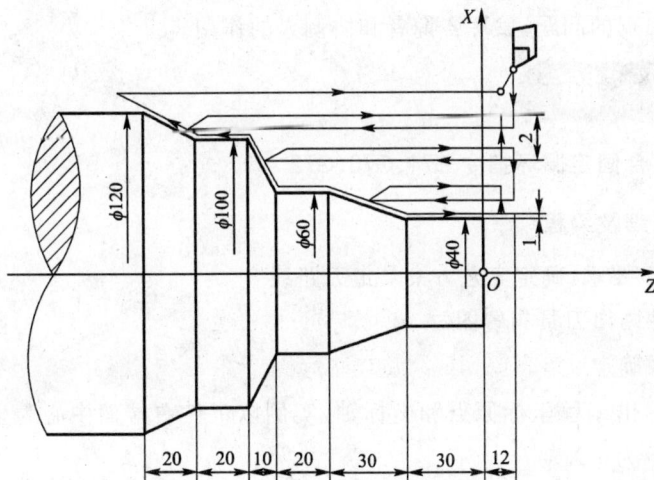

图 1-28　综合实例 4

O0002;

N10 G50 X200 Z140 T0101;

```
N20 G00 G42 X120 Z10 M08;
N30 G96 S120;
N40 G71 U2 R0.5;
N50 G71 P60 Q120 U2 W2 F0.25;
N60 G00 X40;                                    //ns
N70 G01 Z−30 F0.15;
N80 X60 Z−60;
N90 Z−80;
N100 X100 Z−90;
N110 Z−110;
N120 X120 Z−130;                                //nf
N130 G00 X125;
N140 X200 Z140;
N150 M02;
```

⚙ 决策与计划

学生制订计划,教师确认。

(1)各小组根据资讯获取的信息和教师的任务要求制订工作实施方案;

(2)各小组通过方案对比,作出决策和实施计划;

(3)教师对各小组实施计划进行确认。

学生:以分组形式自主完成决策与计划,项目计划应符合目标要求,同时必须考虑生产安全和环保要求。

教师:引导学生完成计划制订,在学生的决策过程中,给予实时的指导与评价,回答学生在制订计划中出现的问题,发挥咨询者和协调人的作用。

⚙ 实　　施

■ 01 掌握复合固定循环指令 G71、G70、G72

■ 02 识读图纸及编程

1.依据图 1-17 要求,确定工艺方案及走刀路线

2.选用刀具并画出刀具布置图

3.工件坐标系确定

要求在图上标出编程坐标原点和坐标轴,实例以工件右端面中心为坐标原点;水平向右为$+Z$,垂直向下为$+X$。

4.选用刀具及切削用量(表 1-7)

切削用量应根据工件材料、硬度、刀具材料及机床等因素来综合考虑,一般凭经验确定。

表 1-7　　　　　　　　　　　刀具及切削用量选择

序号	刀具名称	刀具号	刀补号	刀片或刀具规格	转速 S. /(r · min^{-1})	进给量 F /(mm · r^{-1})
1						
2						
3						
4						
5						
6						

5. 编制加工程序(表 1-8)

该系统可以采用绝对值和增量值混合编程,绝对值用 X、Z 地址,增量值用 U、W 地址,采用小数点编程。

表 1-8　　　　　　　　　　　程序表

程序段号	编程内容	程序说明

03 量具准备

1. _____
2. _____
3. _____
4. _____

04 零件的加工及测量(表 1-9)

表 1-9　　　　　　　　　　　数控车床操作评分表

姓名		学校		准考证号			
零件名称		时间	90 min	起止时间		总分	
考核项目	考核内容及其要求	配分	评分标准	检测结果	扣分	得分	备注
1	编程、调试熟练程度	10	程序思路清晰,可读性强,模拟调试纠错能力强				
2	操作熟练程度	10	试切对刀、建立工件坐标系操作熟练				
3	$\phi 38^{0}_{-0.033}$	20	超差不得分				
4	$\phi 20^{-0.07}_{-0.20}$	20	超差不得分				
5	60 ± 0.05	20	超差不得分				
6	$Ra1.6$	14	大于 $Ra1.6$ 每处扣2分				
7	2 处 $Ra3.2$	4	大于 $Ra3.2$ 每处扣2分				
8	超时扣分		超时 5 min 扣 3 分,超时 10 min 停止考试				
	难度系数	1.3					

检　查

学生通过自查、互查对已完成的工作任务进行全面的检查。检查内容包括:

◆ 检查是否安全操作;

◆ 检查是否操作正确;

◆ 检查是否观察仔细;

◆ 检查是否能表达清楚工艺流程;

◆ 听取各小组根据任务展开的讨论情况是否良好,涉及内容是否完整,提出补充或修改建议;

◆ 检查各小组执行任务中的进展程度以及最后结果,必要时给予一定的指导,使实训顺利进行;

◆ 检查各小组"5S"管理执行情况。

评　估

◆ 评价工作过程和成果的优、劣

(1)学生以小组为单位进行项目总结和评价(如果有需要,可以修改项目方案,重新完成项目),并进行工作任务相关知识点和技能点的总结,使学生建立积极的自我认知。最后各小组组织自评和互评,教师组织考核进行综合评价。

(2)根据现场各小组的讨论汇报情况、具体实施情况以及最后的结果给出客观评价并记录。

(3)根据现场各小组个人表现突出的组员进行评价表扬,对于实训中有问题的学生应给予指导和鼓励。

◆ 提出不足及改进意见

(1)学生提出不足及改进意见。

(2)教师总结不足及改进意见。

◆ 评价教学过程并提出建议(表 1-10)

根据工作任务实施过程,学生、教师分别进行评价,并提出建议。

表 1-10　　　　　　　　　　考核评价表

项目名称				班级		
项目小组				项目组长		
小组成员				实施时间		
评价类别	评价内容	评价标准	配分	个人自评	小组评价	教师评价
决策与策划	资料准备	参与资料收集、整理,自主学习	5			
	计划制订	能初步制订计划	5			
	小组分工	分工合理,协调有序	5			
实施	操作技术	见项目评分标准	40			
	问题探究	能实践中发现问题,并用理论知识解释实践中的问题	10			
	文明生产	服从管理,遵守 5S 标准	5			
拓展	知识迁移	能实现前后知识的迁移	5			
	应变能力	能举一反三,提出改进建议方案	5			
	创新程度	有创新建议提出	5			
态度	主动程度	主动性强	5			
	合作意识	能与同伴团结协作	5			
	严谨细致	认真仔细,不出差错	5			
	总　计		100			
教师评估及建议						

资　讯

01　课题描述与课题图

如图 2-1 所示工件,毛坯为 $\phi40$ mm×60 mm 的铝,试分析其加工工艺,编写数控车加工程序并加工该零件。

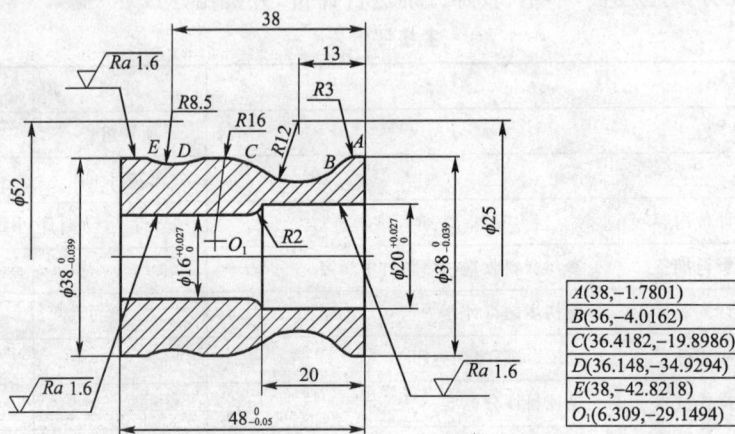

A(38,−1.7801)
B(36,−4.0162)
C(36.4182,−19.8986)
D(36.148,−34.9294)
E(38,−42.8218)
O_1(6.309,−29.1494)

图 2-1　中级数控车床应会试题 12

02　套类零件结构特征

套类零件一般由外圆,内孔,端面,台阶和内、外沟槽等表面组成。其主要特点是内、外圆柱面和相关端面间的形状、位置精度要求较高。通常内孔与转轴配合,起支撑或导向作用;外圆一般是套类零件的支撑定位表面,常以过盈或过渡配合与箱体或机架上的孔配合,使用时,主要承受径向力,有时也承受轴向力。

03　内孔加工用刀具

根据不同的加工情况,内孔车刀可分为通孔车刀(图 2-2(a))和盲孔车刀(图 2-2(b))两种。

1. 通孔车刀

为了减小径向切削力,防止震动,通孔车刀的主偏角一般取 $60°\sim75°$,副偏角取 $15°\sim30°$。为了防止内孔车刀后刀面和孔壁摩擦,又不使后角太大,一般磨成两个后角(图 2-2(c))。

2. 盲孔车刀

盲孔车刀是用来车盲孔或台阶孔的,它的主偏角取 $90°\sim93°$。刀尖在刀杆的最前端,刀尖与刀杆外端的距离(图 2-2(b)中尺寸 a)应小于内孔半径(图 2-2(b)中尺寸 R),否则孔的底平面就无法车平。车内孔台阶时,只要不碰即可。为了节省刀具材料和增加刀杆强度,可以把高速钢或硬质合金做成很小的刀头,装在非合金钢或合金钢制成的刀杆上,在顶端或上面用螺钉紧固。

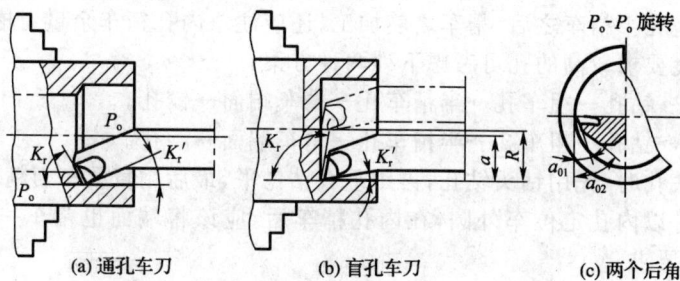

(a) 通孔车刀　　(b) 盲孔车刀　　(c) 两个后角

图 2-2　内孔车刀

内孔车刀刀杆有车通孔的(图 2-3(a))和车盲孔的(图 2-3(b))两种。车盲孔的刀杆方孔应做成斜的。内孔车刀刀杆根据孔径大小及孔的深浅可做成几组,以便在加工时选择使用。图 2-3(a)和图 2-3(b)所示的内孔车刀刀杆,其刀杆伸出长度固定,不能适应各种不同孔深的工件。图 2-3(c)所示的方形长刀杆,可根据不同的孔深调整刀杆伸出长度,以利于发挥刀杆的最大刚性。

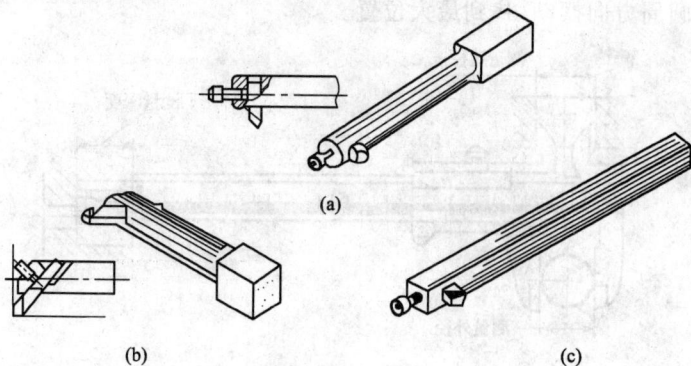

(a)

(b)　　　　(c)

图 2-3　内孔车刀刀杆

04 内孔加工工艺

车孔是常用的孔加工方法之一,可用作粗加工,也可用作精加工。车孔精度一般可达IT7~IT8,表面粗糙度 Ra 1.6~3.2 μm。

为了增加车削刚性,防止产生震动,要尽量选择粗的刀杆,装夹时刀杆伸出长度尽可能短,只要略大于孔深即可。刀尖要对准工件中心,刀杆与轴心线平行。为了确保安全,可在车孔前,先用内孔车刀在孔内试走一遍。精车内孔时,应保持刀刃锋利,否则容易产生让刀,把孔车成锥形。

内孔加工过程中,主要是控制切屑流出方向来解决排屑问题。精车孔时要求切屑流向待加工表面(前排屑),前排屑主要是采用正刃倾角内孔车刀。

车削各种轴承套、齿轮、带轮等套类零件的工艺方案虽然各异,但也有一些共性可供遵循,现简要说明如下:

(1)在车削短而小的套类工件时,为了保证内、外圆的同轴度,最好在一次装夹中把内孔、外圆及端面都加工完毕。

(2)内沟槽应在半精车之后、精车之前加工,还应注意内孔精车余量对槽深的影响。

(3)车削精度要求较高的孔可考虑下列两种方案:

①粗车端面→钻孔→粗车孔→半精车孔→精车端面→铰孔。

②粗车端面→钻孔→粗车孔→半精车孔→精车端面→磨孔。

(4)加工平底孔时,先用钻头钻孔,再用平底钻锪平,最后用盲孔车刀精车。

(5)如果工件以内孔定位车外圆,在内孔精车后,应该将端面也精车一刀,以保证端面与内孔的垂直度要求。

05 内孔测量用量具介绍

孔径尺寸精度要求较低时,可采用钢直尺、内卡钳或游标卡尺测量;精度要求较高时可用内径千分尺或内径量表测量;标准孔还可以采用塞规测量。

1. 游标卡尺

用游标卡尺测量孔径尺寸的测量方法如图2-4所示,测量时应注意尺身与工件端面平行,活动量爪沿圆周方向摆动,找到最大位置。

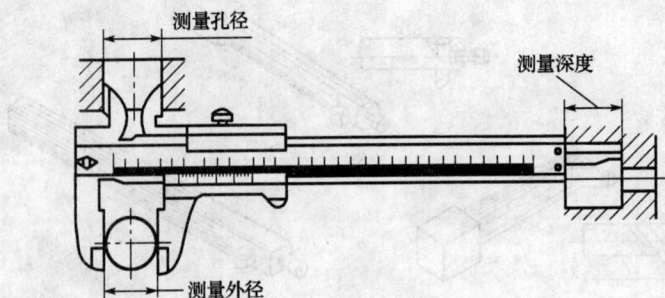

图2-4　用游标卡尺测量内孔

2.内径千分尺

内径千分尺的使用方法如图 2-5 所示。这种千分尺刻度线方向和外径千分尺相反,当微分筒顺时针旋转时,活动量爪向右移动,量值增大。

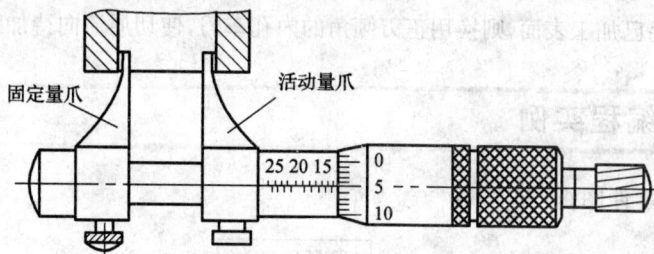

图 2-5　用内孔千分尺测量内孔

3.内径百分表

内径百分表是将百分表装夹在测架上构成。测量前先根据被测工件孔径大小更换固定测量头,用千分尺将内径百分表对准"零"位。测量方法如图 2-6 所示,摆动百分表取最小值为孔径的实际尺寸。

4.塞规

塞规(图 2-7)由通端和止端组成,通端按孔的下极限尺寸制成,测量时应塞入孔内,止端按孔的上极限尺寸制成,测量时不允许插入孔内。当通端能塞入孔内,而止端插不进去时,说明该孔尺寸合格。

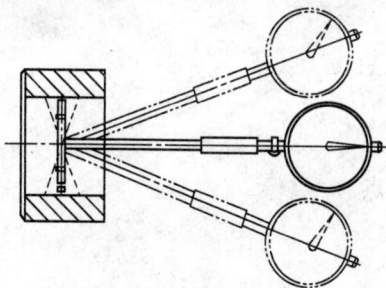

图 2-6　内径百分表测量内孔

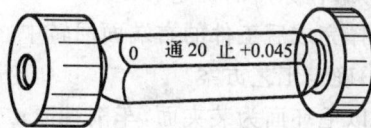

图 2-7　塞规

用塞规测量孔径时,应保持孔壁清洁,塞规不能倾斜,以防造成孔小的错觉,把孔径车大。相反,在孔径小的时候,不能用塞规硬塞,更不能用力敲击。从孔内取出塞规时,要防止与内孔刀碰撞。孔径温度较高时,不能用塞规立即测量,以防工件冷缩把塞规"咬住"。

06　内孔加工质量分析

1.内孔尺寸精度超差

主要是由于没有仔细测量或测量方法有误造成。

2.孔有锥度

可能是由于切削用量选择不当,车刀磨损,刀刃不够锋利,刀杆刚性差而产生让刀等原因造成;车床主轴轴线歪斜,床身导轨严重磨损也是造成所加工孔有锥度的原因。

3. 孔表面粗糙度超差

可能是由于切削用量选择不当,产生积屑瘤;或车刀磨损,刀刃不够锋利,切削时刀杆震动造成。如果切屑拉毛已加工表面,则换用正刃倾角的内孔车刀,使切屑流向待加工表面。

07 编程实例

1. 仔细分析零件图纸(图2-8)

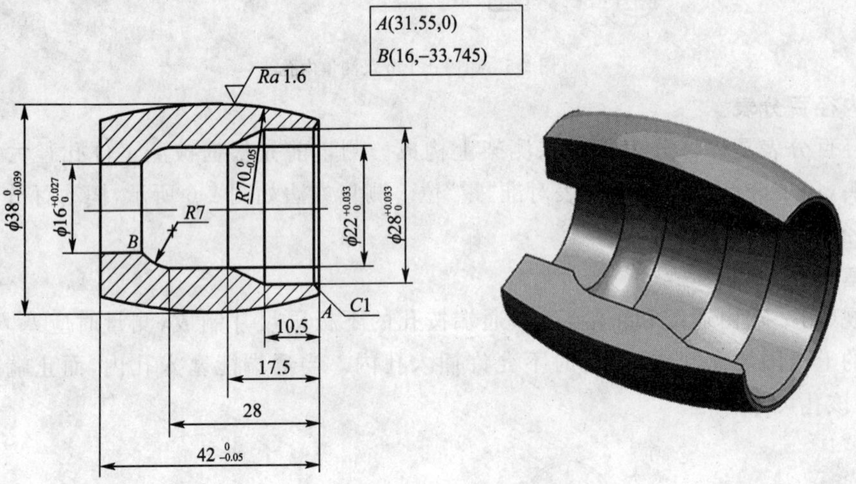

图2-8 中级数控车床应会试题1

2. 识读图纸及编程

(1)编程原点的确定

选择完成后工件的右端面回转中心作为编程原点。

(2)确定工艺方案

①以毛坯面为装夹面,车削端面;

②不拆除工件,在毛坯的一端粗、精加工出工件外轮廓,保证外圆、圆弧尺寸;

③不拆除工件,直接用镗孔刀粗、精加工出工件内轮廓,保证外圆、圆弧尺寸;

④不拆除工件,直接用切断刀切断。

(3)选择刀具及切削用量(表2-1)

表2-1　　　　　　　　　　　　刀具及切削用量选择

序号	刀具名称	刀具号	刀补号	刀片或刀具规格	转速 S /(r·min^{-1})	进给量 F /(mm·r^{-1})
1	粗车外圆车刀	T01	01	55°刀片	800	0.1
2	精车外圆车刀	T01	01	55°刀片	1000	0.05
3	镗孔刀	T03	03	55°刀片	800	0.1
4	镗孔刀	T03	03	55°刀片	1000	0.05
5	切断刀	T04	04	刀宽4 mm	350	0.05

（4）编程部分（表 2-2）

表 2-2　　　　　　　　　　　　　　　　　程序表

程序段号	编程内容	程序说明
	O0003；	程序名
	G00 X100 Z100 T0101；	刀具回换刀点，换 1 号刀，加入该刀具刀补
	M03 S800；	主轴正转，转速 800 r/min
	G00 X42 Z2；	快速进刀
	G94 X−1 Z0 F0.1；	端面车削
	G00 X100 Z100；	回换刀点
	M00；	程序暂停
	G00 X100 Z100 T0101；	刀具回换刀点，换 1 号刀，加入该刀具刀补
	M03 S800；	主轴正转，转速 800 r/min
	G00 X42 Z2；	快速进刀
	G73 U2 R4；	粗加工外圆轮廓
	G73 P10 Q20 U0.5 W0.25 F0.1；	
N10	G00 X31.55；	
	G01 Z0；	
	G03 X31.55 Z−42 R70；	
N20	G01 Z−47；	
	G00 X100 Z100；	回换刀点
	M00；	程序暂停
	G00 X100 Z100 T0101；	刀具回换刀点，换 1 号刀，加入该刀具刀补
	M03 S1000；	主轴正转，转速 1000 r/min
	G00 X42 Z2；	快速进刀
	G70 P10 Q20 F0.05；	精加工外圆轮廓
	G00 X100 Z100；	回换刀点
	M00；	程序暂停
	G00 X100 Z100 T0303；	刀具回换刀点，换 3 号刀，加入该刀具刀补
	M03 S800；	主轴正转，转速 800 r/min
	G00 X15 Z2；	快速定位
	G71 U1 R1；	粗加工内孔轮廓
	G71 P30 Q40 U−0.5 W0.25 F0.1；	
N30	G00 X30；	
	G01 Z0；	
	G01 X28 Z−1；	
	G01 X28 Z−10.5；	
	G01 X22 Z−17.5；	
	G01 X22 Z−28；	
	G03 X18 Z−32.849 R7；	
N40	G01 X18 Z−47；	
	G00 X100 Z100；	回换刀点
	M00；	程序暂停
	G00 X100 Z100 T0303；	刀具回换刀点，换 3 号刀，加入该刀具刀补
	M03 S1000；	主轴正转，转速 1000 r/min
	G00 X15 Z2；	快速定位
	G70 P30 Q40 F0.05；	精加工内孔轮廓

（续表）

程序段号	编程内容	程序说明
	G00 X100 Z100;	回换刀点
	M00;	程序暂停
	G00 X100 Z100 T0404;	刀具回换刀点,换 4 号刀,加入该刀具刀补
	M03 S350;	主轴正转,转速 350 r/min
	G00 X42 Z−18;	零件切断
	G01 X−1 Z−18 F0.05;	
	G00 X100 Z100;	回换刀点
	M05;	主轴停转
	M02;	程序结束

决策与计划

学生制订计划,教师确认。

(1)各小组根据资讯获取的信息和教师的任务要求制订工作实施方案;

(2)各小组通过方案对比,作出决策和实施计划;

(3)教师对各小组实施计划进行确认。

学生:以分组形式自主完成决策与计划,项目计划应符合目标要求,同时必须考虑生产安全和环保要求。

教师:引导学生完成计划制订,在学生的决策过程中,给予实时的指导与评价,回答学生在制订计划中出现的问题,发挥咨询者和协调人的作用。

实　　施

■ 01 仔细分析零件图纸(图 2-1)

■ 02 识读图纸及编程

1.编程原点的确定

_____

_____

_____

_____

2.确定工艺方案

_____

_____

_____

_____

3.选择刀具及切削用量(表 2-3)

表 2-3　　　　　　　　　刀具及切削用量选择

序号	刀具名称	刀具号	刀补号	刀片或刀具规格	转速 S /(r·min⁻¹)	进给量 F /(mm·r⁻¹)
1						
2						
3						
4						
5						

4.编程部分(表 2-4)

表 2-4　　　　　　　　　程序表

程序段号	编程内容	程序说明

■ **03 量具准备**

1. ＿＿＿＿＿＿＿＿＿＿＿＿＿＿＿＿＿＿＿＿

2. ＿＿＿＿＿＿＿＿＿＿＿＿＿＿＿＿＿＿＿＿

3. ＿＿＿＿＿＿＿＿＿＿＿＿＿＿＿＿＿＿＿＿

4. ＿＿＿＿＿＿＿＿＿＿＿＿＿＿＿＿＿＿＿＿

04 零件的加工及测量(表 2-5)

表 2-5 数控车床操作评分表

姓名		学校			准考证号			
零件名称		时间	100 min		起止时间		总分	
考核项目	考核内容及其要求	配分	评分标准		检测结果	扣分	得分	备注
1	编程、调试熟练程度	5	程序思路清晰,可读性强,模拟调试纠错能力强					
2	操作熟练程度	5	试切对刀、建立工件坐标系操作熟练					
3	外形	30	样板检验一处不符合扣 10 分					
4	$\phi16^{+0.027}_{0}$	15	超差不得分					
5	$\phi20^{+0.027}_{0}$	15	超差不得分					
6	$\phi38^{0}_{-0.039}$	10	超差不得分					
7	自由尺寸	10	超差一处不得分					
8	40 ± 0.05	10	超差不得分					
9	$Ra1.6$	10	大于 $Ra1.6$ 不得分					
10	超时扣分		超时 5 min 扣 3 分,超时 10 min 停止考试					
	难度系数	0.9						

05 分析加工结果,结合有关资料,进行总结(表 2-6)

表 2-6 问题分析总结表

问 题	产生原因	预防方法
孔的尺寸大		
孔的圆柱度超差		
孔的表面粗糙度大		

检　查

学生通过自查、互查对已完成的工作任务进行全面的检查。检查内容包括:

◆ 检查是否安全操作;

◆ 检查是否操作正确;

◆ 检查是否观察仔细;

◆ 检查是否能表达清楚工艺流程;

◆ 听取各小组根据任务展开的讨论情况是否良好,涉及内容是否完整,提出补充或修改建议;

◆ 检查各小组执行任务中的进展程度以及最后结果,必要时给予一定的指导,使实训顺利进行;

◆ 检查各小组"5S"管理执行情况。

评　估

◆ 评价工作过程和成果的优、劣

（1）学生以小组为单位进行项目总结和评价（如果有需要,可以修改项目方案,重新完成项目）,并进行工作任务相关知识点和技能点的总结,使学生建立积极的自我认知。最后各小组组织自评和互评,教师组织考核进行综合评价。

（2）根据现场各小组的讨论汇报情况、具体实施情况以及最后的结果给出客观评价并记录。

（3）根据现场各小组个人表现突出的组员进行评价表扬,对于实训中有问题的学生应给予指导和鼓励。

◆ 提出不足及改进意见

（1）学生提出不足及改进意见。

（2）教师总结不足及改进意见。

◆ 评价教学过程并提出建议（表2-7）

根据工作任务实施过程,学生、教师分别进行评价,并提出建议。

表 2-7　　　　　　　　　　　考核评价表

项目名称			班　级			
项目小组			项目组长			
小组成员			实施时间			
评价类别	评价内容	评价标准	配分	个人自评	小组评价	教师评价
决策与策划	资料准备	参与资料收集、整理,自主学习	5			
	计划制订	能初步制订计划	5			
	小组分工	分工合理,协调有序	5			
实施	操作技术	见项目评分标准	40			
	问题探究	能实践中发现问题,并用理论知识解释实践中的问题	10			
	文明生产	服从管理,遵守 5S 标准	5			
拓展	知识迁移	能实现前后知识的迁移	5			
	应变能力	能举一反三,提出改进建议方案	5			
	创新程度	有创新建议提出	5			
态度	主动程度	主动性强	5			
	合作意识	能与同伴团结协作	5			
	严谨细致	认真仔细,不出差错	5			
	总　计		100			
教师评估及建议						

成型面零件的加工

资　讯

01　课题描述与课题图

如图 3-1 所示手柄零件,毛坯为 ϕ30 mm×110 mm 的硬铝,试分析其加工工艺,编写数控车加工程序并进行加工。

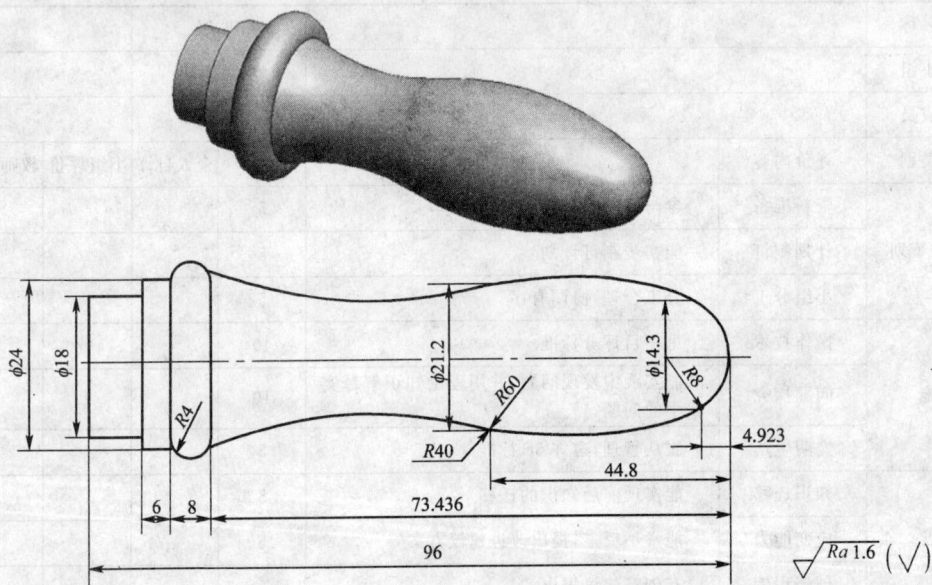

图 3-1　综合实例 5

02　成型面加工相关知识

在机械中,有些零件表面的轴向剖面呈曲线形,如圆球手柄、橄榄手柄等,具有这些特征的表面称为成型面。

　　本学习情境选择机床摇手柄作为载体,它是凹凸连接的成型面零件。通过对该零件的加工操作训练,既可以学习复杂成型面的加工方法,又可以树立生产意识和质量意识。

　　成型面零件的加工,如果在普通车床上进行,可以采用双手控制法、成型刀法、专用刀法等加工方法。但这些加工方法效率低、精度差,特别是双手控制法,加工精度不高,劳动强度大。而在数控车床上,通过运行编好的加工程序,使刀具在 XOZ 坐标平面内按给定的进给速度 F 作圆弧切削运动,便能加工出精确的圆弧轮廓形状。比普通车床加工精度更高,生产效率也大大提高。

03　成型面加工刀具

　　数控车削车刀常用的一般分尖形车刀、圆弧形车刀以及成型车刀三类。

1. 尖形车刀

　　车削一般的成型面可以采用以直线形切削刃为特征的外圆尖形车刀,如图 3-2 所示。用这种车刀车削成型面时,有时会因为主偏角或副偏角过小而发生干涉,导致零件过切报废;若主偏角过大,将使刀具刀尖角过小,从而影响到刀具的强度。因此选择外圆尖形车刀的原则是在保证不干涉的前提下,尽量采用刀尖角较大的车刀,以提高刀具的强度。

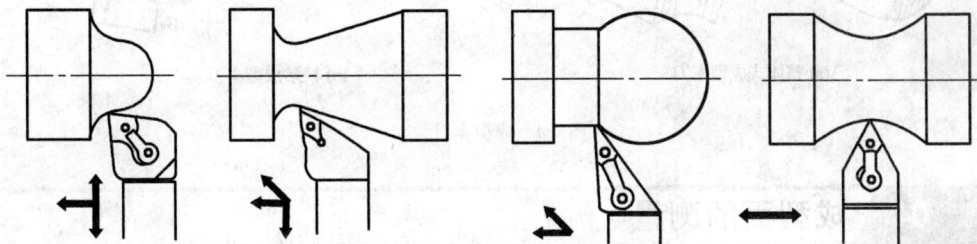

图 3-2　尖形车刀

2. 圆弧形车刀

　　对于用一般尖形车刀无法或很难加工的复杂成型面,可以采用以圆弧形切削刃为主要特征的外圆圆弧形车刀,如图 3-3 所示。其特点是:构成主切削刃的刀刃形状为一圆度误差或线轮廓度误差很小的圆弧,如图 3-3 所示。该圆弧刃上每一点都是圆弧形车刀的刀尖,因此,刀位点不在圆弧上,而在该圆弧的圆心上。

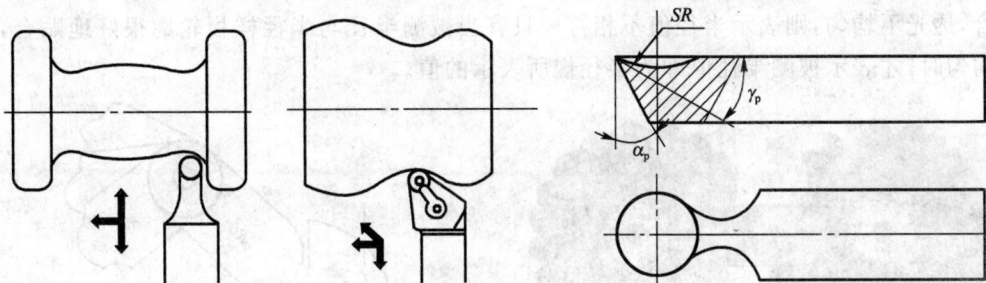

图 3-3　圆弧形车刀

如果采用夹固式车刀,不管是尖形车刀还是圆弧形车刀,由于刀片刀尖角半径均为标准值,因此,为保证圆弧的加工精度,加工时应进行相应的刀尖圆弧半径补偿。

3. 成型车刀

成型车刀俗称样板车刀,常用的成型车刀有整体式和棱形两种,如图 3-4 所示。成型车刀刀刃的形状和尺寸完全决定了加工零件的轮廓形状,具有较强的专用性。

精度要求较高的成型车刀制造比较复杂,其加工零件的轮廓形状完全由车刀刀刃的形状和尺寸决定。数控车削加工中,常见的成型车刀有小半径圆弧车刀、非矩形车槽刀和螺纹刀等。

成型车刀可按加工要求做成各种式样,其加工精度主要靠刀具保证。由于切削时接触面积大,因此切削抗力也大,容易出现震动和工件位移。因此切削速度应取小些,工件装夹必须牢靠。

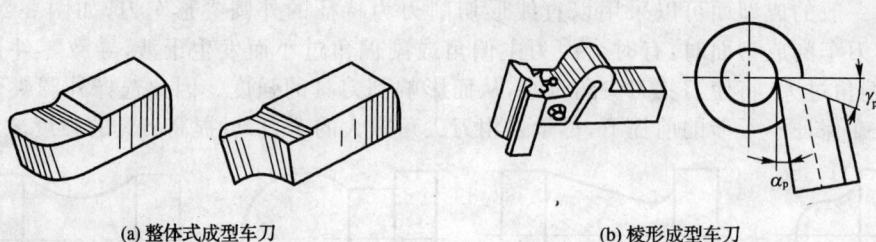

(a) 整体式成型车刀　　　　　　　　　　　　(b) 棱形成型车刀

图 3-4　成型车刀

04　成型面的测量

1. 用半径规检测

半径规也称半径样板或 R 规,是一种测量精度要求不高的圆弧常用量具,如图 3-5 所示。测量范围有 1～6.5 mm、7～14.5 mm、15～25 mm 三种。测量时,将被测零件的圆弧与半径规进行比较,从而确定被测零件的圆弧半径值。使用时,根据初估被测圆弧半径大小,将半径规上有相应半径值的样板与被测圆弧采用光隙法(光隙法:是通过眼睛观察通光间隙的大小来确定偏差)进行比较,如图 3-6 所示。当被测半径与半径样板轮廓不能很好地贴合,透光不均匀,则表示半径值不相符。只有当被测半径与半径样板轮廓很好地贴合,透光均匀时,才表示被测半径值即为半径规所表示的值。

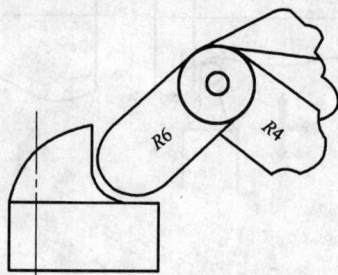

图 3-5　半径规　　　　　　　　　　　　　　图 3-6　半径规的使用

2. 用样板检测

用样板检测成型面的方法如图 3-7 所示,主要适用于精度要求不高的场合。

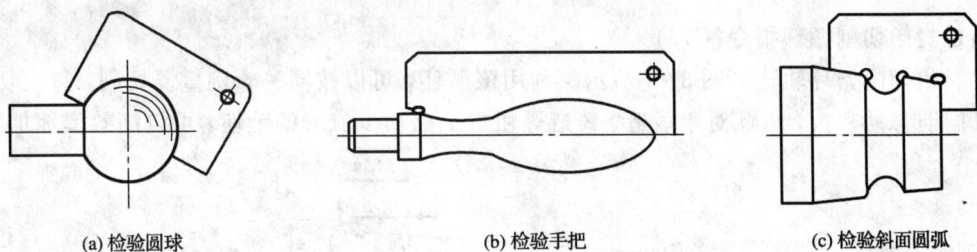

(a) 检验圆球   (b) 检验手把   (c) 检验斜面圆弧

图 3-7 样板检测

通过千分尺或游标卡尺的配合使用,可以提高成型面的检测精度,如图 3-8 所示。

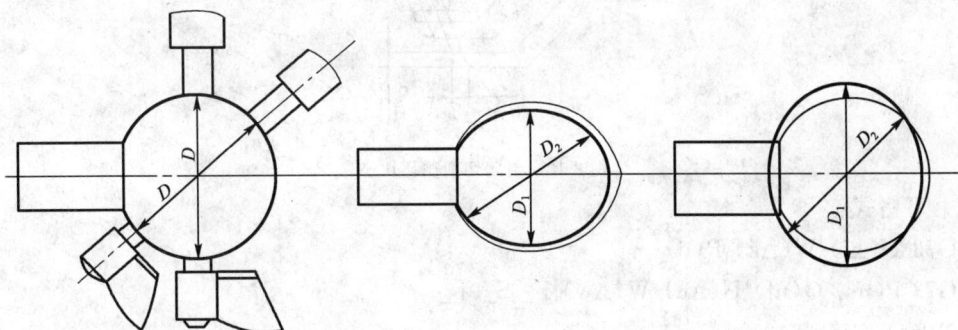

图 3-8 配合使用测量工具

3. 用万能工具显微镜检测

万能工具显微镜(图 3-9)是一种在工业生产和科学研究部门使用十分广泛的光学计量仪器。该仪器具有较高的测量精度,可用影像法、轴切法或接触法按直角坐标或极坐标对零件进行测量。它不仅可以测量零部件的长度、角度,还可以对圆弧、螺纹等进行测量。

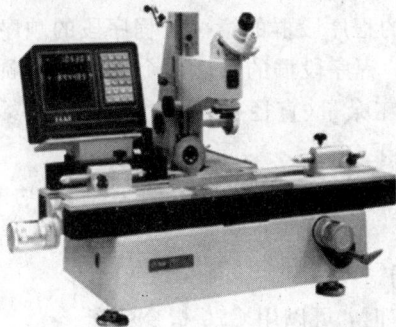

图 3-9 万能工具显微镜

05　切削循环指令（G73、G70）

1. 封闭切削循环指令（G73）

封闭切削循环轨迹如图3-10所示。利用该循环，可以按同一轨迹重复切削，每次切削刀具向前移动一次，因此对于锻造、铸造等粗加工已初步成形的毛坯，可以高效率地加工。

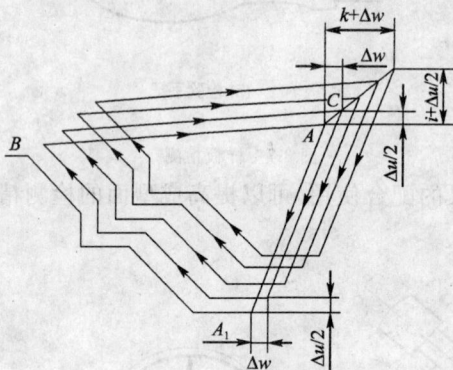

图3-10　封闭切削循环轨迹

书写格式：

G73 U(Δi) W(Δk) R(d)；

G73 P(ns) Q(nf) U(Δu) W(Δw) F_ S_ T_；

N(ns)...

...　　　$A \to A' \to B$ 的精加工形状的轨迹，用顺序号 ns 到 nf 的程序段来指令。

N(nf)...

说明：

Δi——X 轴方向退刀的距离及方向（半径指定）。这个指定是模态的，一直到下次指定前均有效。

Δk——Z 轴方向退刀距离及方向。这个指定是模态的，一直到下次指定前均有效。

d——分割次数，等于粗车次数。该指定是模态的，直到下次指定前均有效。

ns——构成精加工形状的程序段群的第一个程序段的顺序号。

nf——构成精加工形状的程序段群的最后一个程序段的顺序号。

Δu——X 轴方向的精加工余量（直径/半径指定）。

Δw——Z 轴方向的精加工余量。

F、S、T——在 ns～nf 间任何一个程序段上的 F、S、T 功能均无效。仅在 G73 中指定的 F、S、T 功能有效。

2. 精加工循环指令（G70）

在用 G71、G72、G73 粗车时，可以用 G70 指令精车。

书写格式：G70 P(ns) Q(nf) F_；

说明：

（1）式中　ns——构成精加工形状的程序段群的第一个程序段的顺序号；

nf——构成精加工形状的程序段群的最后一个程序段的顺序号。

(2)在含 G71、G72、G73 程序段中指令的 F、S、T 对于 G70 的程序段无效，而顺序号 ns～nf 间指令的 F、S、T 为有效。

(3)G70 的循环一结束，刀具就用快速进给返回始点，并开始读入 G70 循环的下个程序段。

(4)G70～G73 间被使用的顺序号 ns～nf 间的程序段中，不能调用子程序。

【例 3-1】 用 G71、G72、G73 指令分别对图 3-11 所示零件进行编程。

解： 方法 1. 粗车外圆复合循环方式($A→A_1→B→A$)

O0031；

T0101；

G90 G00 X40.0 Z5.0 M03 S400；

G71 U1 R2；

G71 P100 Q200 U0.2 W0.2 F50；

N100 G00 X18.0 Z5.0；

G01 X18.0 Z−15.0 F30；

X22.0 Z−25.0；

X22.0 Z−31.0；

G02 X32.0 Z−36.0 R5.0；

G01 X32.0 Z−40.0；

N200 G01 X36.0 Z−50.0；

G00 X40.0 Z5.0；

M05 M02；

M30；

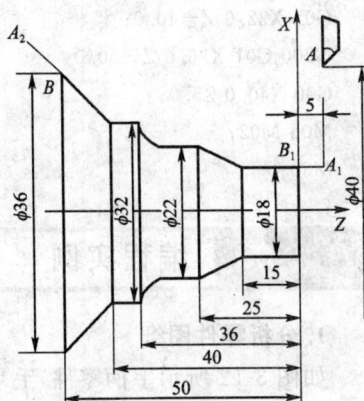

图 3-11　综合实例 6

方法 2. 粗车端面复合循环方式($A→A_2→B_1→A$)

O0032；

T0101；

G90 G00 X40.0 Z5.0 M03 S400；

G72 W3 R2；

G72 P100 Q200 U0.2 W0.2 F50；

N100 G00 X40.0 Z−60.0；

G01 X32.0 Z−40.0 F30；

X32.0 Z−36.0；

G03 X22.0 Z−31.0 R5.0；

G01 X22.0 Z−25.0；

G01 X18.0 Z−15.0；

N200 G01 X18.0 Z1.0；

G00 X40.0 Z5.0；

M05 M02；

M30；

方法 3. 封闭轮廓复合循环方式($A→A_1→B→A$)

O0033；

```
T0101；
G90 G00 X40.0 Z5.0 M03 S400；
G73 U12 W5 R10；
G73 P100 Q200 U0.2 W0.2 F50；
N100 G00 X18.0 Z0.0；
G01 X18.0 Z-15.0 F30；
X22.0 Z-25.0；
X22.0 Z-31.0；
G02 X32.0 Z-36.0 R5.0；
G01 X32.0 Z-40.0；
N200 G01 X36.0 Z-50.0；
G00 X40.0 Z5.0；
M05 M02；
M30；
```

06 编程实例

1. 分析零件图纸

如图 3-12 所示手柄零件，毛坯为 ϕ32 mm×110 mm 的铝，试分析其加工工艺，编写数控车加工程序并进行加工。

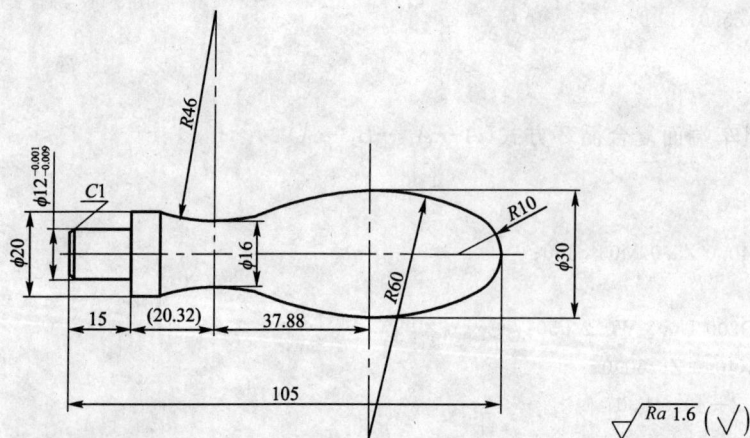

图 3-12 手柄零件

2. 数值计算

为了编程方便，必须将图 3-13 中圆弧与圆弧或直线与圆柱之间切点或交点的有关尺寸（L_1、L_2、L_3、L_4、L_5、d_1 和 d_2）计算出来。

根据图 3-13 中的几何关系，按相似三角形对应的比例关系和勾股定理即可计算出来。

在相似 $\mathrm{Rt}\triangle oij$ 和 $\mathrm{Rt}\triangle omn$ 中

$$oj = \sqrt{oi^2 - ij^2} = \sqrt{(60-10)^2 - (60-15)^2} = 21.79 \text{ mm}$$

$$on = \frac{om \times oj}{oi} = \frac{10 \times 21.79}{50} = 4.36 \text{ mm}$$

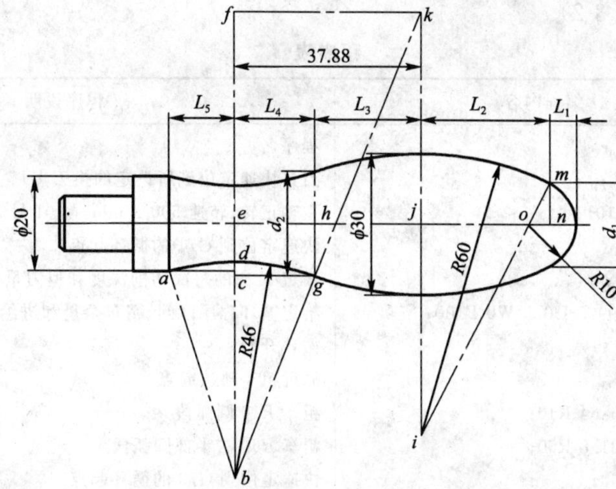

图 3-13 手柄零件尺寸计算图

$$L_1 = 10 - on = 10 - 4.36 = 5.64 \text{ mm}$$

$$L_2 = oj + on = 21.79 + 4.36 = 26.15 \text{ mm}$$

$$d_1 = 2mn = 2\sqrt{om^2 - on^2} = 2\sqrt{10^2 - 4.36^2} = 18 \text{ mm}$$

在相似 $\text{Rt}\triangle bcg$ 和 $\text{Rt}\triangle bfk$ 中

$$L_3 = ej - cg = ej - \frac{bg \times fk}{bk} = 37.88 - \frac{46 \times 37.88}{106} = 21.44 \text{ mm}$$

$$L_4 = 37.88 - L_3 = 37.88 - 21.44 = 16.44 \text{ mm}$$

在 $\text{Rt}\triangle abd$ 中

$$L_5 = ad = \sqrt{ab^2 - bd^2} = \sqrt{46^2 - (46 + 8 - 10)^2} = 13.42 \text{ mm}$$

$$d_2 = 2gh = 2(be - bc) = 2(be - \sqrt{bg^2 - cg^2}) = 2 \times (54 - \sqrt{46^2 - 16.44^2}) = 22.08 \text{ mm}$$

3. 工艺分析及编程

(1)编程原点的确定

选择完成后工件的右端面回转中心作为编程原点。

(2)确定工艺方案

①以毛坯的外圆表面为基准,车削右端面;

②伸出卡盘外 120 mm,粗、精车削手柄轮廓,并保证相应尺寸精度;

③用切槽刀粗、精车削 $\phi12$ mm×15 mm 槽,并保证槽尺寸精度;

④切断工件,并保证手柄长度尺寸。

(3)选择刀具及切削用量(表 3-1)

表 3-1   刀具及切削用量选择

序号	刀具名称	刀具号	刀补号	刀片或刀具规格	转速 S /(r·min^{-1})	进给量 F /(mm·r^{-1})
1	粗车外圆车刀	T01	01	55°刀片	500	100
2	精车外圆车刀	T02	02	55°刀片	1000	60
3	粗车切槽刀	T03	03	刀宽 4 mm	300	30
4	精车切槽刀	T04	04	刀宽 3 mm	400	25

（4）编程部分（表 3-2）

表 3-2　　　　　　　　　　　　　　程序表

程序段号	编程内容	程序说明
	O0004；	程序名
	G00 X100 Z80；	刀具快速定位到所设定的换刀点
	M03 S500 T0101；	主轴正转,转速 500 r/min,换 01 号刀
	X33 Z2；	快速定位到 G71 的循环起点
	G71 U1.2 R1；	设定 X 向的每次切削深度和退刀量
	G71 P0060 Q0900 U0.5 W0 F100；	给定循环程序区间、精车余量和进给速度
	G00 X0；	循环开始
N60	G01 Z0；	靠近粗车轨迹起点
N70	G03 X18 Z−5.64 R10；	粗车 R10 圆弧段
	G03 X30 Z−31.8 R60；	粗车 R60 右半部圆弧段
	G00 X45 Z−30；	快速定位到 G73 的循环起点
	G73 U7 W0 R7；	设定 X 向、Z 向退刀量和循环切削次数
	G73 P0130 Q0170 U0.5 W0 F100；	给定精车程序区间和精车余量
	G00 X30.5；	G73 开始循环,刀具快速靠近精车轨迹起点
	G01 Z−31.8；	以 100 mm/r 进给速度进刀
	G03 X22.08 Z−53.23 R60；	粗车 R60 左半部圆弧段
	G02 X20 Z−83.09 R46；	粗车 R46 圆弧段
	G01 X20 Z−91；	粗车 φ20 外圆至 Z−91 处
	G00 X33 Z−88；	快速定位至 G90 循环起点
	G90 X29 Z−108.5 F100；	G90 循环开始
	X26；	车至 φ26
	X23；	车至 φ23
	X21；	车至 φ21
	G00 X100 Z80；	快速退刀至换刀点
	M03 S1000 T0202；	提升转速至 1000 r/min,换 02 号精车刀
	X0 Z1；	快速定位至精车起点
	G01 Z0 F60；	沿 Z 向切入工件
	G03 X18 Z−5.64 R10；	精车 R10 圆弧段
	G03 X22.08 Z−53.23 R60；	精车 R60 圆弧段
	G02 X20 Z−83.09 R46；	精车 R46 圆弧段
	G01 X20 Z−91；	精车 φ20 外圆至 Z−91 处
	G00 X33；	快速退刀
	X100 Z80；	快速返回换刀点
	M03 S300 T0303；	主轴转速降低至 300 r/min,换 3 号刀
	Z−93.1；	切槽刀 Z 向定位
	X22；	切槽刀 X 向定位
	M08；	冷却液开
	G75 R0；	
	G75 X12.2 Z−106 P2000 Q2500 F30；	G75 循环切槽开始,留 0.2 mm 余量
	G00 X100 Z80；	快速退至换刀点
	M03 S400 T0404；	换 04 号精车切槽刀,并适当提高转速
	G00 Z−93；	Z 向快速定位
	X22；	X 向快速定位

（续表）

程序段号	编程内容	程序说明
	G01 X12.01 F25;	精车 ϕ20 左侧台阶面至 ϕ12
	Z－106;	精车 ϕ10 直径至 Z－106 处
	G00 X30;	X 向快速退刀
	X100 Z80 M05;	返回换刀点,停主轴
	M00;	程序暂停,测量工件
	M03 S300;	按"循环启动"程序继续执行
	G00 Z－108;	切刀 Z 向快速定位
	X15;	X 向快速定位
	G01 X10 F30;	开始切断,暂切至 ϕ10 处
	X13 F250;	X 向退出,准备倒 C1 角
	W－1.5;	Z 向定位
	X10 Z－108 F30;	开始倒 C1 角
	X－0.5 M09;	继续切断工件,切断之后关闭切削液
	G00 X100 Z80;	切刀快速退回换刀点
	M30;	程序结束

决策与计划

学生制订计划,教师确认。

(1)各小组根据资讯获取的信息和教师的任务要求制订工作实施方案;

(2)各小组通过方案对比,作出决策和实施计划;

(3)教师对各小组实施计划进行确认。

学生:以分组形式自主完成决策与计划,项目计划应符合目标要求,同时必须考虑生产安全和环保要求。

教师:引导学生完成计划制订,在学生的决策过程中,给予实时的指导与评价,回答学生在制订计划中出现的问题,发挥咨询者和协调人的作用。

实 施

■ 01 仔细分析零件图纸(图 3-1)

■ 02 识读图纸及编程

1.编程原点的确定

_____

_____

2.确定工艺方案

_____

_____

_____

_____

_____

3.选择刀具及切削用量（表 3-3）

表 3-3 刀具及切削用量选择

序号	刀具名称	刀具号	刀补号	刀片或刀具规格	转速 S /(r·min^{-1})	进给量 F /(mm·r^{-1})
1						
2						
3						
4						

4.编程部分（表 3-4）

表 3-4 程序表

程序段号	编程内容	程序说明

■ 03 量具准备

1. _____

2. _____

3. _____

4. _____

■ 04 零件的加工及测量(表 3-5)

表 3-5　　　　　　　　　　　　　数控车床操作评分表

姓名		学校			准考证号				
零件名称		时间	90 min		起止时间			总分	
考核项目	考核内容及其要求	配分		评分标准	检测结果	扣分	得分	备注	
1	编程、调试熟练程度	5		程序思路清晰,可读性强,模拟调试纠错能力强					
2	操作熟练程度	5		试切对刀、建立工件坐标系操作熟练					
3	$R8$	15		超差不得分					
4	$R60$	12		超差不得分					
5	$\phi 21.2$	12		超差不得分					
6	$R4$	6		超差不得分					
7	$\phi 24$、$\phi 18$	12		超差不得分					
8	73.436、96	12		超差不得分					
9	6、8	5		超差不得分					
10	$R40$	8		超差不得分					
11	$Ra1.6$	8		超差一处扣 2 分					
12	超时扣分			超时 5 min 扣 3 分,超时 10 min 停止考试					

■ 05 分析加工结果,结合有关资料,进行总结(表 3-6)

表 3-6　　　　　　　　　　　　　问题分析总结表

问题	产生原因	预防方法
G73 循环过程中,退刀过程撞刀		
G73 循环过程中,每次切削量太大		
G73 循环过程中,首次切削量过大		

检　查 ---------------------------▶

学生通过自查、互查对已完成的工作任务进行全面的检查。检查内容包括:

◆ 检查是否安全操作;

◆ 检查是否操作正确;

◆ 检查是否观察仔细;

◆ 检查是否能表达清楚工艺流程;

◆ 听取各小组根据任务展开的讨论情况是否良好,涉及内容是否完整,提出补充或修改建议;

◆ 检查各小组执行任务中的进展程度以及最后结果,必要时给予一定的指导,使实训顺利进行；

◆ 检查各小组"5S"管理执行情况。

评　　估

◆ 评价工作过程和成果的优、劣

(1)学生以小组为单位进行项目总结和评价(如果有需要,可以修改项目方案,重新完成项目),并进行工作任务相关知识点和技能点的总结,使学生建立积极的自我认知。最后各小组组织自评和互评,教师组织考核进行综合评价。

(2)根据现场各小组的讨论汇报情况、具体实施情况以及最后的结果给出客观评价并记录。

(3)根据现场各小组个人表现突出的组员进行评价表扬,对于实训中有问题的学生应给予指导和鼓励。

◆ 提出不足及改进意见

(1)学生提出不足及改进意见。

(2)教师总结不足及改进意见。

◆ 评价教学过程并提出建议(表3-7)

根据工作任务实施过程,学生、教师分别进行评价,并提出建议。

表 3-7　　　　　　　　　　　　　考核评价表

项目名称				班级			
项目小组				项目组长			
小组成员				实施时间			
评价类别	评价内容	评价标准	配分	个人自评	小组评价	教师评价
决策与策划	资料准备	参与资料收集、整理,自主学习	5			
	计划制订	能初步制订计划	5			
	小组分工	分工合理,协调有序	5			
实施	操作技术	见项目评分标准	40			
	问题探究	能实践中发现问题,并用理论知识解释实践中的问题	10			
	文明生产	服从管理,遵守5S标准	5			
拓展	知识迁移	能实现前后知识的迁移	5			
	应变能力	能举一反三,提出改进建议方案	5			
	创新程度	有创新建议提出	5			
态度	主动程度	主动性强	5			
	合作意识	能与同伴团结协作	5			
	严谨细致	认真仔细,不出差错	5			
		总　计	100			
教师评估及建议						

学习情境 4 槽类零件的加工

子学习情境 1   切断和外沟槽的加工

01   课题描述与课题图

如图 4-1 所示工件,毛坯为 $\phi40$ mm×75 mm 的铝,试分析其加工工艺,编写数控车加工程序并进行加工。

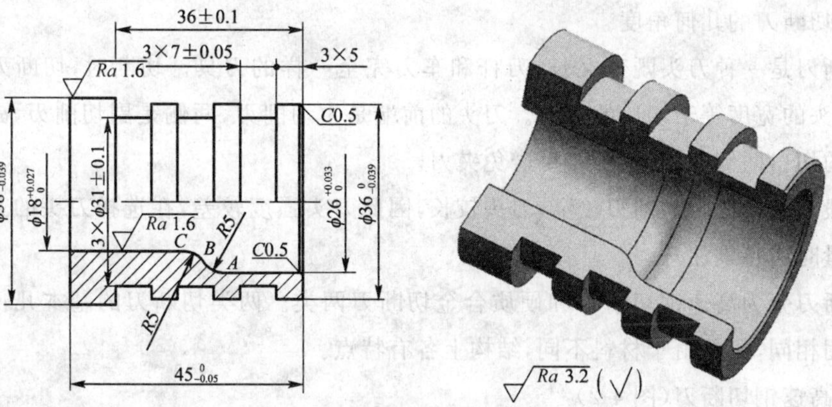

图 4-1   中级数控车床应会试题 4

02   内沟槽的种类和作用

在车床上对工件车各种形状的槽称为车沟槽。外圆和平面上的沟槽称为外沟槽,内孔的沟槽称为内沟槽。

沟槽的形状和种类较多,常见的外沟槽有矩形沟槽、圆弧形沟槽、梯形沟槽等。矩形沟槽的作用通常是使所装配的零件有正确的轴向位置。在磨削、车螺纹、插齿等加工过程中便于退刀。

按外沟槽所起的作用又可分为退刀槽,密封槽和油、气通道等。

(1)退刀槽

当不是在全长车螺纹时,需要在螺纹终止位置处车出矩形槽,以便车削螺纹时把螺纹车刀退出。

(2)密封槽

密封槽主要有两种形式:一种截面形状是梯形,可以在它的中间嵌入油毡来防止润滑滚动轴承的油脂渗漏;另一种是圆弧形的,用来防止稀油渗漏。

(3)油、气通道

在各种油、气滑阀中,多用矩形槽作为油、气通道。

03 切槽加工用刀具及其安装

1. 切断刀

(1)切断刀的几何角度

切断刀是一种刀头既窄又长,刀杆和车刀完全一样的刀具。切断时,切断刀只作横向进给,刀头的宽度等于切口的宽度。刀头的前端是主切削刃,两侧是副切削刃,副切削刃对刚切过的切口两侧起修整作用,可避免夹刀。

一般切断刀的主切削刃较窄,刀头较长,因此刀头强度较差,在选择刀头的几何参数和切削用量时应特别注意。

切断刀分为高速钢切断刀和硬质合金切断刀两类。两类切断刀的基本几何角度的名称和作用相同,只是由于材料不同,结构上各有特点。

(2)高速钢切断刀(图 4-2)

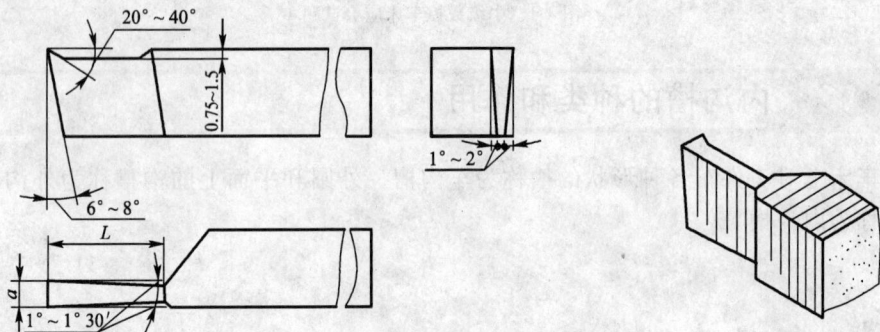

图 4-2 高速钢切断刀

①前角（γ_0）

切断中碳钢时 $\gamma_0 = 20° \sim 30°$，切断铸铁时 $\gamma_0 = 0° \sim 10°$。

②后角（δ_0）

切断塑性材料时取大些，切断脆性材料时取小些，$\delta_0 = 6° \sim 8°$。

③副后角（δ_0'）

切断刀有两个对称的副后角 $\delta_0' = 1° \sim 2°$，其作用是减少副后刀面与工件已加工表面的摩擦。

④主偏角（k_r）

切断以横向进给为主，因此 $k_r = 90°$。但在切断时会在工件端面中心处留有小凸台。解决方法是把主切削刃略磨斜些（图 4-3）。

⑤副偏角（k_r'）

切断刀的两个副偏角必须对称。它们的作用是减少副切削刃和工件摩擦。为了不削弱刀头强度，一般取 $k_r' = 1° \sim 1.5°$。

⑥主切削刃宽度（a）

主切削刃太宽会因切削力太大而震动，同时浪费材料；太窄又会削弱刀头强度。因此主切削刃宽度可用下面的经验公式计算

$$a \approx (0.5 \sim 0.6)\sqrt{d} \tag{3-1}$$

式中 a——主切削刃的宽度，mm；

　　　d——工件待加工表面直径，mm。

⑦刀头长度（L）

刀头太长也容易引起震动和使刀头折断。刀头长度（图 4-4）可用下式计算

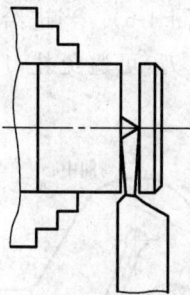

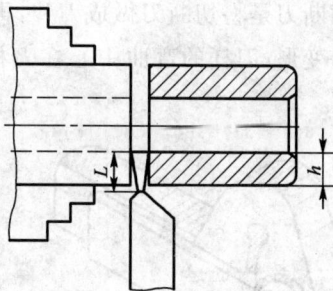

图 4-3 斜刃切断刀　　　　　　图 4-4 切断刀的刀头长度

$$L = h + (2 \sim 3) \tag{3-2}$$

式中 L——刀头长度，mm；

　　　h——切入深度，mm。

【例 4-1】 切断外径为 64 mm、内孔为 40 mm 的空心工件，试计算切断刀的主切削刃宽度和刀头长度。

解：根据式（3-1）和式（3-2）

$$a \approx (0.5 \sim 0.6)\sqrt{d} = (0.5 \sim 0.6) \times \sqrt{64} = 4.0 \sim 4.8 \ mm$$

$$L = h + (2+3) = \frac{64-40}{2} + (2 \sim 3) = 14 \sim 15 \ mm$$

（3）硬质合金切断刀

用硬质合金切断刀高速切断工件时，由于切屑和工件槽宽相等，容易堵塞在槽内。为了排屑顺利，可把主切削刃两边倒角磨成人字形（图4-5）。

高速切断时，产生的热量很大，为了防止刀片脱焊，必须浇注充分的切削液。

切削刃磨钝时，应及时刃磨。为了增加刀头的支撑强度，应把切断刀的刀头下部做成凸圆弧形（图4-5）。

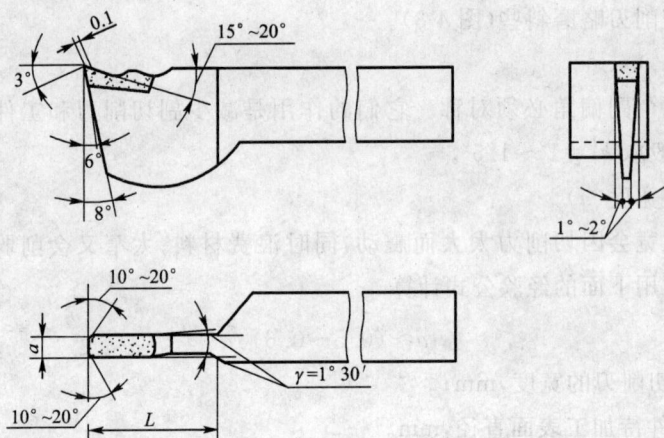

图 4-5　硬质合金切断刀

（4）弹性切断刀

弹性切断刀是将切断刀做成刀片，再装夹在弹性刀杆上（图4-6）。当进给量过大时，弹性刀杆受力变形，刀杆的弯曲中心在刀杆上面，刀头会自动让刀，可避免扎刀，防止切断刀折断。

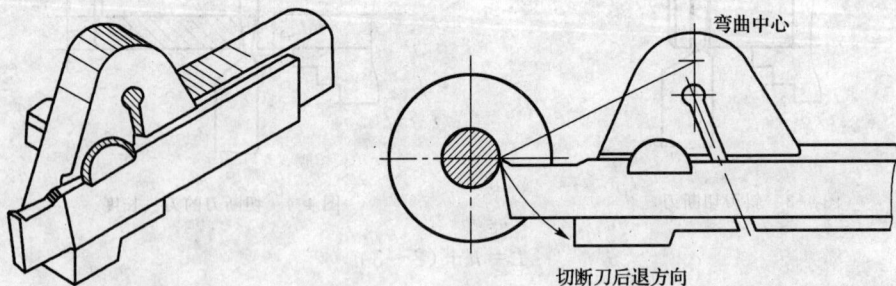

图 4-6　弹性切断刀

2. 外沟槽车刀

车一般外沟槽的车刀的角度和形状与切断刀基本相同。在车较窄的外沟槽时，外沟槽车刀的主切削刃宽度应与槽宽度相等，刀头长度要稍大于槽深。

3. 切槽加工用刀具的安装

(1)安装时,切断(槽)刀不宜伸出过长,同时切断(槽)刀的中心线必须装得跟工件中心线垂直,以保证两个副偏角对称。

(2)切断实心工件时,切断刀的主切削刃必须装得与工件中心等高,否则不能车到中心而且容易崩刃,甚至折断车刀。

(3)切断(槽)刀的底平面应平整,以保证两个副后角对称。

04　外沟槽加工工艺

(1)在车床上车精度不高和宽度较窄的矩形沟槽,可以用刀头宽度等于槽宽的切槽刀,采用直进法一次进给车出。

(2)精度要求较高的沟槽,一般采用两次进给车成,即第一次进给车沟槽时,槽壁两侧留精车余量,第二次进给时用等宽刀修整。

(3)在车床上车较宽的沟槽时,采用直进法多次切削,前几次用刀头宽度小于槽宽的切断刀粗车,在槽的两侧和底面留精车余量;最后一次用精车刀根据槽深、槽宽精车至尺寸要求。

(4)车较小的圆弧形沟槽,一般用成型车刀车削;车较大的圆弧形沟槽,可用双手联动车削,用样板检查修整。

(5)车较小的梯形沟槽,一般用成型车刀车削完成;车较大的梯形沟槽,通常先车直槽,然后用梯形车刀采用直进法或左右切削法完成。

05　外沟槽的测量

精度要求低的沟槽,一般采用钢直尺和卡钳测量。精度要求较高的沟槽,外沟槽底直径可用外卡钳或游标卡尺测量,外沟槽宽度可用钢尺、游标卡尺或量规测量。

06　切槽加工指令

1. 径向切削循环指令 G75

(1)书写格式

G75 R(Δe);

G75 X(U)_ Z(W)_ P(Δi) Q(Δk) R(Δd) F_;

其中　Δe——退刀量,其值为模态值;

$X(U)$、$Z(W)$——切槽终点处坐标;

Δi——X 方向的每次切深量,用不带符号半径值表示;

Δk——刀具完成一次径向切削后,在 Z 方向的偏移量,用不带符号值表示;

Δd——刀具在切削底部的退刀量;

F——径向切削时的进给速度。

(2)指令轨迹工艺说明

G75 循环轨迹如图 4-7 所示,刀具从循环起点(A 点)开始,沿径向进刀 Δi(C 点)后退刀 e(D 点)断屑,如此循环直至刀具到达径向终点 X 的坐标处,径向退到起刀点,完成第一层切削循环;沿轴向偏移 Δk 至 F 点,进行第二层切削循环,依次循环直至刀具切削至程序终点坐标处(B 点),径向退刀至起刀点(G 点),再轴向退刀至起刀点(A 点),完成整个切槽循环动作。

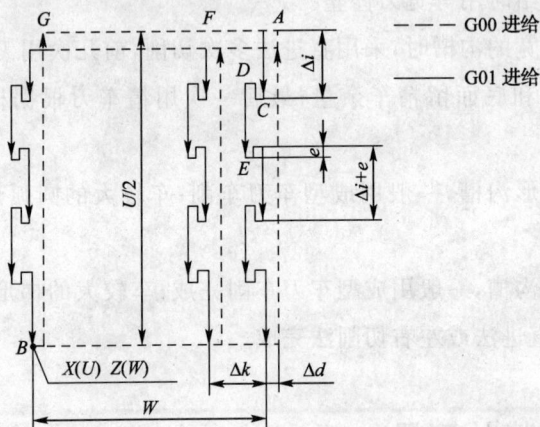

图 4-7　G75 循环轨迹

G75 循环指令中的 $Z(W)$ 值可省略或设定值为 0,当 $Z(W)$ 值设定为 0 时,循环执行时刀具仅作 X 向进给而不作 Z 向偏移。

对于指令中的 Δi、Δk 值,在 FANUC 系统中,不能输入小数点,而直接输入脉冲当量值,如 P1500 表示径向每次切深量为 1.5 mm。

2. 切槽用复合固定循环指令(G75)使用注意事项

(1)当出现以下情况之一时,在不同的系统(如 FANUC、三菱)中执行切槽用复合固定循环指令将出现程序报警。

①$X(U)$ 或 $Z(W)$ 指定,而 Δi 或 Δk 值不设定或设定为零;

②Δk 值大于 Z 轴的移动量或 Δk 值设定为负值;

③Δi 值大于 $U/2$ 或 Δi 值设定为负值;

④退刀量大于进刀量，即 e 值大于每次切深量 Δi。

（2）由于 Δi 或 Δk 为无符号值，所以，刀具切深完成后的偏移方向由系统根据刀具起刀点及切槽终点坐标自动判断。

（3）切槽过程中，刀具或工件受较大的单方向切削力，容易在切削过程中产生震动，因此切槽加工中的进给量 F 取值应小于普通切削的 F 值，通常取 $50 \sim 100 \ mm/min$。

07　编程实例

1. 零件图纸（图 4-8）

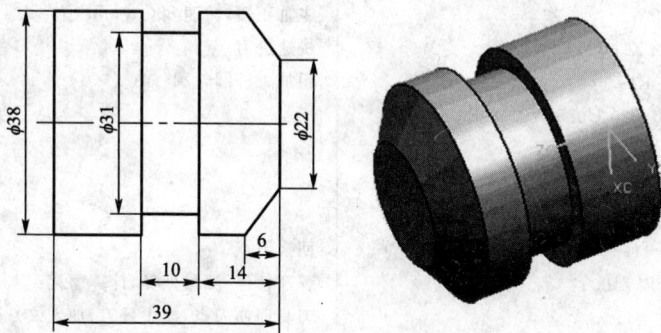

图 4-8　综合实例 7

2. 识读图纸及编程

（1）编程原点的确定

选择完成后工件的右端面回转中心作为编程原点。

（2）确定工艺方案

①以毛坯的外圆表面为装夹面，车削端面；

②粗、精加工出零件轮廓，保证外轮廓尺寸；

③用切断刀切槽，保证外沟槽尺寸；

④用切断刀切断工件，保证零件总长。

（3）选择刀具及切削用量（表 4-1）

表 4-1　　　　　　　　　　　　　　刀具及切削用量选择

序号	刀具名称	刀具号	刀补号	刀片或刀具规格	转速 S /(r·min^{-1})	进给量 F /(mm·r^{-1})
1	粗车外圆车刀	T01	01	55°刀片	800	0.1
2	精车外圆车刀	T01	01	55°刀片	1000	0.05
3	切断刀	T04	04	刀宽 4 mm	350	0.05

（4）编程部分（表 4-2）

表 4-2　　　　　　　　　　　　　　　　程序表

程序段号	编程内容	程序说明
	O0005；	程序名
	G00 X100 Z100 T0101；	刀具回换刀点，换 1 号刀，加入该刀具刀补
	M03 S800；	主轴正转，转速 800 r/min
	G00 X42 Z2；	快速进刀
	G94 X−1 Z0 F0.1；	端面车削
	G00 X100 Z100；	回换刀点
	M00；	程序暂停
	G00 X100 Z100 T0101；	刀具回换刀点，换 1 号刀，加入该刀具刀补
	M03 S800；	主轴正转，转速 800 r/min
	G00 X42 Z2；	快速进刀
	G71 U1 R1；	粗加工外圆轮廓
	G71 P10 Q20 U0.5 W0.25 F0.1；	
N10	G00 X22；	
	G01 Z0；	
	G01 X38 Z−6；	
N20	G01 Z−44；	回换刀点
	G00 X100 Z100；	程序暂停，测量外径，计算磨耗
	M00；	刀具回换刀点，换 1 号刀，加入该刀具刀补
	G00 X100 Z100 T0101；	主轴正转，转速 1000 r/min
	M03 S1000；	快速进刀
	G00 X42 Z2；	精加工外圆轮廓
	G70 P10 Q20 F0.05；	回换刀点
	G00 X100 Z100；	程序暂停
	M00；	刀具回换刀点，换 4 号刀，加入该刀具刀补
	G00 X100 Z100 T0404；	主轴正转，转速 350 r/min
	M03 S350；	快速进刀
	G00 X42 Z−18；	退刀槽的车削
	G75 R1；	
	G75 X31 Z−24 P3000 Q3000 F0.05；	
	G00 X100 Z100；	回换刀点
	M00；	程序暂停
	G00 X100 Z100 T0404；	刀具回换刀点，换 4 号刀，加入该刀具刀补
	M03 S350；	主轴正转，转速 350 r/min
	G00 X42 Z−18；	零件切断
	G01 X−1 Z−18 F0.05；	
	G00 X100 Z100；	回换刀点
	M05；	主轴停转
	M02；	程序结束

决策与计划

学生制订计划，教师确认。

（1）各小组根据资讯获取的信息和教师的任务要求制订工作实施方案；

（2）各小组通过方案对比，作出决策和实施计划；

（3）教师对各小组实施计划进行确认。

学生：以分组形式自主完成决策与计划，项目计划应符合目标要求，同时必须考虑生产安全和环保要求。

教师：引导学生完成计划制订，在学生的决策过程中，给予实时的指导与评价，回答学生在制订计划中出现的问题，发挥咨询者和协调人的作用。

实　施

■ 01 仔细分析零件图纸（图 4-1）

■ 02 识读图纸及编程

1. 编程原点的确定

2. 确定工艺方案

3. 选择刀具及切削用量（表 4-3）

表 4-3　　　　　　　　　　刀具及切削用量选择

序号	刀具名称	刀具号	刀补号	刀片或刀具规格	转速 S /(r·min⁻¹)	进给量 F /(mm·r⁻¹)
1						
2						
3						
4						

4. 编程部分（表 4-4）

表 4-4　　　　　　　　　　程序表

程序段号	编程内容	程序说明

03 量具准备

1. _____
2. _____
3. _____
4. _____

04 零件的加工及测量(表 4-5)

表 4-5　　　　　　　　　　　　数控车床操作评分表

姓名		学校		准考证号			
零件名称	4	时间	90 min	起止时间		总分	
考核项目	考核内容及其要求	配分	评分标准	检测结果	扣分	得分	备注
1	编程、调试熟练程度	5	程序思路清晰,可读性强,模拟调试纠错能力强				
2	操作熟练程度	5	试切对刀、建立工件坐标系操作熟练				
3	$\phi36-^0_{0.039}$	15	超差不得分				
4	$\phi26+^{0.033}_0$	12	超差不得分				
5	$\phi18+^{0.027}_0$	12	超差不得分				
6	$\phi38-^0_{0.039}$	6	超差不得分				
7	3 处 $\phi31\pm0.1$	12	超差不得分				
8	3 处 7 ± 0.05	12	超差不得分				
9	36 ± 0.1	5	超差不得分				
10	$45-^0_{0.05}$	8	超差不得分				
11	2 处 $Ra1.6$	2	大于 $Ra1.6$ 不得分				
12	$Ra3.2$	6	大于 $Ra3.2$ 每处扣1分				
13	超时扣分		超时 5 min 扣 3 分,超时 10 min 停止考试				

05 分析加工结果,结合有关资料,进行总结(表 4-6)

表 4-6　　　　　　　　　　　　问题分析总结表

问题	产生原因	预防方法
沟槽位置错误		
槽宽错误		
槽太浅		

检　查

学生通过自查、互查对已完成的工作任务进行全面的检查。检查内容包括：

◆ 检查是否安全操作；

◆ 检查是否操作正确；

◆ 检查是否观察仔细；

◆ 检查是否能表达清楚工艺流程；

◆ 听取各小组根据任务展开的讨论情况是否良好，涉及内容是否完整，提出补充或修改建议；

◆ 检查各小组执行任务中的进展程度以及最后结果，必要时给予一定的指导，使实训顺利进行；

◆ 检查各小组"5S"管理执行情况。

评　估

◆ 评价工作过程和成果的优、劣

(1)学生以小组为单位进行项目总结和评价(如果有需要，可以修改项目方案，重新完成项目)，并进行工作任务相关知识点和技能点的总结，使学生建立积极的自我认知。最后各小组组织自评和互评，教师组织考核进行综合评价。

(2)根据现场各小组的讨论汇报情况、具体实施情况以及最后的结果给出客观评价并记录。

(3)根据现场各小组个人表现突出的组员进行评价表扬，对于实训中有问题的学生应给予指导和鼓励。

◆ 提出不足及改进意见

(1)学生提出不足及改进意见。

(2)教师总结不足及改进意见。

◆ 评价教学过程并提出建议(表 4-7)

根据工作任务实施过程，学生、教师分别进行评价，并提出建议。

表 4-7　　　　　　　　　　　　　考核评价表

项目名称				班 级			
项目小组				项目组长			
小组成员				实施时间			
评价类别	评价内容	评价标准		配分	个人自评	小组评价	教师评价
决策与策划	资料准备	参与资料收集、整理，自主学习		5			
	计划制订	能初步制订计划		5			
	小组分工	分工合理，协调有序		5			

（续表）

评价类别	评价内容	评价标准	配分	个人自评	小组评价	教师评价
实施	操作技术	见项目评分标准	40			
	问题探究	能实践中发现问题,并用理论知识解释实践中的问题	10			
	文明生产	服从管理,遵守5S标准	5			
拓展	知识迁移	能实现前后知识的迁移	5			
	应变能力	能举一反三,提出改进建议方案	5			
	创新程度	有创新建议提出	5			
态度	主动程度	主动性强	5			
	合作意识	能与同伴团结协作	5			
	严谨细致	认真仔细,不出差错	5			
	总 计		100			

教师评估及建议

子学习情境2 内沟槽的加工

资　讯

01 课题描述与课题图

如图 4-9 所示工件,毛坯为 $\phi40$ mm×75 mm 的铝,试分析其加工工艺,编写数控车加工程序并进行加工。

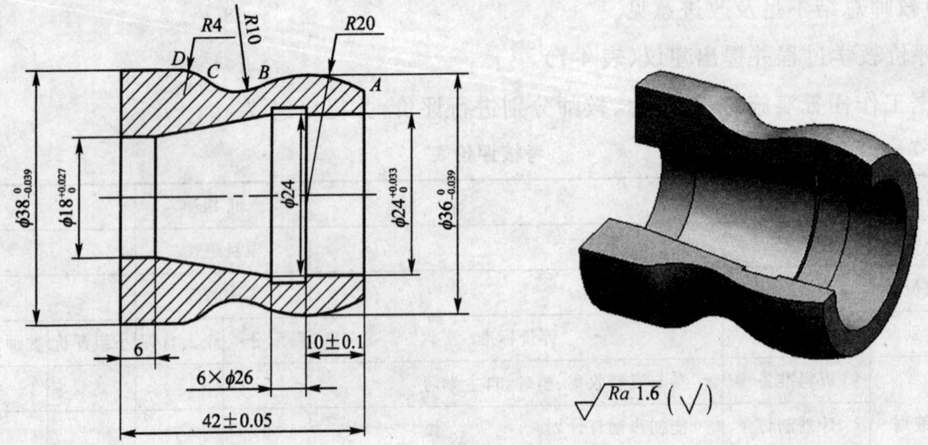

图 4-9 中级数控车床应会试题3

02 内沟槽的种类和作用

内沟槽的截面形状常见的有：矩形（直槽）、圆弧形、梯形等三种。

按内沟槽所起的作用又可分为退刀槽，空刀槽，密封槽和油、气通道等几种。

1. 退刀槽

当不是在全长车螺纹时，需要在螺纹终止位置处车出矩形槽，以便车削螺纹时把螺纹刀退出。

2. 空刀槽

空刀槽有多种作用，槽的形状也是矩形槽。

（1）在内孔车削或磨削内台阶孔时，为了能消除内圆柱面和内端面连接处不能得到直角的影响，通常需要在靠近内端面处车出矩形空刀槽来保证内孔和内端面垂直。

（2）当利用较长的内孔作为配合孔使用时，为了减少孔的精加工时间，使孔在配合时两端接触良好，保证有较好的导向性，常在内孔中部车出较宽的空刀槽。这种形式的空刀槽，常用在有配合要求的套筒类零件上，如各种套装工刀具、圆柱铣刀、齿轮滚刀等。

（3）当需要在内孔的部分长度上加工出纵向沟槽时，为了断屑，必须在纵向沟槽的终止位置上，车出矩形空刀槽。

3. 密封槽

密封槽主要有两种：一种截面形状是梯形，可以在它的中间嵌入油毡来防止润滑滚动轴承的油脂渗漏；另一种是圆弧形的，用来防止稀油渗漏。

4. 油、气通道

在各种油、气滑阀中，多用矩形槽作为油、气通道。这类内沟槽的轴向位置有较高的精度要求，否则，油、气应该流通时不能流通，应该切断时不能切断，滑阀不能工作。

03 内沟槽加工用刀具及其安装

内沟槽车刀与切断刀的几何形状相似，只是装夹方向相反，且在内孔中车槽。

加工小孔中的内沟槽的车刀做成整体式。在大直径内孔中车内沟槽的车刀可做成车槽刀刀体，然后装夹在刀柄上使用。由于内沟槽通常与孔轴线垂直，因此要求内沟槽车刀的刀体与刀柄轴线垂直。

04 内沟槽加工工艺

车内沟槽的方法和车削内孔相同，只是车内沟槽时的工作条件比车削内孔时更困难。

表现在以下两个方面：

(1)刀杆直径或刀体直径尺寸比车削内孔时所用的尺寸要小,刚性更差,切削刃更长,因此,在切削时更容易产生震动。

(2)排屑更困难。车内沟槽的切削用量要比车削内孔时所用的低一些。

宽度较小和要求不高的内沟槽,可用主切削刃宽度等于槽宽的内沟槽车刀采用直进法一次车出。要求较高或较宽的内沟槽,可采用直进法分几次车出。粗车时,槽壁和槽底留精车余量,然后根据槽宽、槽深进行精车。若内沟槽深度较浅,宽度很大,可用内圆粗车先车出凹槽,再用内沟槽车刀车沟槽两端垂直面。

05　内沟槽的测量

(1)内沟槽的深度一般用弹簧内卡钳测量(图4-10(a)),测量时,先将弹簧内卡钳收缩,放入内沟槽,然后调整卡钳螺母,使卡脚与槽底径表面接触。记下内卡钳的张开角度,然后将内卡钳收缩取出,恢复到原来尺寸,再用游标卡尺或外径千分尺测出内卡钳的张开尺寸,当内沟槽直径较大时,可用弯脚游标卡尺测量(图4-10(b))。

(2)内沟槽的轴向尺寸可用钩形游标深度卡尺测量(图4-10(c))。

(3)内沟槽的深度可用样板或游标卡尺(当孔径较大时)测量(图4-10(d))。

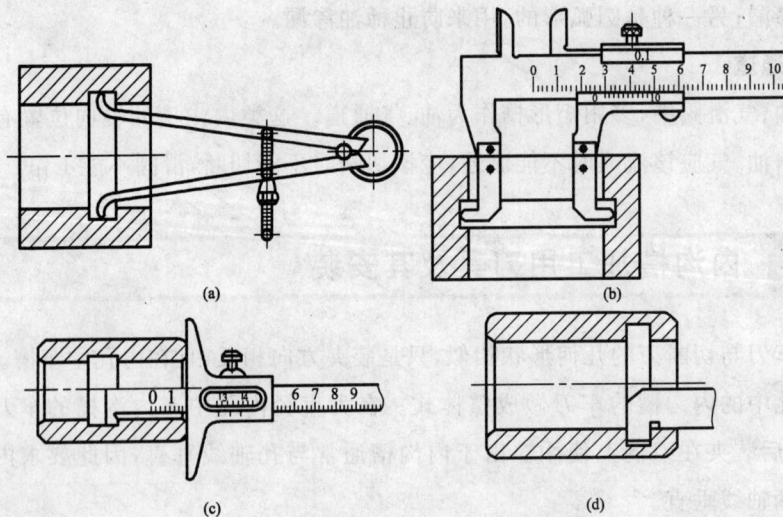

(a)　(b)

(c)　(d)

图4-10　内沟槽的测量

06 编程实例

1.分析零件图纸(图 4-11)

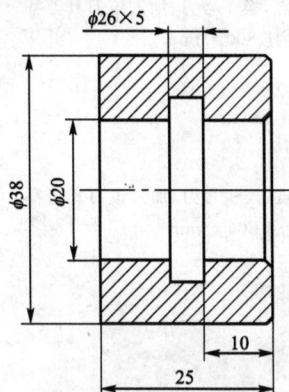

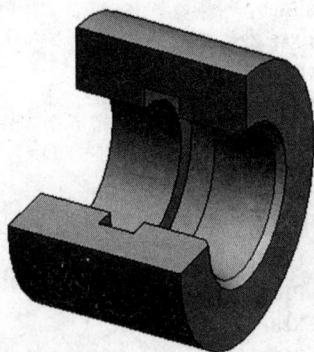

图 4-11 综合实例 8

2.识读图纸及编程

(1)编程原点的确定

选择完成后工件的右端面回转中心作为编程原点。

(2)确定工艺方案

①以毛坯的外圆表面为装夹面,车削端面;

②粗、精加工零件外轮廓,保证外轮廓尺寸;

③粗、精加工零件内轮廓,保证内轮廓尺寸;

④用内沟槽车刀加工内沟槽,保证内沟槽尺寸;

⑤用切断刀切断工件,保证零件总长。

(3)选择刀具及切削用量(表 4-8)

表 4-8   刀具及切削用量选择

序号	刀具名称	刀具号	刀补号	刀片或刀具规格	转速 S /(r·min^{-1})	进给量 F /(mm·r^{-1})
1	粗车外圆车刀	T01	01	55°刀片	800	0.1
2	精车外圆车刀	T01	01	55°刀片	1000	0.05
3	粗加工镗孔刀	T03	03	93°刀片	800	0.1
4	精加工镗孔刀	T03	03	93°刀片	1000	0.05
5	内沟槽车刀	T02	02	刀宽 3 mm	500	0.1
6	切断刀	T04	04	刀宽 4 mm	350	0.05

（4）编程部分（表 4-9）

表 4-9　　　　　　　　　　　　　程序表

程序段号	编程内容	程序说明
	O0006；	程序名
	G00 X100 Z100 T0101；	刀具回换刀点，换 1 号刀，加入该刀具刀补
	M03 S800；	主轴正转，转速 800 r/min
	G00 X42 Z2；	快速进刀
	G94 X－1 Z0 F0.1；	端面车削
	G00 X100 Z100；	回换刀点
	M00；	程序暂停
	G00 X100 Z100 T0101；	刀具回换刀点，换 1 号刀，加入该刀具刀补
	M03 S800；	主轴正转，转速 800 r/min
	G00 X42 Z2；	快速进刀
	G71 U1 R1；	粗加工外圆轮廓
	G71 P10 Q20 U0.5 W0.25 F0.1；	
N10	G00 X38；	
	G01 Z0；	
N20	G01 X38 Z－33；	
	G00 X100 Z100；	回换刀点
	M00；	程序暂停，测量外径，计算磨耗
	G00 X100 Z100 T0101；	刀具回换刀点，换 1 号刀，加入该刀具刀补
	M03 S1000；	主轴正转，转速 1000 r/min
	G00 X42 Z2；	快速进刀
	G70 P10 Q20 F0.05；	精加工外圆轮廓
	G00 X100 Z100；	回换刀点
	M00；	程序暂停
	G00 X100 Z100 T0303；	刀具回换刀点，换 3 号刀，加入该刀具刀补
	M03 S800；	主轴正转，转速 800 r/min
	G00 X16 Z2；	快速进刀
	G71 U1 R1；	粗加工内孔轮廓
	G71 P30 Q40 U－0.5 W0.25 F0.1；	
N30	G00 X22；	
	G01 Z0；	
	G01 X20 Z－1；	
N40	G01 X20 Z－33；	
	G00 X100 Z100；	回换刀点
	M00；	程序暂停，测量内径，计算磨耗
	G00 X100 Z100 T0303；	刀具回换刀点，换 3 号刀，加入该刀具刀补
	M03 S1000；	主轴正转，转速 1000 r/min
	G00 X16 Z2；	快速进刀
	G70 P30 Q40 F0.05；	精加工内孔轮廓
	G00 X100 Z100；	回换刀点
	M00；	程序暂停
	G00 X100 Z100 T0202；	刀具回换刀点，换 2 号刀，加入该刀具刀补
	M03 S500；	主轴正转，转速 500 r/min
	G00 X18 Z2；	快速进刀
	Z－18；	内沟槽的车削
	G01 X26 Z－21 F0.1；	

（续表）

程序段号	编程内容	程序说明
	G00 X18;	
	Z—23	
	G01 X26;	
	G00 X18;	
	Z2;	
	G00 X100 Z100;	回换刀点
	M00;	程序暂停
	G00 X100 Z100 T0404;	刀具回换刀点，换 4 号刀，加入该刀具刀补
	M03 S350;	主轴正转，转速 350 r/min
	G00 X42 Z—32;	零件切断
	G01 X—1 Z—32 F0.05;	
	G00 X100 Z100;	回换刀点
	M05;	主轴停转
	M02;	程序结束

决策与计划

学生制订计划，教师确认。

(1)各小组根据资讯获取的信息和教师的任务要求制订工作实施方案；

(2)各小组通过方案对比，作出决策和实施计划；

(3)教师对各小组实施计划进行确认。

学生：以分组形式自主完成决策与计划，项目计划应符合目标要求，同时必须考虑生产安全和环保要求。

教师：引导学生完成计划制订，在学生的决策过程中，给予实时的指导与评价，回答学生在制订计划中出现的问题，发挥咨询者和协调人的作用。

实 施

01 仔细分析零件图纸(图 4-9)

02 识读图纸及编程

1. 编程原点的确定

2. 确定工艺方案

3. 选择刀具及切削用量(表 4-10)

表 4-10 刀具及切削用量选择

序号	刀具名称	刀具号	刀补号	刀片或刀具规格	转速 S /(r·min^{-1})	进给量 F /(mm·r^{-1})
1						
2						
3						
4						

4. 编程部分(表 4-11)

表 4-11 程序表

程序段号	编程内容	程序说明

■ 03 量具准备

1. _____

2. _____

3. _____

4. _____

■ 04 零件的加工及测量(表 4-12)

表 4-12　　　　　　　　　　数控车床操作评分表

姓名		学校		准考证号			
零件名称	3	时间	100 min	起止时间		总分	
考核项目	考核内容及其要求	配分	评分标准	检测结果	扣分	得分	备注
1	编程、调试熟练程度	5	程序思路清晰,可读性强,模拟调试纠错能力强				
2	操作熟练程度	5	试切对刀、建立工件坐标系操作熟练				
3	外形	30	样板检验一处不符合扣 10 分				
4	$\phi 36^{\,0}_{-0.039}$	15	超差不得分				
5	$\phi 24^{+0.033}_{\,0}$	10	超差不得分				
6	$\phi 38^{\,0}_{-0.039}$	8	超差不得分				
7	$\phi 18^{+0.027}_{\,0}$	8	超差不得分				
8	10 ± 0.1	6	超差不得分				
9	42 ± 0.05	8	超差不得分				
10	$Ra1.6$	5	大于 $Ra1.6$ 不得分				
11	超时扣分		超时 5 min 扣 3 分,超时 10 min 停止考试				
	难度系数	0.9					

■ 05 分析加工结果,结合有关资料,进行总结(表 4-13)

表 4-13　　　　　　　　　　问题分析总结表

问题	产生原因	预防方法
沟槽位置错误		
内沟槽刀退刀时撞刀		
刀杆摩擦工件内壁		

检　查

学生通过自查、互查对已完成的工作任务进行全面的检查。检查内容包括:
◆ 检查是否安全操作;
◆ 检查是否操作正确;
◆ 检查是否观察仔细;
◆ 检查是否能表达清楚工艺流程;
◆ 听取各小组根据任务展开的讨论情况是否良好,涉及内容是否完整,提出补充或修改建议;

◆ 检查各小组执行任务中的进展程度以及最后结果,必要时给予一定的指导,使实训顺利进行;

◆ 检查各小组"5S"管理执行情况。

评　估

◆ 评价工作过程和成果的优、劣

(1)学生以小组为单位进行项目总结和评价(如果有需要,可以修改项目方案,重新完成项目),并进行工作任务相关知识点和技能点的总结,使学生建立积极的自我认知。最后各小组组织自评和互评,教师组织考核进行综合评价。

(2)根据现场各小组的讨论汇报情况、具体实施情况以及最后的结果给出客观评价并记录。

(3)根据现场各小组个人表现突出的组员进行评价表扬,对于实训中有问题的学生应给予指导和鼓励。

◆ 提出不足及改进意见

(1)学生提出不足及改进意见。

(2)教师总结不足及改进意见。

◆ 评价教学过程并提出建议(表4-14)

根据工作任务实施过程,学生、教师分别进行评价,并提出建议。

表4-14　　　　　　　　　　　　考核评价表

项目名称				班 级			
项目小组				项目组长			
小组成员				实施时间			
评价类别	评价内容	评价标准		配分	个人自评	小组评价	教师评价
决策与策划	资料准备	参与资料收集、整理,自主学习		5			
	计划制订	能初步制订计划		5			
	小组分工	分工合理,协调有序		5			
实施	操作技术	见项目评分标准		40			
	问题探究	能实践中发现问题,并用理论知识解释实践中的问题		10			
	文明生产	服从管理,遵守5S标准		5			
拓展	知识迁移	能实现前后知识的迁移		5			
	应变能力	能举一反三,提出改进建议方案		5			
	创新程度	有创新建议提出		5			
态度	主动程度	主动性强		5			
	合作意识	能与同伴团结协作		5			
	严谨细致	认真仔细,不出差错		5			
	总 计			100			
教师评估及建议							

子学习情境 3　端面槽的加工

资　讯

01　课题描述与课题图

如图 4-12 所示工件,毛坯为 $\phi 50$ mm×55 mm 的铝,试分析其加工工艺,编写数控车加工程序并进行加工。

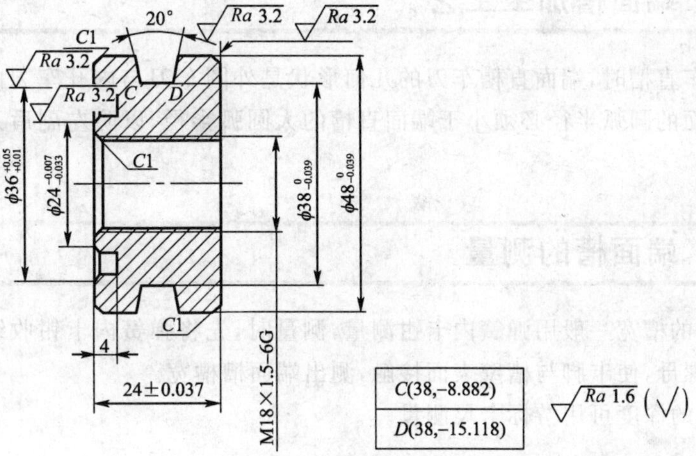

| C(38,−8.882) |
| D(38,−15.118) |

图 4-12　综合实例 9

02　端面沟槽的种类和作用

(1)端面直槽

如图 4-13(a)所示为内圆磨具端面直槽,常用于密封。

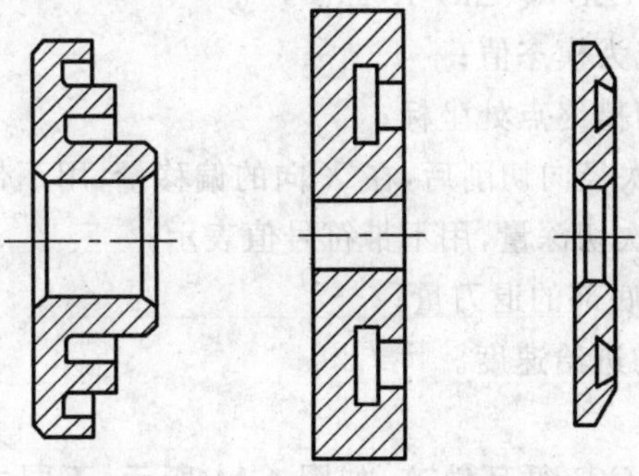

(a)　　　　(b)　　　　(c)

图 4-13　端面沟槽

（2）T 形槽

如图 4-13（b）所示，在车床中滑板上车有 T 形槽，以便调整小滑板角度。

（3）燕尾槽

如图 4-13（c）所示，在磨床砂轮法兰盘上车有燕尾槽。

03　端面槽加工用刀具的安装

安装端面直槽车刀时，注意使其主切削刃垂直于工件轴线，以保证车出的直槽底面与工件轴线垂直。

04　端面槽加工工艺

在端面上车直槽时，端面直槽车刀的几何形状是外圆车刀与内孔车刀的综合。其中刀尖处的副后刀面的圆弧半径必须小于端面直槽的大圆弧半径，以防左副后刀面与工件端面槽孔壁相碰。

05　端面槽的测量

（1）端面槽的槽宽一般用弹簧内卡钳测量，测量时，先将弹簧内卡钳收缩，放入端面槽，然后调整卡钳螺母，使卡脚与槽壁表面接触，测出端面槽槽宽。

（2）端面槽的深度可用游标卡尺测量。

06　端面槽加工用指令

1. 纵向切削循环指令 G74

（1）书写格式

G74 R(Δe)；

G74 X(U)_ Z(W)_ P(Δi) Q(Δk) R(Δd) F_；

其中　Δe——退刀量，其值为模态值；

　　　X(U)、Z(W)——切槽终点处坐标；

　　　Δi——刀具完成一次径向切削后，在 X 向的偏移量，用不带符号半径值表示；

　　　Δk——Z 方向的每次切深量，用不带符号值表示；

　　　Δd——刀具在切削底部的退刀量；

　　　F——径向切削时的进给速度。

（2）指令轨迹工艺说明

G74 循环轨迹类似于 G75 循环轨迹，如图 4-14 所示，不同之处是刀具从循环起点（A 点）出发，先轴向切深，再径向平移，依次循环直至完成。

G74 循环指令中的 X(U) 值可省略或设定值为 0，当 X(U) 值设为 0 时，在 G74 循环执

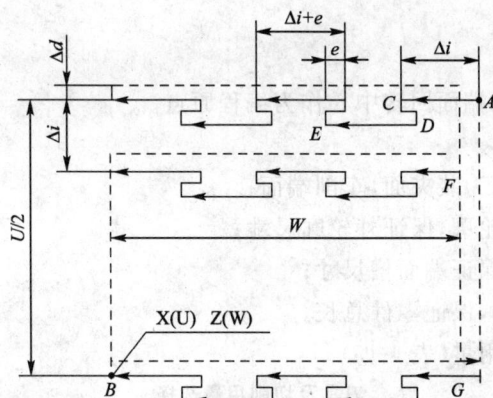

图 4-14　G74 循环轨迹

行过程中刀具仅作 Z 向进给而不作 X 向偏移。此时该指令可用于端面啄式深孔钻削循环，但使用该指令时刀具一定要精确定位到工件的旋转中心。

2.切槽用复合固定循环指令(G74)使用注意事项

(1)当出现以下情况之一时,在不同的系统(如 FANUC、三菱)中执行切槽用复合固定循环指令将出现程序报警。

①$X(U)$ 或 $Z(W)$ 指定,而 Δi 或 Δk 值不设定或设定为零;

②Δk 值大于 Z 轴的移动量或 Δk 值设定为负值;

③Δi 值大于 $U/2$ 或 Δi 值设定为负值;

④退刀量大于进刀量,即 e 值大于每次切深量 Δi。

(2)由于 Δi 或 Δk 为无符号值,所以,刀具切深完成后的偏移方向由系统根据刀具起刀点及切槽终点坐标自动判断。

(3)切槽过程中,刀具或工件受较大的单方向切削力,容易在切削过程中产生震动,因此切槽加工中的进给量 F 取值应小于普通切削的 F 值,通常取 50～100 mm/min。

07　编程实例

1.分析零件图纸(图 4-15)

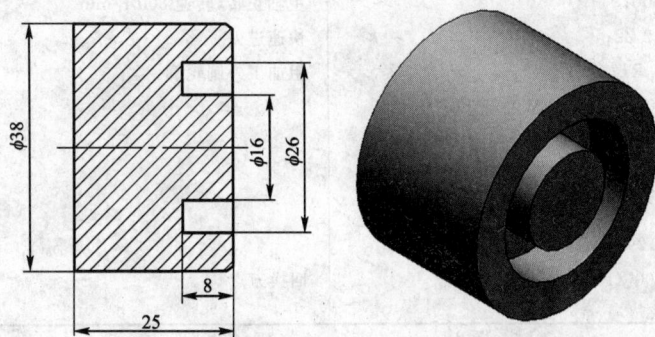

图 4-15　综合实例 10

2. 识读图纸及编程

(1)编程原点的确定

选择完成后工件的右端面回转中心作为编程原点。

(2)确定工艺方案

①以毛坯的外圆表面为装夹面,车削端面;

②粗、精加工出零件轮廓,保证外轮廓尺寸;

③用端面槽刀切槽,保证端面槽尺寸;

④用切断刀切断工件,保证零件总长。

(3)选择刀具及切削用量(表 4-15)

表 4-15 **刀具及切削用量选择**

序号	刀具名称	刀具号	刀补号	刀片或刀具规格	转速 S /(r·min^{-1})	进给量 F /(mm·r^{-1})
1	粗车外圆车刀	T01	01	55°刀片	800	0.1
2	精车外圆车刀	T01	01	55°刀片	1000	0.05
3	端面槽刀	T02	02	刀宽 3 mm	500	0.05
4	切断刀	T04	04	刀宽 4 mm	350	0.05

(4)编程部分(表 4-16)

表 4-16 **程序表**

程序段号	编程内容	程序说明
	O0007;	程序名
	G00 X100 Z100 T0101;	刀具回换刀点,换 1 号刀,加入该刀具刀补
	M03 S800;	主轴正转,转速 800 r/min
	G00 X42 Z2;	快速进刀
	G94 X−1 Z0 F0.1;	端面车削
	G00 X100 Z100;	回换刀点
	M00;	程序暂停
	G00 X100 Z100 T0101;	刀具回换刀点,换 1 号刀,加入该刀具刀补
	M03 S800;	主轴正转,转速 800 r/min
	G00 X42 Z2;	快速进刀
	G71 U1 R1;	粗加工外圆轮廓
	G71 P10 Q20 U0.5 W0.25 F0.1;	
N10	G00 X36;	
	G01 Z0;	
	G01 X38 Z−2;	
N20	G01 Z−29;	
	G00 X100 Z100;	回换刀点

（续表）

程序段号	编程内容	程序说明
	M00;	程序暂停,测量外径,计算磨耗
	G00 X100 Z100 T0101;	刀具回换刀点,换 1 号刀,加入该刀具刀补
	M03 S1000;	主轴正转,转速 1000 r/min
	G00 X42 Z2;	快速进刀
	G70 P10 Q20 F0.05;	精加工外圆轮廓
	G00 X100 Z100;	回换刀点
	M00;	程序暂停
	G00 X100 Z100 T0202;	刀具回换刀点,换 2 号刀,加入该刀具刀补
	M03 S500;	主轴正转,转速 500 r/min
	G00 X19 Z2;	快速进刀
	G74 R1;	端面槽的车削
	G74 X26 Z−8 P3000 Q3000 F0.05;	
	G00 X100 Z100;	回换刀点
	M00;	程序暂停
	G00 X100 Z100 T0404;	刀具回换刀点,换 4 号刀,加入该刀具刀补
	M03 S350;	主轴正转,转速 350 r/min
	G00 X42 Z−18;	零件切断
	G01 X−1 Z−18 F0.05;	
	G00 X100 Z100;	回换刀点
	M05;	主轴停转
	M02;	程序结束

决策与计划

学生制订计划,教师确认。

(1)各小组根据资讯获取的信息和教师的任务要求制订工作实施方案;

(2)各小组通过方案对比,作出决策和实施计划;

(3)教师对各小组实施计划进行确认。

学生:以分组形式自主完成决策与计划,项目计划应符合目标要求,同时必须考虑生产安全和环保要求。

教师:引导学生完成计划制订,在学生的决策过程中,给予实时的指导与评价,回答学生在制订计划中出现的问题,发挥咨询者和协调人的作用。

实　施

■ 01 仔细分析零件图纸(图 4-12)

■ 02 识读图纸及编程

1.编程原点的确定

2.确定工艺方案

_____

_____

_____

_____

_____

3.选择刀具及切削用量(表 4-17)

表 4-17 刀具及切削用量选择

序号	刀具名称	刀具号	刀补号	刀片或刀具规格	转速 S /(r · min^{-1})	进给量 F /(mm · r^{-1})
1						
2						
3						
4						

4.编程部分(表 4-18)

表 4-18 程序表

程序段号	编程内容	程序说明

03 量具准备

1. _____

2. _____

3. _____

4. _____

■ 04 零件的加工及测量(表 4-19)

表 4-19　　　　　　　　　数据车床操作评分表

姓名			学校		准考证号			
零件名称			时间	300 min	起止时间		总分	
考核项目	考核内容及其要求		配分	评分标准	检测结果	扣分	得分	备注
1	编程、调试熟练程度		20	程序思路清晰,可读性强,模拟调试纠错能力强				精加工程序只允许一次
2	粗糙度要求	Ra1.6	7	每处粗糙度 Ra 大于 1.6 扣 1 分				
		Ra3.2	3	每处粗糙度 Ra 大于 3.2 扣 1 分				
3	20°		15	超差 0.01 扣 3 分				
4	直径 24		15	超差不得分				
5	直径 36		6	超差不得分				
6	直径 38		6	超差 0.01 扣 4 分				
7	直径 48		4	超差 0.01 扣 3 分				
8	长度 24		4	超差不得分				
9	M18×1.5		20	用螺纹塞规检验,止端进不得分				
10	倒角			一处没有扣 1 分				总分扣完为止
11	自由公差尺寸			每超差一处扣 1 分				总分扣完为止
12	超时扣分			每超 5 min 扣 5 分				

■ 05 分析加工结果,结合有关资料,进行总结(表 4-20)

表 4-20　　　　　　　　　问题分析总结表

问题	产生原因	预防方法
沟槽位置错误		
端面槽刀撞刀		

检　　查

学生通过自查、互查对已完成的工作任务进行全面的检查。检查内容包括:
◆ 检查是否安全操作;
◆ 检查是否操作正确;
◆ 检查是否观察仔细;
◆ 检查是否能表达清楚工艺流程;
◆ 听取各小组根据任务展开的讨论情况是否良好,涉及内容是否完整,提出补充或修改建议;

◆ 检查各小组执行任务中的进展程度以及最后结果,必要时给予一定的指导,使实训顺利进行;

◆ 检查各小组"5S"管理执行情况。

评　估

◆ 评价工作过程和成果的优、劣

(1)学生以小组为单位进行项目总结和评价(如果有需要,可以修改项目方案,重新完成项目),并进行工作任务相关知识点和技能点的总结,使学生建立积极的自我认知。最后各小组组织自评和互评,教师组织考核进行综合评价。

(2)根据现场各小组的讨论汇报情况、具体实施情况以及最后的结果给出客观评价并记录。

(3)根据现场各小组个人表现突出的组员进行评价表扬,对于实训中有问题的学生应给予指导和鼓励。

◆ 提出不足及改进意见

(1)学生提出不足及改进意见。

(2)教师总结不足及改进意见。

评价教学过程并提出建议(表 4-21)

根据工作任务实施过程,学生、教师分别进行评价,并提出建议。

表 4-21　　　　考核评价表

项目名称				班　级		
项目小组				项目组长		
小组成员				实施时间		
评价类别	评价内容	评价标准	配分	个人自评	小组评价	教师评价
决策与策划	资料准备	参与资料收集、整理,自主学习	5			
	计划制订	能初步制订计划	5			
	小组分工	分工合理,协调有序	5			
实施	操作技术	见项目评分标准	40			
	问题探究	能实践中发现问题,并用理论知识解释实践中的问题	10			
	文明生产	服从管理,遵守 5S 标准	5			
拓展	知识迁移	能实现前后知识的迁移	5			
	应变能力	能举一反三,提出改进建议方案	5			
	创新程度	有创新建议提出	5			
态度	主动程度	主动性强	5			
	合作意识	能与同伴团结协作	5			
	严谨细致	认真仔细,不出差错	5			
	总　计		100			
教师评估及建议						

子学习情境 4　子程序的应用

资　讯

01　课题描述与课题图

如图 4-16 所示手柄零件,毛坯为 $\phi50\ mm\times90\ mm$ 的硬铝,试分析其加工工艺,编写数控车加工程序并进行加工。

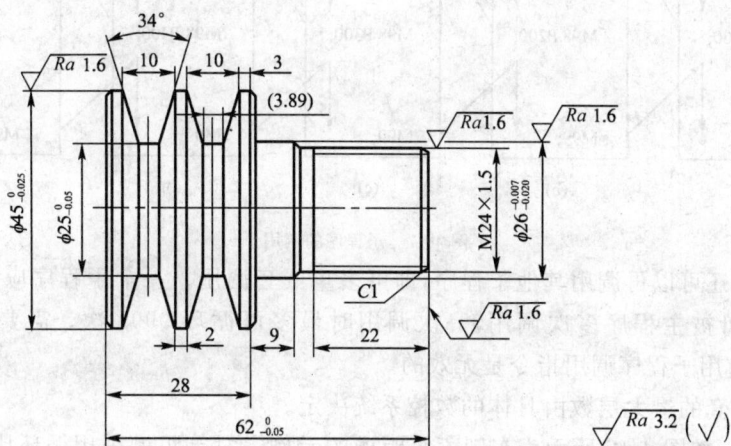

图 4-16　高级数控车床应会试题 4

02　子程序概述

1. 子程序的定义

在编制加工程序中,有时会遇到一组程序段在一个程序中多次出现,或者在几个程序中都要使用它。这个典型的加工程序可以做成固定程序,并单独加以命名,这组程序段就称为子程序。

2. 使用子程序的目的和作用

使用子程序可以减少不必要的重复编程,从而达到简化编程的目的。其作用相当于一个固定循环。

3. 子程序的调用指令 M98

在主程序中,调用子程序的指令是一个程序段,其格式随具体的数控系统而定,FANUC 0T 系统子程序调用格式为:

　　M98 P_ L_；

其中　M98——子程序调用字;

　　　　P——子程序号；

　　　　L——子程序重复调用次数。

　　由此可见,子程序调用由子程序调用字、子程序号和调用次数组成。

4.子程序的返回指令 M99

　　子程序返回主程序用指令 M99,它表示子程序运行结束,返回主程序。

5.子程序的嵌套

　　子程序调用下一级子程序称为嵌套。上一级子程序与下一级子程序的关系,与主程序与第一层子程序的关系相同。子程序的调用如图 4-17 所示。

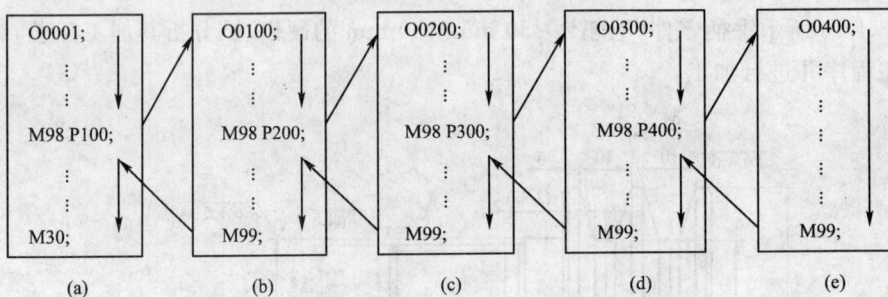

图 4-17　子程序的调用

　　子程序中还可以再调用其他子程序,即可多重嵌套调用。一个子程序应以"M99"作程序结束行,它可被主程序多次调用,一次调用时最多可循环 9999 次。需要注意的是,在 MDI 方式下使用子程序调用指令是无效的。

　　子程序嵌套的最大层数由具体的数控系统决定。

　　【例 4-2】　如图 4-18 所示为车削不等距槽的示例。对等距槽采用循环比较简单,而对不等距槽则采用子程序调用较为简单。

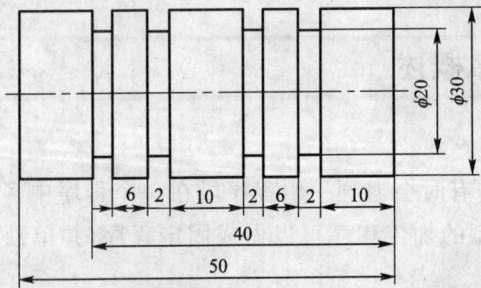

图 4-18　不等距槽

　　程序如下:

　　O10;

　　G50 X150 Z100;

　　T0101;

　　S800 M03;

　　G00 X35 Z0 M08;

　　G01 X0 F0.3;

G00 X30 Z2；

G01 Z—55 F0.3；

G00 X150 Z100；

T0303；

G00 X32 Z0；

M98 P15 L2；

G00 W—12；

G01 X0 F0.12；

G04 X2；

G00 X150 Z100 M09；

M30；

％；

O15；

G00 W—12；

G01 U—12 F0.1；

G04 X1；

G00 U12；

W-8；

G01 U—12 F0.1；

M99；

决策与计划

学生制订计划,教师确认。

(1)各小组根据资讯获取的信息和教师的任务要求制订工作实施方案;

(2)各小组通过方案对比,作出决策和实施计划;

(3)教师对各小组实施计划进行确认。

学生:以分组形式自主完成决策与计划,项目计划应符合目标要求,同时必须考虑生产安全和环保要求。

教师:引导学生完成计划制订,在学生的决策过程中,给予实时的指导与评价,回答学生在制订计划中出现的问题,发挥咨询者和协调人的作用。

实　　施

01 仔细分析零件图纸(图 4-16)

02 识读图纸及编程

1.编程原点的确定

2.确定工艺方案

_____

_____

_____

_____

3.选择刀具及切削用量(表 4-22)

表 4-22   刀具及切削用量选择

序号	刀具名称	刀具号	刀补号	刀片或刀具规格	转速 S /(r·min⁻¹)	进给量 F /(mm·r⁻¹)
1						
2						
3						
4						

4.编程部分(表 4-23)

表 4-23   程序表

程序段号	编程内容	程序说明

■ 03 量具准备

1. _____

2. _____

3. _____

4. _____

■ 04 零件的加工及测量(表 4-24)

表 4-24 数控车床操作评分表

姓名		学校		准考证号				
零件名称		时间	300 min	起止时间			总分	
考核项目	考核内容及其要求	配分	评分标准	检测结果	扣分	得分	备注	
1	编程、调试熟练程度	10	程序思路清晰,可读性强,模拟调试纠错能力强				精加工程序只允许一次	
2	粗糙度要求	$Ra1.6$	7	每处粗糙度 Ra 大于 1.6 扣 1 分				
		$Ra3.2$	3	每处粗糙度 Ra 大于 3.2 扣 1 分				
3	34°	10	样板检测					
4	直径 25	20	超差 0.01 扣 4 分				2 处	
5	直径 26	10	超差 0.01 扣 4 分					
6	直径 45	15	超差 0.01 扣 4 分					
7	长度 62	10	超差不得分					
8	M24 螺纹	15	用螺纹环规检验,止端进不得分					
9	倒角		一处没有倒扣 1 分				总分扣完为止	
10	自由公差尺寸		每超差一处扣 1 分				总分扣完为止	
11	超时扣分		每超 5 min 扣 5 分					

■ 05 分析加工结果,结合有关资料,进行总结(表 4-25)

表 4-25 问题分析总结表

问 题	产生原因	预防方法

检　查

学生通过自查、互查对已完成的工作任务进行全面的检查。检查内容包括:

◆ 检查是否安全操作;

◆ 检查是否操作正确;

◆ 检查是否观察仔细;

◆ 检查是否能表达清楚工艺流程;

◆ 听取各小组根据任务展开的讨论情况是否良好,涉及内容是否完整,提出补充或修改

建议;

◆ 检查各小组执行任务中的进展程度以及最后结果,必要时给予一定的指导,使实训顺利进行;

◆ 检查各小组"5S"管理执行情况。

评　　估

◆ 评价工作过程和成果的优、劣

(1)学生以小组为单位进行项目总结和评价(如果有需要,可以修改项目方案,重新完成项目),并进行工作任务相关知识点和技能点的总结,使学生建立积极的自我认知。最后各小组组织自评和互评,教师组织考核进行综合评价。

(2)根据现场各小组的讨论汇报情况、具体实施情况以及最后的结果给出客观评价并记录。

(3)根据现场各小组个人表现突出的组员进行评价表扬,对于实训中有问题的学生应给予指导和鼓励。

◆ 提出不足及改进意见

(1)学生提出不足及改进意见。

(2)教师总结不足及改进意见。

◆ 评价教学过程并提出建议(表 4-26)

根据工作任务实施过程,学生、教师分别进行评价,并提出建议。

表 4-26　　　　　　　　　　　考核评价表

项目名称				班　级			
项目小组				项目组长			
小组成员				实施时间			
评价类别	评价内容	评价标准		配分	个人自评	小组评价	教师评价
决策与策划	资料准备	参与资料收集、整理,自主学习		5			
	计划制订	能初步制订计划		5			
	小组分工	分工合理,协调有序		5			
实施	操作技术	见项目评分标准		40			
	问题探究	能实践中发现问题,并用理论知识解释实践中的问题		10			
	文明生产	服从管理,遵守 5S 标准		5			
拓展	知识迁移	能实现前后知识的迁移		5			
	应变能力	能举一反三,提出改进建议方案		5			
	创新程度	有创新建议提出		5			
态度	主动程度	主动性强		5			
	合作意识	能与同伴团结协作		5			
	严谨细致	认真仔细,不出差错		5			
总　计				100			
教师评估及建议							

螺纹类零件的加工

资　讯 ∙∙▶

01　课题描述与课题图

如图 5-1 所示工件，毛坯为 ϕ30 mm×75 mm 的铝，试分析其加工工艺，编写数控车加工程序并进行加工。

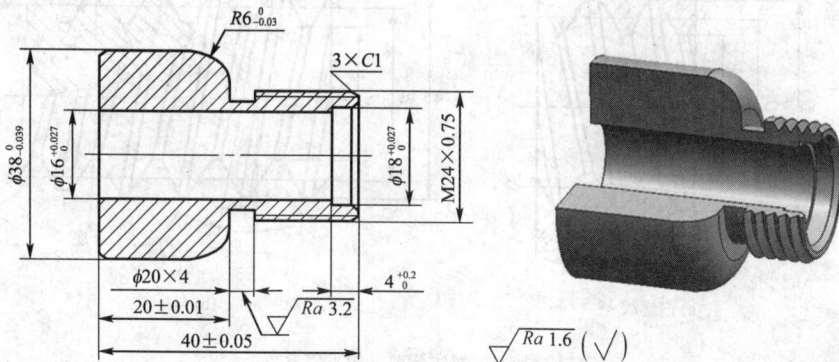

图 5-1　中级数控车床应会试题 6

02　普通螺纹的主要参数

普通螺纹是应用最为广泛的连接螺纹，如图 5-2 所示螺母和螺栓上的螺纹，在机械设备、仪器仪表中常用于连接和紧固零部件，为使其达到规定的使用功能要求，并保证螺纹结合的互换性，必须满足可旋合性和连接可靠性两个基本要求。

通过螺母和螺栓的轴向剖面图（图 5-3），可以清楚地看到普通螺纹的牙型以及确定牙型的主要参数。普通螺纹的主要参数见表 5-1。

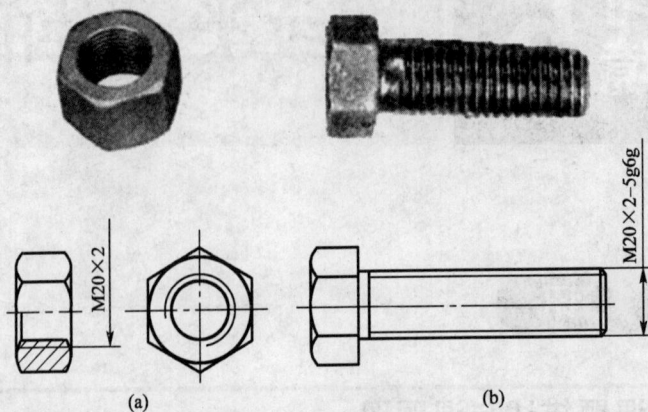

图 5-2 螺母和螺栓

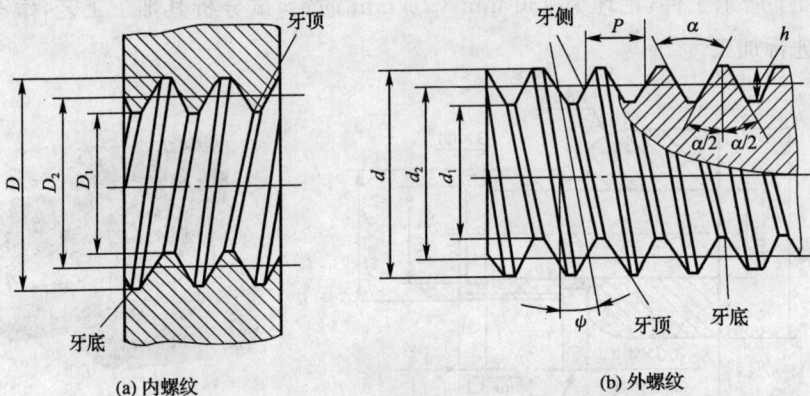

(a) 内螺纹 　　　　　　　　　　(b) 外螺纹

图 5-3 螺纹牙型上的主要参数

表 5-1 　　　　　　　　　　　　普通螺纹的主要参数

主要参数	代 号		定 义
	内螺纹	外螺纹	
牙型角	α		在螺纹牙型上,相邻两牙侧间的夹角
牙型高度	h		在螺纹牙型上,牙顶到牙底在垂直于螺纹轴线方向上的距离
螺纹大径（公称直径）	D	d	与内螺纹牙底或外螺纹牙顶相切的假想圆柱的直径,它是代表螺纹尺寸的直径,是公称直径
螺纹小径	D_1	d_1	与内螺纹牙顶或外螺纹牙底相切的假想圆柱（或圆锥）的直径
螺距中径	D_2	d_2	指一个假想圆柱的直径,该圆柱的母线通过牙型上沟槽和凸起宽度相等的地方
螺距	P		相邻两牙在中径线上对应两点间的轴向距离
螺纹升角	ψ		在中径圆柱上,螺旋线的切线与垂直于螺纹轴线的平面之间的夹角

03 普通螺纹的检测方法

1. 普通螺纹的综合检测——用螺纹量规检验

综合检验法是用螺纹量规对螺纹各基本参数进行综合性检验。螺纹量规(图 5-4)包括螺纹塞规和螺纹环规,螺纹塞规用来检验内螺纹,螺纹环规用来检验外螺纹。

(1)检验步骤

步骤 1:识别螺纹量规规格及通端 T、止端 Z(注意区分,不能搞错)。

步骤 2:用硬棕刷或铜丝刷清洗被测螺纹和螺纹量规的污物,并用布擦干净。

步骤 3:把螺纹量规放正,用量规通端 T 旋向螺纹,然后再用量规止端 Z 旋向螺纹。

(2)检验评定结果

如果量规通端 T 能顺利地与被检螺纹在全长上旋合,量规止端 Z 不能完成旋合,说明螺纹的基本参数合格;否则,螺纹的某项参数不合格。

如果通端 T 难以拧入,应对螺纹的各直径尺寸、牙型角、牙型半角和螺距等进行检验,经修正后再用通端检验。

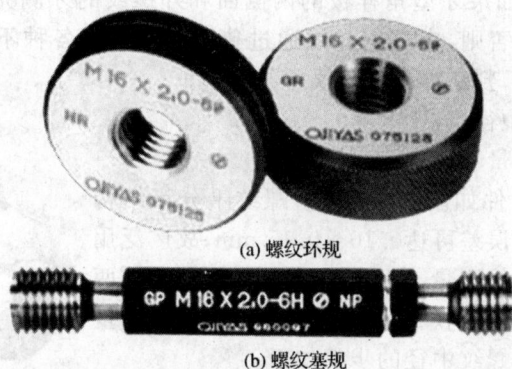

(a) 螺纹环规

(b) 螺纹塞规

图 5-4 螺纹量规

操作提示

①螺纹量规旋向螺纹工件时,注意不要歪斜。

②在检验中,应尽量避免长期用手握着量规进行工作。

③最好采用隔热板,以减少温度变化引起的测量误差。

2. 普通外螺纹的单项检测

实际检测时,大部分内螺纹都用螺纹塞规进行综合检测,因为内螺纹基本参数的单项测量比较困难且测量误差比较大。而保证螺纹互换性的主要因素是螺距误差、牙型半角误差和中径误差,通常对外螺纹的这三项参数规定了较严的公差并分项测量。

(1)检测外螺纹螺距

①准备的检具:钢直尺或游标卡尺。

②检测步骤,如图 5-5 所示。

步骤 1:用钢直尺沿着外螺纹轴线的方向量出 5 个牙的螺距长度。

步骤 2:读出钢直尺的螺距长度为 50 mm。

③评定检测结果:计算出外螺纹的螺距 $P = 50/5 = 10$ mm。因被加工的螺纹螺距长度

为2 mm,则该螺纹的螺距不符合要求。

(2)检测外螺纹的牙型角

①准备的检具:牙型角样板。

②检测步骤,如图5-6所示。

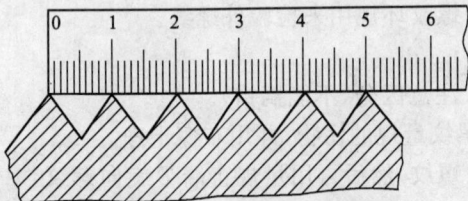

图5-5 测量外螺纹的螺距

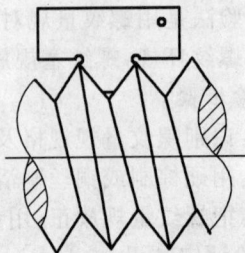

图5-6 检测外螺纹的牙型角

步骤1:用布把被检外螺纹牙侧和牙型角样板的两侧面擦干净。

步骤2:把牙型角样板沿着通过工件轴线的方向嵌入螺旋槽中,用光隙法检测外螺纹的牙型角。

③评定检测结果:如果牙型角样板的两侧面和外螺纹的牙侧完全吻合,则说明被测螺纹的牙型角是正确的。否则,应根据光线通过狭缝时呈现的各种不同颜色,并对照标准光隙颜色与间隙的关系表,判断出牙型角误差的大小。

(3)测量外螺纹的中径

①用螺纹千分尺测量

螺纹千分尺及其附件如图5-7所示。螺纹千分尺结构简单,使用方便,测量总误差可达0.10~0.15 mm,故广泛用于精度较低的螺纹中径的测量。螺纹千分尺有60°和55°两种规格,各带有一套可以更换的、适用于不同螺距的测量头。螺纹千分尺测量外螺纹中径的步骤如下:

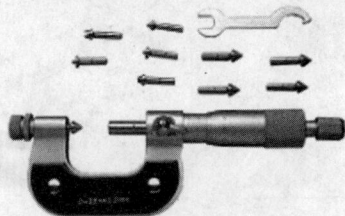

图5-7 螺纹千分尺及其附件

步骤1:用硬棕刷或铜丝刷清洗被测外螺纹的污物,并用布擦干净,否则会影响测量准确度,并加快螺纹千分尺的磨损。

步骤2:根据被测螺纹的螺距和牙型角,选择测量头。再把测量头准确牢靠地分别插入千分尺的测杆和砧座的孔内。

步骤3:校对螺纹千分尺的零位。在圆锥形测量头与V形槽测量头相接触时,通过微分筒和测砧的调整螺母来调整零位。

步骤4:旋转螺纹千分尺的棘轮,使测量头与螺纹两牙侧良好接触,当棘轮发出"嗒嗒"的响声后,停止旋转,此时的最大尺寸即为螺纹中径尺寸。

操作提示

● 在更换测量头之后,必须调整砧座的位置,使千分尺对准零位。

● 为了提高测量的准确度,最好用与被测螺纹公称尺寸相同的螺纹塞规来调整螺纹千分尺的零位。

● 螺距越小的螺纹,测量头与螺纹齿越容易发生误差,要特别注意。

● 径向摆动螺纹千分尺有较轻的接触感,确保测出的尺寸是最大尺寸。

● 螺纹千分尺的读数方法和千分尺相同。

②用三针法测量外螺纹的中径

关键:选取最佳量针直径 d_D 和千分尺读数 M 值的范围。

测量时所用的 3 根直径相等的圆柱形量针,是由量具厂专门制造的,也可用 3 根新直柄麻花钻的柄部代替。量针直径 d_D 不能太小或太大。为避免牙型半角误差对测量结果的影响,量针直径应按照螺纹螺距选择,使量针与牙侧的接触点落在中径线上(图 5-8)。

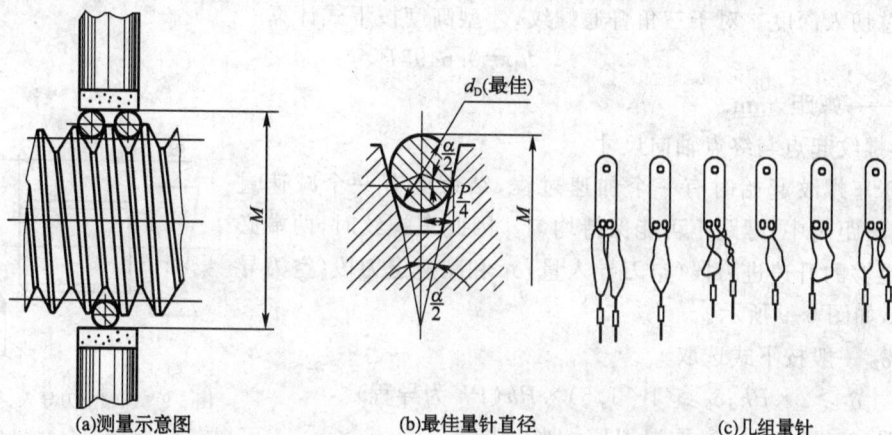

(a)测量示意图　　　　(b)最佳量针直径　　　　(c)几组量针

图 5-8　三针法测量外螺纹的中径

此时的量针直径称为最佳量针直径 d_D,可用表 5-2 中的公式计算。

三针法是一种间接测量法,其测量精度和测量效率高,测量结果稳定,所以应用最广。其千分尺的读数 M 值,可按表 5-2 计算。

表 5-2　　　　最佳量针直径 d_D 和千分尺读数 M 值的计算公式

牙型角 α	千分尺的读数 M 值	最大量针直径	最佳量针直径 d_D	最小量针直径
60°	$d_2+3d_D-0.866P$	1.01P	0.577P	0.505P

【例 5-1】　用三针法测量 M20×2−5g6g 螺纹,选取最佳量针直径 d_D 和千分尺的读数 M 值的范围。

解:根据表 5-2 中的计算公式,有

$$d_D=0.577P=0.577\times2=1.154 \text{ mm}$$

$$M=d_2+3d_D-0.866P=18.701+3\times1.154-0.866\times2=20.431 \text{ mm}$$

(螺纹中径 $d_2=18.701$ 可参见表 5-8)

根据表 5-8 中的中径极限偏差,M 值应在 20.268~20.393 mm 范围内。

◆ 准备检具:量针(3 根)、千分尺。

◆ 检测步骤,如图 5-8 所示。

步骤 1:选取最佳量针直径 $d_D=1.154$ mm。

步骤 2:把选择好的 3 根量针放置在螺纹两侧相对应的螺旋槽内。

步骤 3:用千分尺量出两边量针顶点之间的距离 M。

◆ 评定检测结果:如果千分尺的读数 M 值在 20.268~20.393 mm 范围内,则螺纹中径合格;否则,该螺纹中径不合格。

04 螺纹编程指令

1.螺纹切削时的几个问题

(1)螺纹牙型高度(螺纹总切深)

螺纹牙型高度是指在螺纹牙型上,牙顶到牙底之间垂直于螺纹轴线的距离,它是车削时车刀总切入深度。对于三角普通螺纹,牙型高度按下式计算

$$h_1 = 0.6495P$$

式中,P——螺距,mm。

(2)螺纹起点与终点轴向尺寸

由于车螺纹起始时有一个加速过程,结束前有一个减速过程,在这段距离中,螺距不可能保持均匀。因此车螺纹时,两端必须设置足够的升速进刀段(空刀导入量)δ_1 和减速退刀段(空刀导出量)δ_2,如图 5-9 所示。

δ_1、δ_2 一般按下式选取

$$\delta_1 \geqslant 2 \times Ph; \delta_2 \geqslant (1\sim1.5) \times Ph(Ph \text{ 为导程})$$

说明:$\delta_1 = 2 \times Ph$;δ_2 取退刀槽一半的长度。

图 5-9 螺纹空刀导入、导出量

(3)分层切削深度

如果螺纹牙型较深,螺距较大,可以几次进给。每次进给的背吃刀量用螺纹深度减精加工背吃刀量所得的差按递减规律分配。常用螺纹切削的进给次数与背吃刀量可参考表 5-3 选取。

表 5-3   常用螺纹切削的进给次数与背吃刀量

米制螺纹							
螺距/mm	1.0	1.5	2.0	2.5	3.0	3.5	4.0
牙深/mm	0.649	0.974	1.299	1.624	1.949	2.273	2.598
各次背吃刀量/mm	1次	0.7	0.8	0.9	1.0	1.2	1.5	1.5
	2次	0.4	0.6	0.6	0.7	0.7	0.7	0.8
	3次	0.2	0.4	0.6	0.6	0.6	0.6	0.6
	4次		0.16	0.4	0.4	0.4	0.6	0.6
	5次			0.1	0.4	0.4	0.4	0.4
	6次				0.15	0.4	0.4	0.4
	7次					0.2	0.2	0.4
	8次						0.15	0.3
	9次							0.2

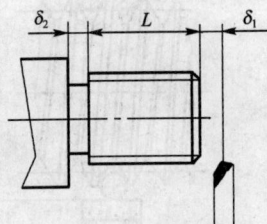

（续表）

英制螺纹							
牙/in	24	18	16	14	12	10	8
牙深/mm	0.678	0.904	1.016	1.162	1.355	1.626	2.033
各次背吃刀量/mm 1次	0.8	0.8	0.8	0.8	0.9	1.0	1.2
2次	0.4	0.6	0.6	0.6	0.6	0.7	0.7
3次	0.16	0.5	0.5	0.5	0.6	0.6	0.6
4次		0.11	0.14	0.3	0.4	0.4	0.5
5次				0.13	0.21	0.4	0.5
6次						0.16	0.4
7次							0.17

（4）螺纹加工

螺纹加工需与主轴转速相适应，主轴转速过高，会因系统响应跟不上而使螺纹乱扣。推荐主轴转速满足下式要求

$$n \leqslant \frac{1200}{P} - 80$$

式中　n——主轴转速（r/min）；

P——螺距（mm），英制螺纹应将其换算成相应毫米数。

外螺纹加工尺寸计算见表 5-4，内螺纹加工尺寸计算见表 5-5。

表 5-4　　　　　　　　　　外螺纹加工尺寸计算表

加工尺寸	计算公式
螺纹全高 H	$H = 0.866P$
螺纹大径（为使螺纹容易旋入，通常将螺纹外径做得比公称直径小一些）	螺纹外径≈公称直径－$H/4$＝公称直径－$0.217P$
螺纹牙型高度 h	$0.6495P$
螺纹小径	螺纹内径≈螺纹外径－2×螺纹牙深＝螺纹外径－$1.3P$
刀具行程	$W = \delta_1 + L + \delta_2$（图 5-9）

表 5-5　　　　　　　　　　内螺纹加工尺寸计算表

加工尺寸	计算公式
螺纹全高 H	$H = 0.866P$
螺纹大径	螺纹大径＝公称直径
螺纹牙深	$0.6495P$
螺纹内径	螺纹内径＝螺纹大径－$1.1P$
刀具行程	$W = \delta_1 + L + \delta_2$（图 5-9）

2. 螺纹切削循环指令 G92

（1）书写格式：

G92 X(U)_ Z(W)_ F_;

G92 X(U)_ Z(W)_ I_ F_;

其中 X、Z ——切削终点的坐标值；

U、W——切削终点相对于循环起点的增量值；

I ——圆锥螺纹大、小端的半径差值；

F——螺纹的导程。

该指令可切削圆锥螺纹和圆柱螺纹，其循环轨迹与单一形状固定循环 G90 基本相同，只是 F 后面的进给量改为螺距值即可。利用 G92，可以在螺纹切削过程中，将从起点出发的四个动作"切入→切螺纹→让刀→返回起点"作为一个循环，如图 5-10 所示。

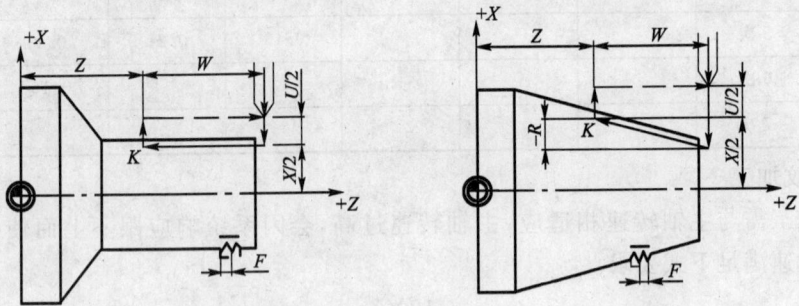

图 5-10　G92 循环轨迹

（2）使用螺纹切削循环指令（G92）的注意事项：

①切削螺纹前，必须有 X 向进刀指令（G00 或 G01），用来确定螺纹切削完毕后的退刀方向，即退刀方向与进刀方向相反，否则程序会出现错误。如图 5-11 所示的圆锥螺纹，切削螺纹前的起点定位必须大于螺纹终点直径（即起刀点必须大于螺纹最大外径）。反之，内螺纹起刀点必须小于螺纹最小直径。

②加工多头螺纹时的编程，应在加工完一个头后，将车刀用 G00 或 G01 方式移动一个螺距，然后再按要求编写车削下一个螺纹的程序。

3. 螺纹切削复合循环指令 G76

螺纹切削复合循环（图 5-11）是指仅用一个 G 指令就可实现整个螺纹的加工。由系统根据程序指定的吃刀次数自动分配吃刀量来进行加工。

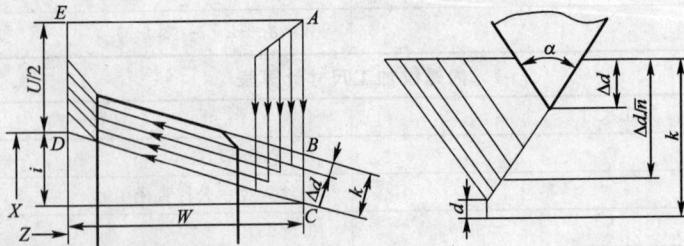

图 5-11　G76 循环轨迹

利用螺纹切削复合循环功能，只要编写出螺纹的底直径、螺纹 Z 向终点位置、牙深及第一次背吃刀量等加工参数，车床即可自动计算每次的背吃刀量进行循环切削，直到加工完为止。

书写格式：

G00 X(a_1) Z(b_1);

G76 P(m)(r)(θ) Q(Δd_{min}) R(Δu);

G76 X(a_2) Z(b_2) R(i) P(h) Q(Δd) F(f);

其中　a_1、b_1——螺纹切削循环起始点坐标。在 X 向切削外螺纹时,应比螺纹大径稍大 1~2 mm;在切削内螺纹时,应比螺纹小径稍小 1~2 mm。Z 向必须考虑空刀导入量。

m——精加工重复次数,可以为 1~99 次。

r——螺纹尾部倒角量(斜向退刀),00~99 个单位,取 01 则退 0.11 倍导程(单位为 mm)。

θ——螺纹刀尖的角度(螺纹牙型角),可选择 80°、60°、55°、30°、29°、0°,其角度数值用两位数指定。m、r、θ 可用地址一次指定,如 $m=2$,$r=4$,$\theta=60°$时可写成 P020560。

Δd_{min}——切削时的最小背吃刀量(最小切入量)。按表 5-3 中最后一次的背吃刀量进行选择。半径值,单位为 mm。

Δu——精加工余量,半径值,单位为 mm。

a_2——螺纹底径值(外螺纹为小径值,内螺纹为大径值),直径值,单位为 mm。

b_2——螺纹的 Z 向终点位置坐标,必须考虑空刀导出量。

i——螺纹部分的半径差,与 G92 中的 I 相同,为 0 时,是圆柱直螺纹切削。

h——螺纹的牙深。按 $h=0.6495P$ 进行计算,半径值,单位为 mm。

Δd——第一次切深。按表 5-3 中第一次的背吃刀量进行选择,半径值,单位为 mm。

F——螺纹导程,单位为 mm。

按照车螺纹的规律,每次吃刀时的切削面积应尽可能保持均衡的趋势,因此相邻两次的吃刀深度应按递减规律逐步减小,本循环方式下,第 1 次切深为 Δd,第 n 次切深为 $\Delta d \sqrt{n}$,相邻两次切削深度差为($\Delta d \sqrt{n} - \Delta d \sqrt{n-1}$),若邻次切削深度差始终为定值的话,则必然是随着切削次数的增加,切削面积逐步增大,有的车床为了计算简便,而采用这种等深度螺纹车削方法,这样螺纹就不易车光,而且也会影响刀具寿命。

05　编程实例

1. 零件图纸(图 5-12)

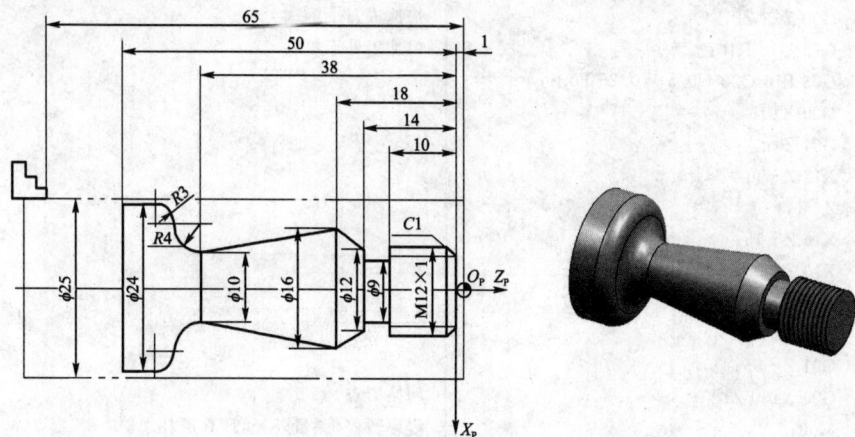

图 5-12　综合实例 10

2. 识读图纸及编程

(1)编程原点的确定

选择完成后工件的右端面回转中心作为编程原点。

(2)确定工艺方案

①以毛坯的外圆表面为装夹面,车削端面;

②粗、精加工出零件外轮廓,保证外轮廓尺寸;

③用切断刀切螺纹退刀槽,保证外沟槽尺寸;

④用螺纹刀切螺纹并检测;

⑤用切断刀切断工件,保证零件总长。

(3)选择刀具及切削用量(表5-6)

表 5-6   刀具及切削用量选择

序号	刀具名称	刀具号	刀补号	刀片或刀具规格	转速 S /(r·min^{-1})	进给量 F /(mm·r^{-1})
1	粗车外圆车刀	T01	01	55°刀片	800	0.1
2	精车外圆车刀	T01	01	55°刀片	1000	0.05
3	螺纹刀	T02	02	60°刀片	400	1.0
4	切断刀	T04	04	刀宽3 mm	350	0.05

(4)编程部分(表5-7)

表 5-7   程序表

程序段号	编程内容	程序说明
	O0009;	程序名
	G00 X100 Z100 T0101;	刀具回换刀点,换1号刀,加入该刀具刀补
	M03 S800;	主轴正转,转速800 r/min
	G00 X42 Z2;	快速进刀
	G94 X−1 Z0 F0.1;	端面车削
	G00 X100 Z100;	回换刀点
	M00;	程序暂停
	G00 X100 Z100 T0101;	刀具回换刀点,换1号刀,加入该刀具刀补
	M03 S800;	主轴正转,转速800 r/min
	G00 X32 Z2;	快速进刀
	G73 U10 R10;	粗加工外形轮廓
	G73 P10 Q20 U0.5 W0.25 F0.1;	
N10	G00 X10;	
	G01 Z0;	
	X12 Z−1;	
	Z−14;	
	X16 Z−18;	
	X10 Z−38;	
	G02 X18 Z−42 R4;	
	G03 X24 Z−45 R3;	
N20	G01 Z−55;	
	G00 X100 Z100;	回换刀点
	M00;	程序暂停,测量外径,计算磨耗
	G00 X100 Z100 T0101;	刀具回换刀点,换1号刀,加入该刀具刀补

（续表）

程序段号	编程内容	程序说明
	M03 S1000;	主轴正转,转速 1000 r/min
	G00 X32 Z2;	快速进刀
	G70 P10 Q20 F0.05;	精加工外形轮廓
	G00 X100 Z100;	回换刀点
	M00;	程序暂停
	G00 X100 Z100 T0404;	刀具回换刀点,换 4 号刀,加入该刀具刀补
	M03 S350;	主轴正转,转速 350 r/min
	G00 X14 Z−13;	快速进刀
	G75 R1;	螺纹退刀槽的车削
	G75 X9 Z−14 P3000 Q3000 F0.05;	
	G00 X100 Z100;	回换刀点
	M00;	程序暂停
	G00 X100 Z100 T0202;	刀具回换刀点,换 2 号刀,加入该刀具刀补
	M03 S400;	主轴正转,转速 400 r/min
	G00 X14 Z2;	快速进刀
	G92 X11.5 Z−12 F1.0;	螺纹加工
	X11.1;	
	X10.9;	
	X10.8;	
	X10.7;	
	X10.7;	
	G00 X100 Z100;	回换刀点
	M00;	程序暂停,使用螺纹环规检测螺纹
	G00 X100 Z100 T0404;	刀具回换刀点,换 4 号刀,加入该刀具刀补
	M03 S350;	主轴正转,转速 350 r/min
	G00 X32 Z−53;	快速进刀
	G01 X−1 F0.05;	零件切断
	G00 X100 Z100;	回换刀点
	M05;	主轴停转
	M02;	程序结束

决策与计划

学生制订计划,教师确认。

(1)各小组根据资讯获取的信息和教师的任务要求制订工作实施方案;

(2)各小组通过方案对比,作出决策和实施计划;

(3)教师对各小组实施计划进行确认。

学生:以分组形式自主完成决策与计划,项目计划应符合目标要求,同时必须考虑生产安全和环保要求。

教师:引导学生完成计划制订,在学生的决策过程中,给予实时的指导与评价,回答学生在制订计划中出现的问题,发挥咨询者和协调人的作用。

实　施

■ **01 识读普通螺纹的标记**

1. 内螺纹标记的含义（图 5-13）

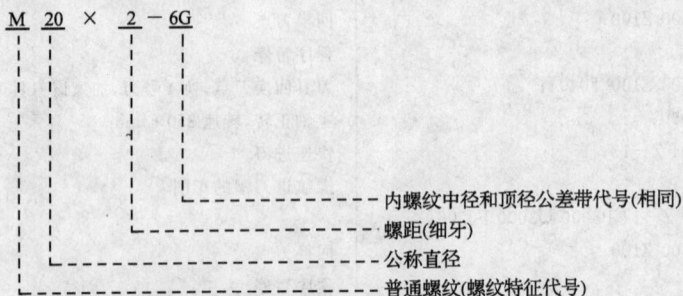

$$M \quad 20 \quad \times \quad 2 \quad - \quad 6G$$

— 内螺纹中径和顶径公差带代号(相同)
— 螺距(细牙)
— 公称直径
— 普通螺纹(螺纹特征代号)

图 5-13　内螺纹的标记

2. 外螺纹标记的含义（图 5-14）

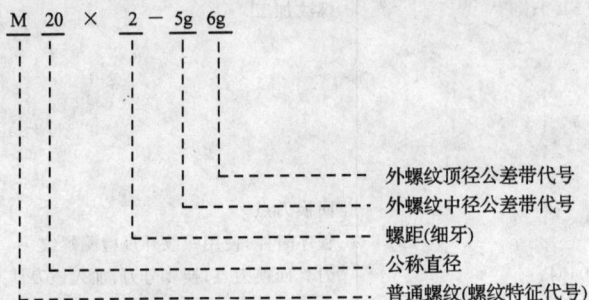

$$M \quad 20 \quad \times \quad 2 \quad - \quad 5g \quad 6g$$

— 外螺纹顶径公差带代号
— 外螺纹中径公差带代号
— 螺距(细牙)
— 公称直径
— 普通螺纹(螺纹特征代号)

图 5-14　外螺纹的标记

■ **02 确定普通螺纹的极限偏差**

1. 确定普通内螺纹的极限偏差

【例 5-2】　查表确定公差带为 6H 的 M20×2 螺纹各直径的极限偏差。

解：本题用列表法将各计算值列在表 5-8 中。

①确定内螺纹大径 D、中径 D_2 和小径 D_1 的基本尺寸。

已知公称直径为螺纹大径的基本尺寸，即 $D=d=20$ mm。

内螺纹中径 D_2 和小径 D_1 可直接从表中查出。

②确定内螺纹的极限偏差

内螺纹的极限偏差可以根据内螺纹的公称直径和公差带代号，从表中查出。

③计算内螺纹的极限尺寸

由内螺纹的各基本尺寸及各极限偏差计算出极限尺寸。

2. 确定普通外螺纹的极限偏差

【例 5-3】　查表确定 M20×2—5g6g 螺纹各直径的极限尺寸。

解：本题用列表法将各计算值列在表 5-8 中。

①确定外螺纹大径 d、中径 d_2 和小径 d_1 的基本尺寸。

已知公称直径为螺纹大径的基本尺寸,即 $D=d=20$ mm。

外螺纹中径 d_2 和小径 d_1 可直接从表中查出。

②确定外螺纹的极限偏差

外螺纹的极限偏差可以根据外螺纹的公称直径和公差带代号,从表中查出。

③计算外螺纹的极限尺寸

由外螺纹的各基本尺寸及各极限偏差计算出极限尺寸。

表 5-8　　　　　　　　　　M20×2—6H/5g6g 螺纹副各直径的极限尺寸

名　称		内螺纹		外螺纹	
基本尺寸	大径	$D=d=20$			
	中径	$D_2=d_2=18.701$			
	小径	$D_1=d_1=17.835$			
极限偏差		ES	EI	es	ei
大径		—	0	−0.038	−0.318
中径		0.212	0	−0.038	−0.163
小径		0.375	0	−0.038	按牙底形状
极限尺寸		上极限尺寸	下极限尺寸	上极限尺寸	下极限尺寸
大径		—	20	19.962	19.682
中径		18.913	18.701	18.663	18.538
小径		18.210	17.835	17.797	牙底轮廓不超出 $H/8$ 削平线

03 检测普通螺纹

1. 使用螺纹量规检测

2. 普通外螺纹的单项检测

(1)测量外螺纹螺距;

(2)检测外螺纹的牙型角;

(3)分别使用螺纹千分尺及三针法测量外螺纹的中径。

04 完成课题(图 5-1)

1. 仔细分析零件图纸

2. 识读图纸及编程

(1)编程原点的确定

(2)确定工艺方案

（3）选择刀具及切削用量（表 5-9）

表 5-9　　　　　　　　　　　刀具及切削用量选择

序号	刀具名称	刀具号	刀补号	刀片或刀具规格	转速 S /(r·min⁻¹)	进给量 F /(mm·r⁻¹)
1						
2						
3						
4						

（4）编程部分（表 5-10）

表 5-10　　　　　　　　　　　程序表

程序段号	编程内容	程序说明

3.量具准备

（1）_____

（2）_____

（3）_____

（4）_____

05 零件的加工及测量(表 5-11)

表 5-11　　　　　　　　　　数控车床操作评分表

姓名		学校			准考证号			
零件名称	6	时间	110 min		起止时间		总分	
考核项目	考核内容及其要求	配分	评分标准		检测结果	扣分	得分	备注
1	编程、调试熟练程度	5	程序思路清晰,可读性强,模拟调试纠错能力强					
2	操作熟练程度	5	试切对刀、建立工件坐标系操作熟练					
3	M24×0.75	20	环规检测					
4	$\phi18^{+0.027}_{0}$	10	超差不得分					
5	$4^{+0.2}_{0}$	8	超差不得分					
6	$\phi38^{0}_{-0.039}$	10	超差不得分					
7	$\phi16^{+0.027}_{0}$	16	超差不得分					
8	20±0.01	6	超差不得分					
9	$R6^{0}_{-0.03}$	10	R 样板检测					
10	40±0.05	6	超差不得分					
11	8 处 Ra1.6	4	大于 Ra1.6 每处扣0.5分					
12	超时扣分		超时 5 min 扣 3 分,超时 10 min 停止考试					

06 分析加工结果,结合有关资料,进行总结(表 5-12)

表 5-12　　　　　　　　　　问题分析总结表

问　题	产生原因	预防方法
外形尺寸超差		
螺纹加工错误		
长度尺寸超差		

检　查

学生通过自查、互查对已完成的工作任务进行全面的检查。检查内容包括:
◆ 检查是否安全操作;
◆ 检查是否操作正确;
◆ 检查是否观察仔细;
◆ 检查是否能表达清楚工艺流程;
◆ 听取各小组根据任务展开的讨论情况是否良好,涉及内容是否完整,提出补充或修改建议;

◆ 检查各小组执行任务中的进展程度以及最后结果,必要时给予一定的指导,使实训顺利进行;

◆ 检查各小组"5S"管理执行情况。

评　　估

◆ 评价工作过程和成果的优、劣

(1)学生以小组为单位进行项目总结和评价(如果有需要,可以修改项目方案,重新完成项目),并进行工作任务相关知识点和技能点的总结,使学生建立积极的自我认知。最后各小组组织自评和互评,教师组织考核进行综合评价。

(2)根据现场各小组的讨论汇报情况、具体实施情况以及最后的结果给出客观评价并记录。

(3)根据现场各小组个人表现突出的组员进行评价表扬,对于实训中有问题的学生应给予指导和鼓励。

◆ 提出不足及改进意见

(1)学生提出不足及改进意见。

(2)教师总结不足及改进意见。

◆ 评价教学过程并提出建议(表5-13)

根据工作任务实施过程,学生、教师分别进行评价,并提出建议。

表 5-13　　　　　　　　　　　　考核评价表

项目名称				班 级		
项目小组				项目组长		
小组成员				实施时间		
评价类别	评价内容	评价标准	配分	个人自评	小组评价	教师评价
决策与策划	资料准备	参与资料收集、整理,自主学习	5			
	计划制订	能初步制订计划	5			
	小组分工	分工合理,协调有序	5			
实施	操作技术	见项目评分标准	40			
	问题探究	能实践中发现问题,并用理论知识解释实践中的问题	10			
	文明生产	服从管理,遵守5S标准	5			
拓展	知识迁移	能实现前后知识的迁移	5			
	应变能力	能举一反三,提出改进建议方案	5			
	创新程度	有创新建议提出	5			
态度	主动程度	主动性强	5			
	合作意识	能与同伴团结协作	5			
	严谨细致	认真仔细,不出差错	5			
	总 计		100			
教师评估及建议						

组合件(内、外螺纹)的加工

资 讯

01 课题描述与课题图

如图 6-1 所示工件,毛坯为 $\phi40$ mm×130 mm 的铝,试分析其加工工艺,编写数控车加工程序并进行加工。

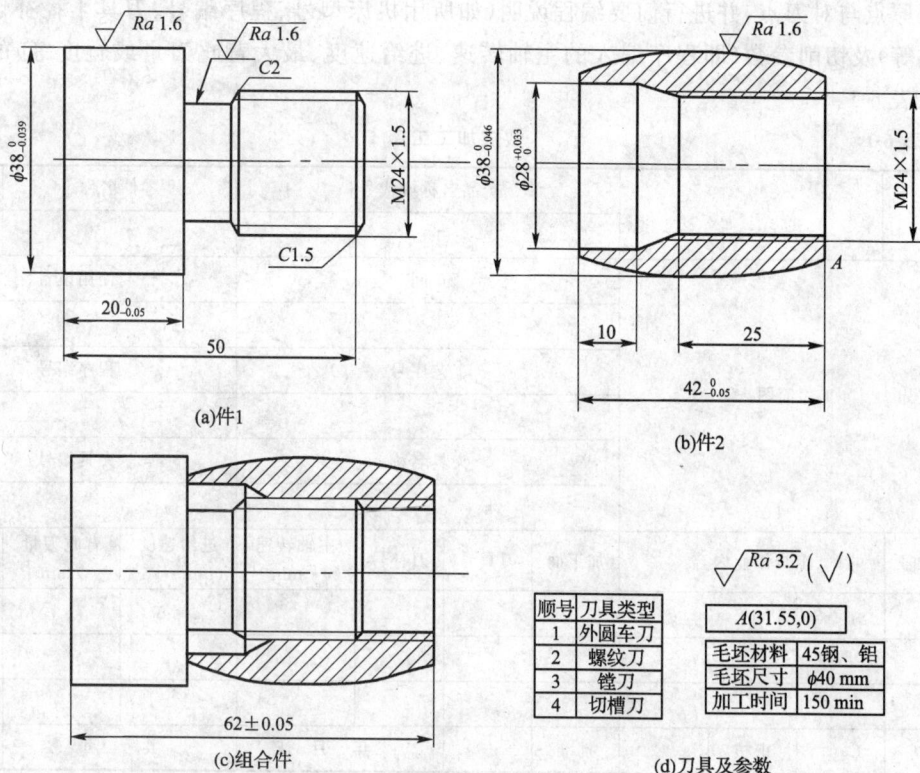

(a)件1

(b)件2

(c)组合件

顺号	刀具类型
1	外圆车刀
2	螺纹刀
3	镗刀
4	切槽刀

A(31.55,0)	
毛坯材料	45钢、铝
毛坯尺寸	$\phi40$ mm
加工时间	150 min

(d)刀具及参数

图 6-1 中级数控车床应会试题 18

02 数控加工工艺文件

填写数控加工专用技术文件是数控加工工艺设计的内容之一。这些技术文件既是数控加工和产品验收的依据,也是操作者遵守、执行的规程。技术文件是对数控加工的具体说明,目的是让操作者更明确加工程序的内容、装夹方式、各个加工部位所选用的刀具及其他技术问题。

数控加工技术文件主要有数控编程任务书、工件安装和原点设定卡、数控加工工序卡、数控加工走刀路线图、数控加工刀具卡等。以下提供了常用文件格式,文件格式可根据企业实际情况自行设计。

03 编制数控加工工序卡

数控加工工序卡与普通加工工序卡有许多相似之处,所不同的是,工序简图中应注明编程原点与对刀点,并进行简要编程说明(如所用机床型号、程序编号、刀具半径补偿、加工方式等)及切削参数(即程序编入的主轴转速、进给速度、最大背吃刀量或宽度等)的选择,详见表 6-1。

表 6-1 数控加工工序卡

单位		产品名称或代号		零件名称	零件图号
工序简图		车间		使用设备	
		工艺序号		程序编号	
		夹具名称		夹具编号	

工步号	工步作业内容	加工面	刀具号	刀补号	主轴转速 /(r·min^{-1})	进给速度 /(mm·r^{-1})	背吃刀量 /mm	备注

编制		审核		批准		年 月 日		共 页		第 页

04 编制数控加工刀具卡

数控加工刀具卡主要反映刀具名称、编号、规格、长度等内容。它是选择刀具、调整刀具的依据,详见表 6-2。

表 6-2   数控加工刀具卡

产品名称或代号		零件名称		零件图号	
序　号	刀具号	刀具规格或名称	数　量	加工表面	备　注
编　制		审　核	批　准	共　页	第　页

05　加工实例的工艺分析

1. 零件精度及加工方法分析

（1）组合精度分析

本例工件(图 6-1)是一个两件组合件。工件组合后,难以保证的组合尺寸精度主要有:长度尺寸 62 ± 0.05,螺纹配合松紧适中。

（2）加工方法分析

本例工件加工的难点在于保证各项精度。为此,在加工过程中应注意:在加工前要明确件 1 与件 2 各端面的加工次序,在确定加工次序时,要考虑各单件的加工精度、组合件的配合精度及工件加工过程中的装夹与校正等各方面因素。

2. 编程原点的确定

根据编程原点的确定原则,该工件的编程原点取在装夹后工件的右端面与主轴轴线相交的交点上。

3. 制订加工方案及加工路线

（1）选择数控机床及数控系统

根据工件的形状及加工要求,选用 CK6136 数控车床(后置式四工位刀架)进行本例工件的加工。数控系统选用 FANUC 0i-TD。

（2）制订加工方案与加工路线

件 1 与件 2 均采用一次装夹后完成粗、精加工的加工方案。

进行数控车削加工时,尽可能采用沿轴向切削的方式进行加工,以提高加工过程中工件与刀具的刚性。

4. 工件的定位、装夹与刀具的选用

（1）工件的定位及装夹

本例工件均采用三爪卡盘进行定位与装夹。

工件装夹时的夹紧力要适中,既要防止工件的变形与夹伤,又要防止工件在加工过程中产生松动。在装夹过程中,应对工件进行找正,以保证工件轴线与主轴轴线同轴。

（2）刀具及其材料的选用

加工过程中选用的刀具为:T01 为 93°(主偏角)外圆车刀;T02 为切槽刀,刀宽为 4 mm;T03 为三角形外螺纹车刀;T04 为内孔(盲孔)车刀;T05 为三角形内螺纹车刀。

以上车刀均选用机夹式可换刀片,刀具的刀片材料均选用硬质合金。

5.确定加工参数

(1)主轴转速(n)

用硬质合金刀具切削钢件时,切削速度 v 取 $80 \sim 220$ m/min,跟据公式 $n = 1000v/\pi d$ 及加工经验,并根据实际情况,确定加工过程中的主轴转速。但应注意在内孔加工、切槽加工及螺纹加工过程中,切削速度 v_c 应取较小值。

(2)进给速度(F)

粗加工时,为提高生产效率,在保证工件质量的前提下,可选择较高的进给速度,一般取 $0.1 \sim 0.3$ mm/r。当进行切槽、切断、车孔加工或采用高速钢刀具进行加工时,应选用较低的进给速度,一般在 $0.05 \sim 0.15$ mm/r 的范围内选取。

精加工的进给速度一般取粗加工进给速度的二分之一。

刀具空行程的进给速度一般取 G00 速度。

(3)背吃刀量(a_p)

背吃刀量根据机床与刀具的刚性及加工精度来确定,粗加工的背吃刀量一般取 $2 \sim 5$ mm(直径量),精加工的背吃刀量等于精加工余量,精加工余量一般取 $0.2 \sim 0.5$ mm(直径量)。

6.确定加工步骤

(1)件 1 加工步骤

①装夹工件并注意装夹长度,车端面;

②采用外圆粗、精车循环指令加工外形轮廓,保证尺寸 $\phi 38_{-0.039}^{0}$ mm、$20_{-0.05}^{0}$ mm 和螺纹大径处尺寸 $\phi 23.8$ mm;

③加工右端外螺纹,用止、通规检查螺纹精度;

④切断工件,保证零件总长;

⑤拆卸工件,并对工件去毛倒棱。

(2)件 2 加工步骤

①装夹工件并注意装夹长度,车端面;

②采用外圆粗、精车循环指令加工外形轮廓,保证尺寸 $\phi 38_{-0.046}^{0}$ mm、$42_{-0.05}^{0}$ mm;

③采用内孔粗、精车循环指令加工内轮廓,保证尺寸 $\phi 28_{0}^{+0.033}$ mm、内螺纹小径加工至 $\phi 22.5$ mm;

④加工内螺纹,并用止、通规检查螺纹精度;

⑤用件 1 与件 2 试配,并修正件 2 内螺纹,以保证各项配合精度;

⑥拆卸工件,去毛倒棱,自检自查各项加工精度。

决策与计划

学生制订计划,教师确认。

(1)各小组根据资讯获取的信息和教师的任务要求制订工作实施方案;

(2)各小组通过方案对比,作出决策和实施计划;

(3)教师对各小组实施计划进行确认。

学生:以分组形式自主完成决策与计划,项目计划应符合目标要求,同时必须考虑生产安全和环保要求。

教师:引导学生完成计划制订,在学生的决策过程中,给予实时的指导与评价,回答学生在制订计划中出现的问题,发挥咨询者和协调人的作用。

实　　施

■ 01 仔细分析零件图纸(图 6-1)

■ 02 识读图纸及编程

1. 编程原点的确定

_____

_____

2. 填写数控加工工序卡(表 6-3)

表 6-3　　　　　　　　　数控加工工序卡

单位		产品名称或代号		零件名称	零件图号
	工序简图	车间		使用设备	
		工艺序号		程序编号	
		夹具名称		夹具编号	

工步号	工步作业内容	加工面	刀具号	刀补号	主轴转速 /(r·min^{-1})	进给速度 /(mm·r^{-1})	背吃刀量 /mm	备注

| 编制 | | 审核 | | 批准 | | 年　月　日 | 共　页 | 第　页 |

3. 填写数控加工刀具卡（表 6-4）

表 6-4   数控加工刀具卡

产品名称或代号		零件名称		零件图号	
序 号	刀具号	刀具规格或名称	数 量	加工表面	备 注
编制		审 核	批 准	共 页	第 页

4. 编程部分（表 6-5）

表 6-5   程序表

程序段号	编程内容	程序说明

◼ 03 量具准备

1. _____

2. _____

3. _____

4. _____

04 零件的加工及测量(表 6-6)

表 6-6   数控车床操作评分表

姓名		学校		准考证号			
零件名称	18	时间	150 min	起止时间		总分	
考核项目	考核内容及其要求	配分	评分标准	检测结果	扣分	得分	备注
1	编程、调试熟练程度	5	程序思路清晰,可读性强,模拟调试纠错能力强				
2	操作熟练程度	5	试切对刀、建立工件坐标系操作熟练				
3	M24×1.5	13	环规检测				件1
4	$\phi28^{+0.033}_{0}$	12	超差不得分				
5	$\phi38^{0}_{-0.039}$	12	超差不得分				
6	$\phi38^{0}_{-0.046}$	10	超差不得分				
7	$42^{0}_{-0.05}$	8	超差不得分				
8	$20^{0}_{-0.05}$	8	超差不得分				
9	62 ± 0.05	6	超差不得分				组合件
10	M24×1.5	12	塞规检测				件2
11	3处 Ra1.6	3	大于 Ra1.6 每处扣1分				
12	Ra3.2	6	大于 Ra3.2 每处扣1分				
13	超时扣分		超时 5 min 扣 3 分,超时 10 min 停止考试				
	难度系数	1.3					

05 分析加工结果,结合有关资料,进行总结(表 6-7)

表 6-7   问题分析总结表

问 题	产生原因	预防方法
内、外螺纹无法旋合		
内、外螺纹间隙太大		
螺纹烂牙		

检 查

学生通过自查、互查对已完成的工作任务进行全面的检查。检查内容包括:

◆ 检查是否安全操作;

◆ 检查是否操作正确;

◆ 检查是否观察仔细;

◆ 检查是否能表达清楚工艺流程;

◆ 听取各小组根据任务展开的讨论情况是否良好,涉及内容是否完整,提出补充或修改建议;

◆ 检查各小组执行任务中的进展程度以及最后结果,必要时给予一定的指导,使实训顺利进行;

◆ 检查各小组"5S"管理执行情况。

评　估

◆ 评价工作过程和成果的优、劣

(1)学生以小组为单位进行项目总结和评价(如果有需要,可以修改项目方案,重新完成项目),并进行工作任务相关知识点和技能点的总结,使学生建立积极的自我认知。最后各小组组织自评和互评,教师组织考核进行综合评价。

(2)根据现场各小组的讨论汇报情况、具体实施情况以及最后的结果给出客观评价并记录。

(3)根据现场各小组个人表现突出的组员进行评价表扬,对于实训中有问题的学生应给予指导和鼓励。

◆ 提出不足及改进意见

(1)学生提出不足及改进意见。

(2)教师总结不足及改进意见。

◆ 评价教学过程并提出建议(表6-8)

根据工作任务实施过程,学生、教师分别进行评价,并提出建议。

表6-8　　　　　　　　　　考核评价表

项目名称				班级		
项目小组				项目组长		
小组成员				实施时间		
评价类别	评价内容	评价标准	配分	个人自评	小组评价	教师评价
决策与策划	资料准备	参与资料收集、整理,自主学习	5			
	计划制订	能初步制订计划	5			
	小组分工	分工合理,协调有序	5			
实施	操作技术	见项目评分标准	40			
	问题探究	能实践中发现问题,并用理论知识解释实践中的问题	10			
	文明生产	服从管理,遵守5S标准	5			
拓展	知识迁移	能实现前后知识的迁移	5			
	应变能力	能举一反三,提出改进建议方案	5			
	创新程度	有创新建议提出	5			
态度	主动程度	主动性强	5			
	合作意识	能与同伴团结协作	5			
	严谨细致	认真仔细,不出差错	5			
	总　计		100			
教师评估及建议						

资　　讯 ┄┄┄┄┄┄┄┄┄┄┄┄┄┄┄┄┄┄┄┄┄┄ ►

01　课题描述与课题图

如图 7-1 所示工件,毛坯为 $\phi 40$ mm×70 mm 的铝,试分析其加工工艺,编写数控车加工程序并进行加工。

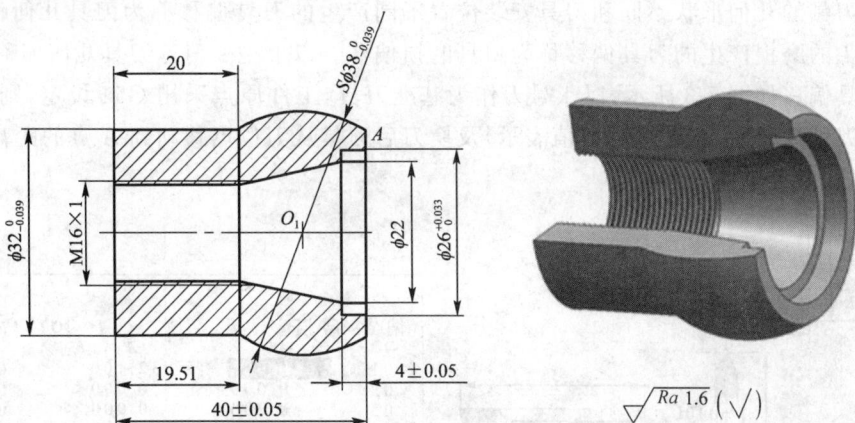

图 7-1　中级数控车床应会试题 8

02　刀具补偿功能

在数控编程过程中,为了编程人员编程方便,通常将数控刀具假想成一个点,该点称为刀位点。刀位点在加工和编制程序时,用于表示刀具特征,也是对刀和加工的基准点。

数控车床刀具的刀位点如图 7-2 所示,尖形数控车刀的刀位点通常是指刀具的刀尖;圆弧车刀的刀位点是指圆弧中心;成型车刀的刀位点通常也是指刀尖点。

在编程时,一般不考虑刀具的长度与刀尖圆弧半径,而只考虑刀位点与编程轨迹重合。

但在实际加工过程中,由于刀具长度与刀尖圆弧半径各不相同,在加工中势必造成很大的加工误差。因此,实际加工时必须通过刀具补偿指令,使数控机床根据实际使用的刀具尺寸,自动调整各坐标轴的移动量,确保实际加工轮廓和编程轨迹完全一致。数控机床的这种根据实际刀具尺寸,自动改变坐标轴位置,使实际加工轮廓和编程轨迹完全一致的功能,称为刀具补偿功能。

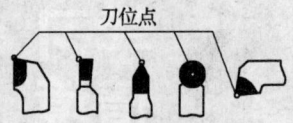

图7-2　数控车床刀具的刀位点

数控车床刀具补偿功能分刀具偏移(亦称为刀具长度补偿)功能和刀尖圆弧半径补偿(亦称为刀具半径补偿)功能两种。

03 刀具长度补偿功能

刀具偏移是用来补偿假定刀具长度与基准刀具长度之间差值的功能。数控车床系统规定 X 轴与 Z 轴可同时实现刀具偏移。

刀具偏移分为刀具几何偏移和刀具磨损偏移两种。

由刀具的几何形状不同和刀具安装位置不同产生的刀具偏移称为刀具几何偏移;而由刀具刀尖的磨损产生的刀具偏移称为刀具磨损偏移。以下主要讨论刀具几何偏移。

刀具偏移如图 7-3 所示,以 1 号刀作为基准刀具,工件原点采用 G54 设定,则其他刀具与基准刀具的长度差值(短用负值表示)及换刀后刀具从刀位点移动到 A 点的距离如图 7-4 所示。

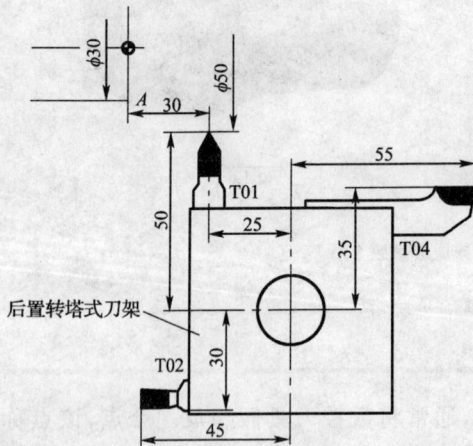

图 7-3　刀具偏移

图 7-4　FANUC 系统刀具几何偏移参数的设置

换上 2 号刀后,由于 2 号刀在 X 直径方向比基准刀具短 10 mm,而在 Z 方向比基准刀具长 5 mm,因此,与基准刀具相比,2 号刀的刀位点从换刀点移动到 A 点时,在 X 方向要多移动 10 mm,而在 Z 方向要少移动 5 mm。4 号刀移动距离计算与 2 号刀相类似。

FANUC 系统刀具几何偏移参数的设置如图 7-4 所示,如果要进行刀具磨损偏移设置,则只需按下软键[磨耗]即可进入相应的设置画面。

04 刀具半径补偿功能

1.不加刀尖圆弧半径补偿加工圆弧和圆锥误差分析

在理想状态下,我们总是将数控车床尖形刀具
的刀位点假想成一个点,该点即为假想刀尖(如图 7-5
中点 O'),在对刀时也是以假想刀尖进行对刀。但实
际加工中的车刀,由于工艺或其他要求,刀尖往往不
是一理想点,而是一段圆弧(如图 7-5 中 $\overset{\frown}{BC}$)。

所谓刀尖圆弧半径,是指车刀刀尖部分圆弧
所构成的假想圆的半径值(如图 7-5 中 R 值)。一
般车刀均有刀尖圆弧半径,假想刀尖在实际加工
中是不存在的。

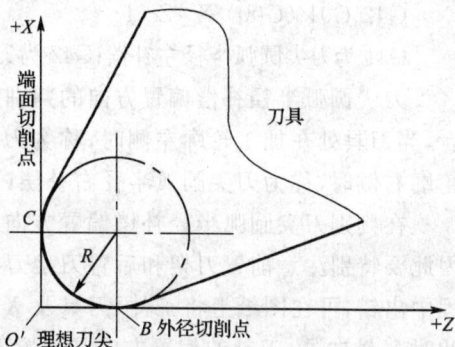

用圆弧刀尖外圆车刀切削加工时,圆弧车刀

图 7-5 假象刀尖示意图

的对刀点分别为 B 点和 C 点,形成的假想刀位点为 O' 点,但在实际加工过程中,刀具切削
点在刀尖圆弧上变动,从而在加工过程中会造成过切或欠切现象。因此,采用圆弧车刀在
不加刀尖圆弧半径补偿情况下加工工件会出现以下几种误差情况:

(1)加工台阶面或端面时,对加工表面的尺寸和形状影响不大,但在端面的中心位置和
台阶的清角位置会产生残留误差,如图 7-6(a)所示。

(2)加工圆锥面时,对圆锥的锥度不会产生影响,但对锥面的大小头尺寸会产生较大的
影响,通常情况下,会使外锥面的尺寸变大,而使内锥面的尺寸变小,如图 7-6(b)所示。

(3)加工圆弧时,会对圆弧的圆弧度和圆弧半径产生影响。加工外凸圆弧,会使加工后的
圆弧半径变小,其值=理论轮廓半径 R－刀尖圆弧半径 r,如图 7-6(c)所示。加工内凹圆弧时,
会使加工后的圆弧半径变大,其值=理论轮廓半径 R＋刀尖圆弧半径 r,如图 7-6(d)所示。

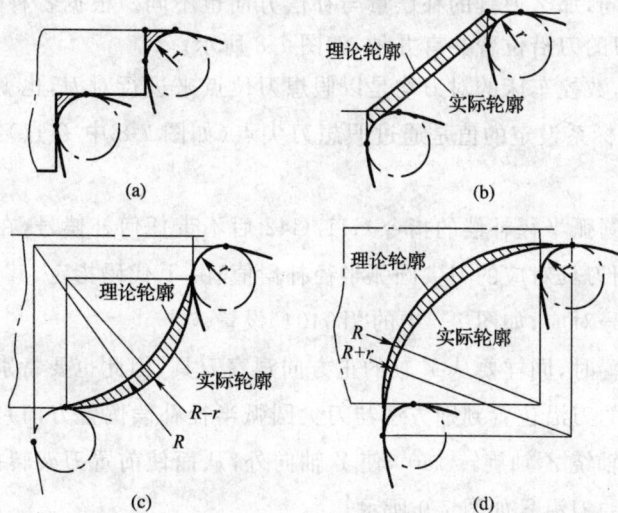

图 7-6 不加刀尖圆弧半径补偿的误差分析

2. 刀尖圆弧半径补偿指令（G40、G41、G42）

书写格式：

G40 G01（G00）X＿Z＿;

G41 G01（G00）X＿Z＿F＿;

G42 G01（G00）X＿Z＿F＿;

G41 为刀尖圆弧半径左补偿；G42 为刀尖圆弧半径右补偿；G40 为取消刀尖圆弧半径补偿。

刀尖圆弧半径补偿偏置方向的判别如图 7-7 所示，处在 Y 轴的正向，沿刀具的移动方向看，当刀具处在加工轮廓左侧时，称为刀尖圆弧半径左补偿，用 G41 表示；当刀具处在加工轮廓右侧时，称为刀尖圆弧半径右补偿，用 G42 表示。

在判别刀尖圆弧半径补偿偏置方向时，一定要从 Y 轴的正方向观察刀具所处的位置，因此要特别注意前置刀架和后置刀架刀补偏置方向的区别。对于前置刀架，为防止判别过程中出错，可在图纸上将工件、刀具及 X 轴同时绕 Z 轴旋转 180°后再进行偏置方向的判别，此时 Y 轴向外，刀补的偏置方向与后置刀架相同。

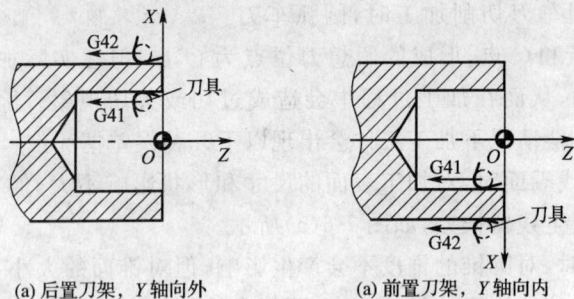

(a) 后置刀架，Y 轴向外　　(a) 前置刀架，Y 轴向内

图 7-7　刀尖圆弧半径补偿偏置方向的判别

3. 刀尖圆弧半径补偿中刀沿号的确定

数控车床采用刀尖圆弧半径补偿进行加工时，如果刀具的刀尖形状和切削时所摆的位置（即刀沿位置）不同，那么刀具的补偿量与补偿方向也不同。根据各种刀尖形状及刀尖位置的不同，数控车刀的刀沿位置共有九种，如图 7-8 所示。

除 9 号刀沿外，数控车床的对刀均是以假想刀位点来进行对刀，也就是说，在刀具偏移存储器中或 G54 坐标系设定的值是通过假想刀尖点（如图 7-8 中 P 点）对刀取得的机床坐标系绝对坐标值。

数控车床刀尖圆弧半径补偿的指令 G41/G42 后不带任何补偿号，在 FANUC 系统中，其补偿号（代表所用刀具对应的刀尖圆弧半径补偿值）由 T 代码指定，其刀尖圆弧半径补偿号与刀具偏置补偿号对应，如图 7-3 中的"T0404"设置。

在判别刀沿位置时，同样要从 Y 轴的正方向观察刀具，因此也要特别注意前、后置刀架的区别。前置刀架的刀沿位置判别方法与刀尖圆弧半径补偿偏置方向判别方法相类似，也可将刀具、工件、X 轴绕 Z 轴旋转 180°，使 Y 轴向外，从而使前置刀架转换成后置刀架来进行判别。常用车刀的刀沿号如图 7-9 所示。

后置刀架，Y轴向外　　　　　　　前置刀架，Y轴向内

P——假想刀尖点
S——刀沿圆心位置
r——刀尖圆弧半径

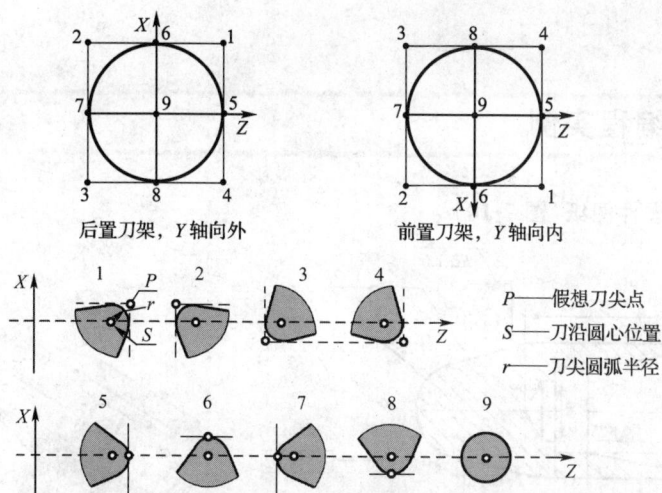

图 7-8   数控车刀的刀沿位置

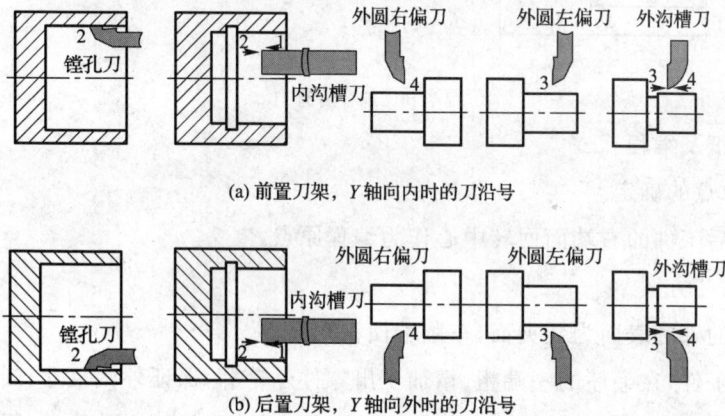

(a) 前置刀架，Y轴向内时的刀沿号

(b) 后置刀架，Y轴向外时的刀沿号

图 7-9   常用车刀的刀沿号

4. 刀尖圆弧半径补偿注意事项

(1)刀具半径补偿模式的建立与取消程序段只能在 G00 或 G01 移动指令模式下才有效。

(2)G41/G42 指令不带参数，其补偿号(代表所用刀具对应的刀尖圆弧半径补偿值)由 T 指令指定。该刀尖圆弧半径补偿号与刀具偏置补偿号对应。

(3)采用切线切入方式或法线切入方式建立或取消刀补。

(4)为了防止在刀具半径补偿建立与取消过程中刀具产生过切现象，在建立与取消补偿时，程序段的起始位置与终止位置最好与补偿方向在同一侧。

(5)在刀具半径补偿模式下，一般不允许存在连续两段以上的补偿平面非移动指令，否则刀具也会出现过切等危险动作。补偿平面非移动指令通常指：仅有 G、M、S、F、T 指令的程序段(如 G90、M05)及程序暂停程序段(G04 X10.0)

(6)在选择刀尖圆弧半径补偿偏置方向和刀沿位置时，要注意前置刀架和后置刀架的

区别。

05 编程实例

1. 仔细分析零件图纸(图7-10)

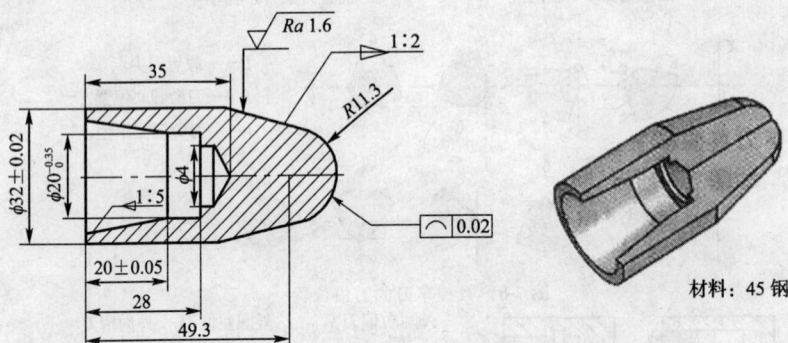

图7-10　综合实例11

2. 识读图纸及编程

(1)编程原点的确定

选择完成后工件的右端面回转中心作为编程原点。

(2)确定工艺方案

①以毛坯的外圆表面为装夹面,车削端面;

②不拆除工件,在毛坯的一端粗、精加工出零件外轮廓,保证外圆尺寸、圆弧尺寸;

③不拆除工件,直接用镗孔刀粗、精加工出零件内轮廓,保证内孔尺寸、圆弧尺寸;

④不拆除工件,直接用切断刀切断。

(3)选择刀具及切削用量(表7-1)

表 7-1　　　　　　　　　　　　　　刀具及切削用量选择

序号	刀具名称	刀具号	刀补号	刀片或刀具规格	转速 S /(r·min^{-1})	进给量 F /(mm·r^{-1})
1	粗车外圆车刀	T01	01	55°刀片	800	0.1
2	精车外圆车刀	T01	01	55°刀片	1000	0.05
3	粗镗镗孔刀	T03	03	55°刀片	800	0.1
4	精镗镗孔刀	T03	03	55°刀片	1000	0.05
5	切断刀	T04	04	刀宽4 mm	350	0.05

（4）程序编制（表7-2）

表 7-2   程序表

程序段号	编程内容	程序说明
	O0010；	程序名
	G00 X100 Z100 T0101；	刀具回换刀点、换1号外圆车刀,并加入刀补
	M08；	切削液开
	M03 S800；	主轴正转,转速 800 r/min
	G00 X42 Z2；	快速进刀
	G94 X−1 Z0 F0.1；	平端面
	G00 X100 Z100；	快速退刀
	G42 G00 X40 Z2；	进行刀具半径补偿（右补偿）
	G71 U2 R2；	外圆粗加工循环,给定相关的加工参数
	G71 P10 Q20 U0.4 F0.1；	粗加工外圆轮廓
N10	G01 X0；	
	Z0；	
	G03 X21.68 Z−8.04 R11.3；	
	G01 X32 Z−25.6；	
N20	Z−60.6；	
	G00 X100 Z100；	回换刀点
	M00；	程序暂停
	G00 X100 Z100 T0101；	刀具回换刀点、换1号外圆车刀,并加入刀补
	M03 S1000；	主轴正转,转速 1000 r/min
	G00 X42 Z2；	快速进刀
	G70 P120 Q170 F0.05；	精加工轮廓
	G00 X100 Z100；	回换刀点
	M00；	程序暂停
	G00 X100 Z100 T0404；	换4号刀,加入该刀具刀补
	S350；	主轴变速,350 r/min
	G00 X40 Z−64.8；	快速进刀至切断起点
	G01 X0 F0.08；	切断
	G00 X40；	退刀
	G00 X100 Z100；	回换刀点
	M00；	切削液关
	M30；	程序结束

✱ 决策与计划 ┄┄┄┄┄┄┄┄┄┄┄┄┄┄┄┄┄┄┄┄┄┄┄┄ ➤

学生制订计划,教师确认。

（1）各小组根据资讯获取的信息和教师的任务要求制订工作实施方案；

（2）各小组通过方案对比,作出决策和实施计划；

（3）教师对各小组实施计划进行确认。

学生:以分组形式自主完成决策与计划,项目计划应符合目标要求,同时必须考虑生产安全和环保要求。

教师:引导学生完成计划制订,在学生的决策过程中,给予实时的指导与评价,回答学生在制订计划中出现的问题,发挥咨询者和协调人的作用。

实　　施

01 仔细分析零件图纸(图 7-1)

02 识读图纸及编程

1. 编程原点的确定

_____

_____

2. 填写数控加工工序卡(表 7-3)

表 7-3　　　　　　　　　　　数控加工工序卡

单位		产品名称或代号		零件名称	零件图号
工序简图		车间		使用设备	
		工艺序号		程序编号	
		夹具名称		夹具编号	

工步号	工步作业内容	加工面	刀具号	刀补号	主轴转速 /(r·min⁻¹)	进给速度 /(mm·r⁻¹)	背吃刀量 /mm	备注
编制		审核		批准		年　月　日	共　　页	第　　页

3. 填写数控加工刀具卡(表 7-4)

表 7-4　　　　　　　　　　　数控加工刀具卡

产品名称或代号		零件名称		零件图号	
序　号	刀具号	刀具规格或名称	数　量	加工表面	备　注
编制		审核		批准	共　　页　　第　　页

4.编程部分(表 7-5)

表 7-5　　　　　　　　　　　　　程序表

程序段号	编程内容	程序说明

03 量具准备

1. _____
2. _____
3. _____
4. _____

04 零件的加工及测量(表 7-6)

表 7-6　　　　　　　　　　数控车床操作评分表

姓名		学校			准考证号				
零件名称	8	时间	100 min		起止时间			总分	
考核项目	考核内容及其要求	配分	评分标准		检测结果	扣分	得分	备注	
1	编程、调试熟练程度	5	程序思路清晰,可读性强,模拟调试纠错能力强						
2	操作熟练程度	5	试切对刀、建立工件坐标系操作熟练						
3	外形	20	样板检验						
4	$\phi32-^0_{0.039}$	10	超差不得分						
5	$S\phi38-^0_{0.039}$	15	超差不得分						
6	$\phi26+^{0.033}_0$	12	超差不得分						
7	4 ± 0.05	10	超差不得分						
8	M16×1	12	塞规检验						
9	40 ± 0.05	6	超差不得分						
10	$Ra1.6$	5	大于 $Ra1.6$ 每处扣 1 分						
11	超时扣分		超时 5 min 扣 3 分,超时 10 min 停止考试						
	难度系数	1.1							

05 分析加工结果,结合有关资料,进行总结(表 7-7)

表 7-7 问题分析总结表

问 题	产生原因	预防方法
零件"过切"		
零件"欠切"		

检 查

学生通过自查、互查对已完成的工作任务进行全面的检查。检查内容包括:

◆ 检查是否安全操作;

◆ 检查是否操作正确;

◆ 检查是否观察仔细;

◆ 检查是否能表达清楚工艺流程;

◆ 听取各小组根据任务展开的讨论情况是否良好,涉及内容是否完整,提出补充或修改建议;

◆ 检查各小组执行任务中的进展程度以及最后结果,必要时给予一定的指导,使实训顺利进行;

◆ 检查各小组"5S"管理执行情况。

评 估

◆ 评价工作过程和成果的优、劣

(1)学生以小组为单位进行项目总结和评价(如果有需要,可以修改项目方案,重新完成项目),并进行工作任务相关知识点和技能点的总结,使学生建立积极的自我认知。最后各小组组织自评和互评,教师组织考核进行综合评价。

(2)根据现场各小组的讨论汇报情况、具体实施情况以及最后的结果给出客观评价并记录。

(3)根据现场各小组个人表现突出的组员进行评价表扬,对于实训中有问题的学生应给予指导和鼓励。

◆ 提出不足及改进意见

(1)学生提出不足及改进意见。

(2)教师总结不足及改进意见。

◆ 评价教学过程并提出建议(表 7-8)

根据工作任务实施过程,学生、教师分别进行评价,并提出建议。

表 7-8　　　　　　　　　　　考核评价表

项目名称			班级		
项目小组			项目组长		
小组成员			实施时间		
评价类别	评价内容	评价标准	配分	个人自评	小组评价	教师评价
决策与策划	资料准备	参与资料收集、整理，自主学习	5			
	计划制订	能初步制订计划	5			
	小组分工	分工合理，协调有序	5			
实施	操作技术	见项目评分标准	40			
	问题探究	能实践中发现问题，并用理论知识解释实践中的问题	10			
	文明生产	服从管理，遵守 5S 标准	5			
拓展	知识迁移	能实现前后知识的迁移	5			
	应变能力	能举一反三，提出改进建议方案	5			
	创新程度	有创新建议提出	5			
态度	主动程度	主动性强	5			
	合作意识	能与同伴团结协作	5			
	严谨细致	认真仔细，不出差错	5			
	总　计		100			

教师评估及建议

资　讯

01 课题描述与课题图

如图 8-1 所示工件，毛坯为 $\phi40$ mm×140 mm 的铝，试分析其加工工艺，编写数控车加工程序并进行加工。

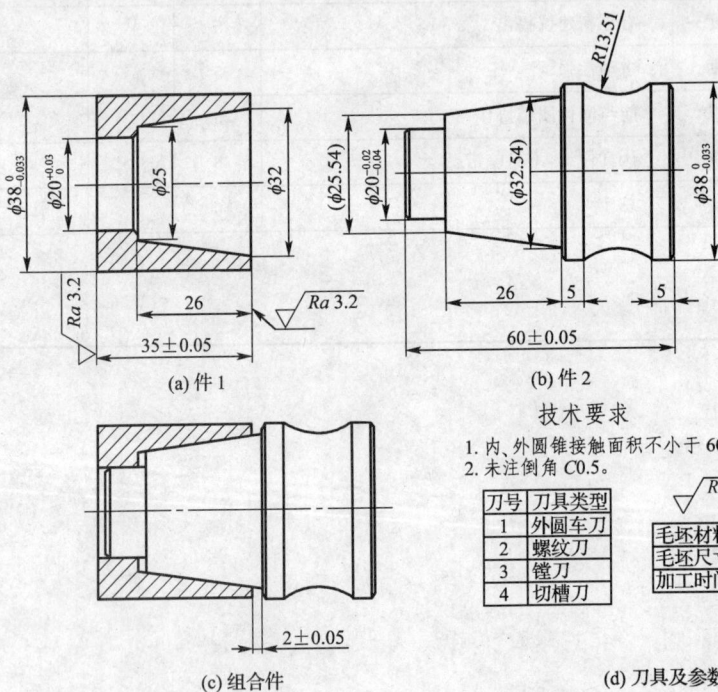

(a) 件 1

(b) 件 2

(c) 组合件

技术要求

1. 内、外圆锥接触面积不小于 60%。
2. 未注倒角 C0.5。

刀号	刀具类型
1	外圆车刀
2	螺纹刀
3	镗刀
4	切槽刀

毛坯材料	45 钢、铝
毛坯尺寸	$\phi40$
加工时间	180 min

$\sqrt{Ra\ 1.6}\ (\sqrt{\ })$

(d) 刀具及参数

图 8-1　中级数控车床应会试题 16

02　圆锥结合的特点

（1）间隙或过盈可以调整。通过内、外圆锥面的轴向位移，可以调整间隙或过盈来满足不同的工作要求，能补偿磨损，延长使用寿命。

（2）对中性好，即易保证配合的同轴度要求。由于间隙可以调整，因而可以消除间隙，实现内、外圆锥轴线的对中。而且容易拆卸，且经多次拆装不降低同轴度。

（3）圆锥结合具有较好的自锁性和密封性。

（4）结构复杂，影响互换性的参数比较多，加工和检验都比较困难，不适合于孔轴轴向相对位置要求较高的场合。

03　锥度

锥度是指圆锥的底面直径与锥体高度之比。如果是圆台，则为上、下两底圆的直径差与圆台高度之比。

04　圆锥配合

圆锥配合可通过内、外圆锥的相对轴向位置来调整间隙或过盈，得到不同的配合性质。因此，对圆锥配合，不但要给出相配件的直径，还要规定内、外圆锥相对轴向位置。

圆锥配合按确定内、外圆锥相对位置的方法不同，分为结构型圆锥配合（图 8-2）和位移型圆锥配合（图 8-3）。

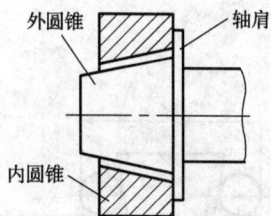

图 8-2　结构型圆锥配合（由轴肩接触确定最终位置）　　图 8-3　位移型圆锥配合（由结构尺寸确定最终位置）

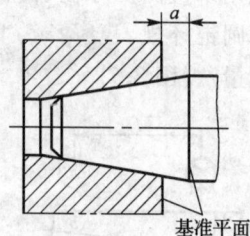

05　位移型圆锥配合特点

（1）可形成间隙配合、过盈配合，通常不用于形成过渡配合。

（2）其配合性质是由内、外圆锥的轴向位移量或装配力决定的。

（3）内、外圆锥的间隙可通过输入直径方向的刀具补偿间接得到保证（图 8-4）。

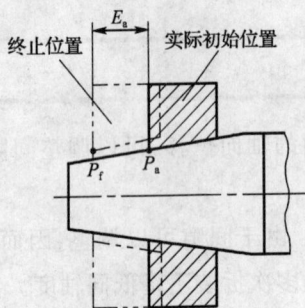

$$u = E_a \tan\alpha$$

式中 u——输入 X 向刀具补偿值；
  α——锥度；
  E_a——内、外圆锥的轴向位移量。

图 8-4 做一定轴向位移确定轴向位置

06 圆锥检测方法

圆锥的检测方法有量规检验法和间接测量法。

1. 量规检验法(图 8-5)

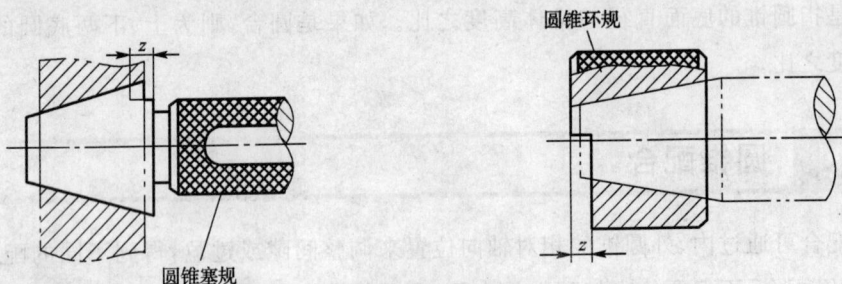

图 8-5 量规检验法

大批量生产条件下,圆锥的检验多用圆锥量规。

圆锥量规用来检测实际内、外圆锥工件的锥度和直径偏差。检验内圆锥用圆锥塞规,检验外圆锥用圆锥环规。

2. 间接测量法(图 8-6)

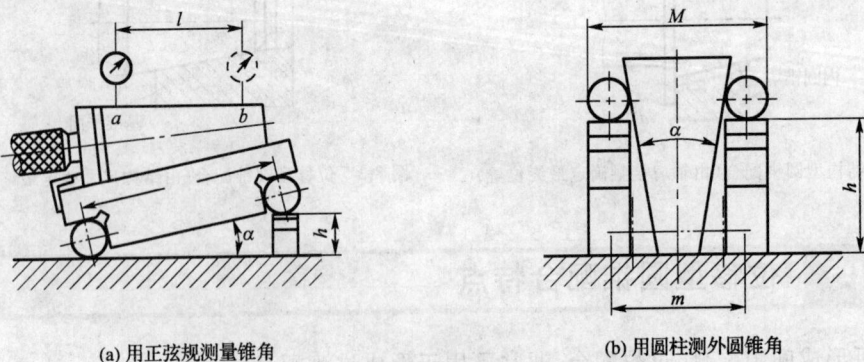

(a) 用正弦规测量锥角

(b) 用圆柱测外圆锥角

图 8-6 间接测量法

通过平板、量块、正弦规、指示计等常用计量器具组合,测量锥度或角度有关的尺寸,按几何关系换算出被测的锥度或角度。

决策与计划

学生制订计划,教师确认。

(1)各小组根据资讯获取的信息和教师的任务要求制订工作实施方案;

(2)各小组通过方案对比,作出决策和实施计划;

(3)教师对各小组实施计划进行确认。

学生:以分组形式自主完成决策与计划,项目计划应符合目标要求,同时必须考虑生产安全和环保要求。

教师:引导学生完成计划制订,在学生的决策过程中,给予实时的指导与评价,回答学生在制订计划中出现的问题,发挥咨询者和协调人的作用。

实　　施

■ 01 仔细分析零件图纸(图 8-1)

■ 02 识读图纸及编程

1. 编程原点的确定

_____

_____

2. 填写数控加工工序卡(表 8-1)

表 8-1　　　　　　　　　　数控加工工序卡

单位		产品名称或代号		零件名称		零件图号
工序简图		车间		使用设备		
		工艺序号		程序编号		
		夹具名称		夹具编号		

工步号	工步作业内容	加工面	刀具号	刀补号	主轴转速 /(r·min⁻¹)	进给速度 /(mm·r⁻¹)	背吃刀量 /mm	备注

（续表）

工步号	工步作业内容	加工面	刀具号	刀补量	主轴转速/(r·min⁻¹)	进给速度/(mm·r⁻¹)	背吃刀量/mm	备注
编制		审核		批准		年　月　日	共　页	第　页

3. 填写数控加工刀具卡（表 8-2）

表 8-2　　　　　　　　数控加工刀具卡

产品名称或代号		零件名称		零件图号		
序　号	刀具号	刀具规格或名称		数　量	加工表面	备注
编制		审核		批准		共　页　第　页

4. 编程部分（表 8-3）

表 8-3　　　　　　　　　　程序表

程序段号	编程内容	程序说明

■ 03 量具准备

1. _____

2. _____

3. _____

4. _____

■ 04 零件的加工及测量(表 8-4)

表 8-4　　　　　　　　　数控车床操作评分表

姓名		学校		准考证号			
零件名称	16	时间	180 min	起止时间		总分	
考核项目	考核内容及其要求	配分	评分标准	检测结果	扣分	得分	备注
1	编程、调试熟练程度	5	程序思路清晰,可读性强,模拟调试纠错能力强				
2	操作熟练程度	5	试切对刀、建立工件坐标系操作熟练				
3	$\phi 38_{-0.033}^{0}$	10	超差不得分				件 1
4	$\phi 38_{-0.033}^{0}$	10	超差不得分				件 2
5	$\phi 20_{-0.04}^{-0.02}$	10	超差不得分				
6	$\phi 20_{0}^{+0.03}$	10	超差不得分				
7	35 ± 0.05	10	超差不得分				
8	60 ± 0.05	10	超差不得分				
9	2 ± 0.05(配)	8	超差不得分				
10	圆锥面配合	12	低于 60% 扣 6 分,低于 50% 不得分				
11	$Ra1.6$	8	大于 $Ra1.6$ 每处扣 1 分				
12	2 处 $Ra3.2$	2	大于 $Ra3.2$ 每处扣 1 分				
13	超时扣分		超时 5 min 扣 3 分,超时 10 min 停止考试				
	难度系数	1.3					

■ 05 分析加工结果,结合有关资料,进行总结(表 8-5)

表 8-5　　　　　　　　　　　　　　　问题分析总结表

问 题	产生原因	预防方法
间隙尺寸不对		
内、外圆锥无法配合		

检　　查

学生通过自查、互查对已完成的工作任务进行全面的检查。检查内容包括:

◆ 检查是否安全操作;

◆ 检查是否操作正确;

◆ 检查是否观察仔细;

◆ 检查是否能表达清楚工艺流程;

◆ 听取各小组根据任务展开的讨论情况是否良好,涉及内容是否完整,提出补充或修改建议;

◆ 检查各小组执行任务中的进展程度以及最后结果,必要时给予一定的指导,使实训顺利进行;

◆ 检查各小组"5S"管理执行情况。

评　　估

◆ 评价工作过程和成果的优、劣

(1)学生以小组为单位进行项目总结和评价(如果有需要,可以修改项目方案,重新完成项目),并进行工作任务相关知识点和技能点的总结,使学生建立积极的自我认知。最后各小组组织自评和互评,教师组织考核进行综合评价。

(2)根据现场各小组的讨论汇报情况、具体实施情况以及最后的结果给出客观评价并记录。

(3)根据现场各小组个人表现突出的组员进行评价表扬,对于实训中有问题的学生应给予指导和鼓励。

◆ 提出不足及改进意见

(1)学生提出不足及改进意见。

(2)教师总结不足及改进意见。

◆ 评价教学过程并提出建议(表 8-6)

根据工作任务实施过程,学生、教师分别进行评价,并提出建议。

表 8-6　　　　　　　　　　　　　　考核评价表

项目名称					班　级		
项目小组					项目组长		
小组成员					实施时间		
评价类别	评价内容	评价标准		配分	个人自评	小组评价	教师评价
决策与策划	资料准备	参与资料收集、整理,自主学习		5			
	计划制订	能初步制订计划		5			
	小组分工	分工合理,协调有序		5			
实施	操作技术	见项目评分标准		40			
	问题探究	能实践中发现问题,并用理论知识解释实践中的问题		10			
	文明生产	服从管理,遵守 5S 标准		5			
拓展	知识迁移	能实现前后知识的迁移		5			
	应变能力	能举一反三,提出改进建议方案		5			
	创新程度	有创新建议提出		5			
态度	主动程度	主动性强					
	合作意识	能与同伴团结协作		5			
	严谨细致	认真仔细,不出差错		5			
		总　计		100			
教师评估及建议							

椭圆的加工

子学习情境 1　椭圆标准方程的应用

资　讯

01　课题描述与课题图

如图 9-1 所示工件,毛坯为 $\phi50$ mm×100 mm 的铝,试分析其加工工艺,编写数控车加工程序并进行加工。

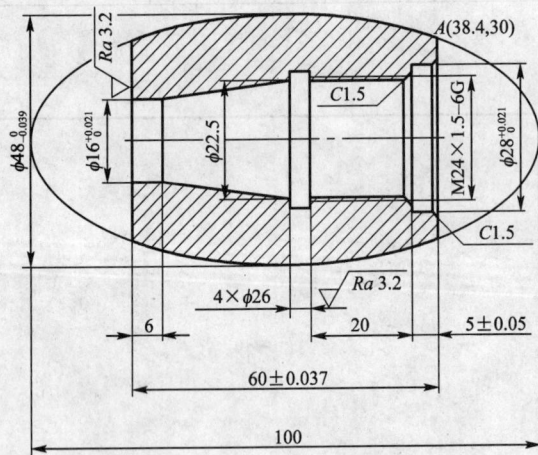

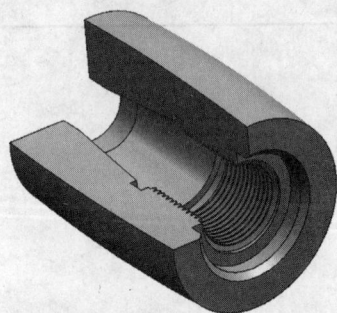

图 9-1　高级数控车床应会试题 1

02　椭圆程序的编制原理

数控车床加工对象为各种类型的回转面,其中对于圆柱面、锥面、圆弧面、球面等的加工,可以利用直线插补和圆弧插补指令完成,而对于椭圆等一些非圆曲线构成的回转体,加工起来具有一定的难度。在数控车床上对椭圆的加工大多采用小段直线或者小段圆弧逼近的方法来编制椭圆加工程序。

数控系统的控制软件,一般由初始化模块、输入数据处理模块、插补运算处理模块、速度控制模块、系统管理模块和诊断模块组成。其中插补运算处理模块的作用是依据程序中给定轮廓的起点、终点等数值对起点、终点之间的坐标点进行数据密化,然后由控制软件依据数据密化得到的坐标点值驱动刀具依次逼近理想轨迹线的方式来移动,从而完成整个零件的加工。

依据数据密化的原理,我们可以根据曲线方程,利用数控系统具备的宏程序功能,密集地算出曲线上的坐标点值,然后驱动刀具沿着这些坐标点一步步移动,就能加工出具有椭圆、抛物线等非圆曲线轮廓的工件。

03　宏程序的定义

所谓宏程序,即用户宏程序的简称,是 FANUC 数控系统及类似产品中的特殊编程功能。该功能的含义是把一组采用变量和演算式的命令所构成的某一功能,如同子程序一样,记录在数控装置的存储器中,其记录的这组命令(又称为用户宏程序体)就是宏程序。它可以用一个特定的指令代码(如 P××××)来代表,通过呼出用户程序指令(如 G65××××)即可调用这一功能。

随着数控系统的不断更新,宏指令应用越来越广泛。以日本 FANUC 0i 系统为例,该系统使用 B 类宏指令,在 0 系列的早期版本中,曾使用 A 类宏指令,主要特征为使用 G65 代码为宏指令专用代码,包括宏变量的赋值、运算、条件调用等。B 类宏指令功能相对 A 类而言,其功能更强大,编程更直观。在 FANUC 0i 系统的固定循环指令中,毛坯切削循环 G71指令内部不能采用宏程序进行编程,而平行轮廓切削循环 G73 指令内部可以使用宏程序进行编程。

04　变量的概念

1. 变量的表示

FANUC 系统的变量由符号 ♯ 和变量序号组成,如:♯I(I=1,2,3……,例如 ♯100、♯500、♯5 等)。将跟随在地址符后的数值用变量来代替的过程称为引用变量,例如"G01 X♯100 Z－♯101 F♯102;",当 ♯100＝100.0、♯101＝50.0、♯102＝80 时,上式即表示为"G01 X100.0 Z－50.0 F80;"。当用表达式指定变量时,要把表达式放在括号中,例如"G01 X[♯1＋♯2] F♯3"。

2.变量类型和功能

变量分为局部变量、公共变量(全局变量)和系统变量三种。

局部变量(♯1~♯33)是在宏程序中局部使用的变量,局部变量只能用在宏程序中存储数据,例如运算结果。当断电时,局部变量被初始化为空。调用宏程序时,自变量对局部变量赋值。当宏程序 P 调用宏程序 Q 而且都有变量♯1 时,由于变量♯1 服务于不同的局部,所以 P 中的♯1 与 Q 中的♯1 不是同一个变量,因此可以赋予不同的值,且互不影响。

公共变量(♯100~♯149、♯500~♯549)贯穿于整个程序过程,公共变量在不同的宏程序中的意义相同。当断电时,变量♯100~♯149 初始化为空.变量♯500~♯549 的数据保存,即使断电也不丢失。同样当宏程序 M、调用宏程序 N 都有变量♯100 时,由于♯100是全局变量,所以 M 中的♯100 与 N 中的♯100 是同一个变量。

系统变量是指有固定用途的变量,它的值决定系统的状态。系统变量包括刀具偏置值变量、接口输入与接口输出信号变量及位置信号变量等。宏程序编程中通常使用局部变量和公共变量。

05 运算指令

1.定义

♯i=♯j

2.算术运算

♯i=♯j+♯k

♯i=♯j-♯k

♯i=♯j＊♯k

♯i=♯j/♯k

3.逻辑运算

♯i=♯jOK♯k

♯i=♯jXOK♯k

♯i=♯jAND♯k

4.函数

♯i=SIN[♯j]   正弦

♯i=COS[♯j]   余弦

♯i=TAN[♯j]   正切

♯i=ATAN[♯j]   反正切

♯i=SQRT[♯j]   平方根

♯i=ABS[♯j]   绝对值

♯i=ROUND[♯j]   四舍五入化整

♯i=FIX[♯j]   下取整

♯i=FUP[♯j]   上取整

♯i=BIN[♯j]   BCD→BIN(二进制)

♯i=BCD[♯j]   BIN→BCD

06　转移与循环指令

1. 无条件的转移

格式：GOTO n；

2. 条件转移

格式：IF[＜条件式＞] GOTO n；

条件式：#jEQ#k　　表示　#j＝#k

　　　　#jNE#k　　表示　#j≠#k

　　　　#jGT#k　　表示　#j＞#k

　　　　#jLT#k　　表示　#j＜#k

　　　　#jGE#k　　表示　#j≥#k

　　　　#jLE#k　　表示　#j≤#k

3. 循环

格式：WHILE[＜条件式＞] DO m；（m＝1,2,3……）

　　...

　　END m；

4. 说明

条件为 EQ、NE 时，空和"0"不同；其他条件下，空和"0"相同。

07　椭圆的标准方程的编程

1. 椭圆的标准方程

椭圆的标准方程为

$$\frac{X^2}{a^2}+\frac{Y^2}{b^2}=1$$

如图 9-2 所示，a 为椭圆的长半轴，b 为椭圆的短半轴。

使用椭圆标准方程的充要条件是：

（1）椭圆的对称中心与坐标原点重合；

（2）椭圆的对称轴与坐标轴重合。

若椭圆的对称中心与坐标原点不重合，对称轴与坐标轴平行，如图 9-3 所示，在坐标系中，椭圆的对称中心 O' 坐标为 (X_0, Y_0)，这时椭圆方程应转变为

$$\frac{(X-X_0)^2}{a^2}+\frac{(Y-Y_0)^2}{b^2}=1$$

式中　X_0——椭圆中心在坐标系中的 Z 坐标；

　　　Y_0——椭圆中心在坐标系中的 X 坐标。

2. 标准方程的转化

因为标准方程中的坐标是数学坐标，要应用到数控车床上，必须要转化到工件坐标系中。

如图 9-4 所示，长半轴对应的是 Z 轴，短半轴对应的是 X 轴。因此得到转化后的椭圆

标准方程为

$$\frac{Z^2}{a^2}+\frac{X^2}{b^2}=1$$

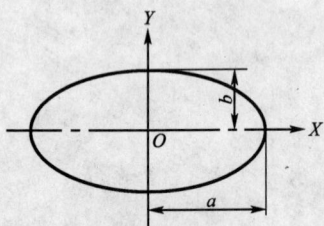

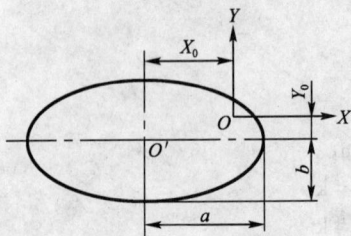

图 9-2　标准椭圆　　　　图 9-3　椭圆偏移　　　　图 9-4　椭圆的数控车床坐标系

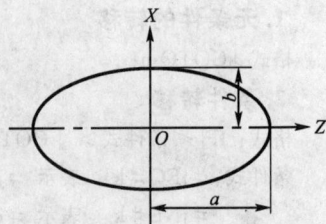

3. 求值公式推导

利用转化后的公式推导出坐标计算公式。分别为

$$Z=\pm\frac{a}{b}\sqrt{b^2-X^2}$$

$$X=\pm\frac{b}{a}\sqrt{a^2-Z^2}$$

08　编程实例

1. 仔细分析零件图纸

(1)工件坐标原点与椭圆中心重合(图 9-5)

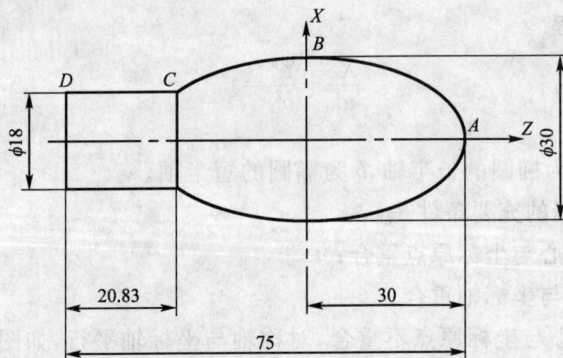

图 9-5　综合实例 12

(2)识读图纸及编程

①编程原点的确定

选择完成后工件的椭圆中心作为编程原点。

②确定工艺方案

● 以毛坯的外圆表面为装夹面,车削端面;

● 粗、精加工出零件轮廓,保证外轮廓尺寸;

● 用切断刀切断工件,保证零件总长。

③选择刀具及切削用量(表 9-1)

表 9-1　　　　　　　　　　　刀具及切削用量选择

序号	刀具名称	刀具号	刀补号	刀片或刀具规格	转速 S /(r·min^{-1})	进给量 F /(mm·r^{-1})
1	粗车外圆车刀	T01	01	55°刀片	800	0.1
2	精车外圆车刀	T01	01	55°刀片	1000	0.05
3	切断刀	T04	04	刀宽 4 mm	350	0.05

④编程部分(表 9-2)

表 9-2　　　　　　　　　　　程序表

程序段号	编程内容	程序说明
N70	O0011;	程序名
	M03 S800;	主轴以 800 r/min 正转
	T0101 M8;	调用 1 号刀,切削液开
	G00 X100 Z100;	快速定位到换刀点
	G00 X45 Z35;	快速定位到粗加工循环起点
	G73 U10 W0 R10;	固定形状外径粗车循环
	G73 P70 Q180 U2 W0 F0.1;	
	G00 X0;	循环加工起始程序段
	G01 Z30;	加工至 A 点
	#1=30;	定义椭圆 Z 向起点
	#2=30;	定义椭圆长半轴
	#3=15;	定义椭圆短半轴
	#4=#3/#2*SQRT[#2*#2-#1*#1]	计算各插补点 X 值,$X=\dfrac{b}{a}\sqrt{a^2-Z^2}$
	G01 X[2 * #4] Z[#1];	
N180	#1=#1-0.1;	步距0.1,即 Z 值递减量为0.1
	IF[#1 GE -24.17] GOTO130;	条件判断
	G01 Z-45;	加工圆柱面从 C 点至 D 点
	G01 X40;	退刀
	G70 P70 Q180 F0.05;	工件精加工循环
	G00 X100 Z100;	回换刀点
	M05 M09;	主轴停止及切削液关
	G00 X100 Z100 T0404;	刀具回换刀点,换 4 号刀,加入该刀具刀补
	M03 S350;	主轴正转,转速 350 r/min
	G00 X42 Z-49;	刀宽为 4 mm
	G01 X-1 Z-49 F0.05;	零件切断
	G00 X100 Z100;	回换刀点
	M05;	主轴停转
	M02;	程序结束

2. 数控车床编程原点与椭圆中心不重合(图 9-6)

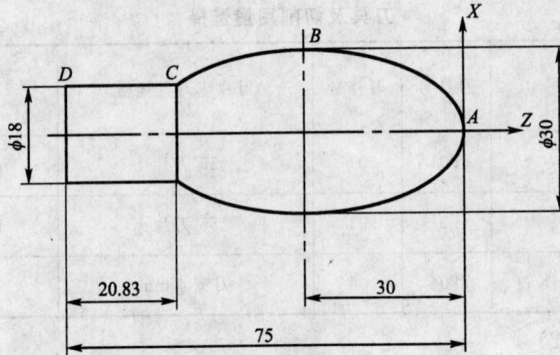

图 9-6　综合实例 13

(1)工艺分析

①编程原点的确定

选择完成后工件右端面的圆心作为编程原点。

②公式转变

由于坐标原点由椭圆中心移至工件右端面的圆心,因此,椭圆标准方程相应发生了转变,即

$$\frac{(Z-Z_0)^2}{a^2}+\frac{(X-X_0)^2}{b^2}=1$$

式中　Z_0——椭圆中心在坐标系中的 Z 坐标,此例中为 -30;

　　　X_0——椭圆中心在坐标系中的 X 坐标,此例中为 0。

可推导出计算公式

$$X=\pm b\sqrt{1-(Z-Z_0)^2/a^2}+X_0$$

(2)程序编制(表 9-3)

表 9-3　　　　　　　　　　　　程序表

程序段号	编程内容	程序说明
N10	O0012; …… G73 U10 W0 R10;- G73 P70 Q180 U2 W0 F0.1;	
N20	G00 X0; G01 Z0;	
N70	#1=0; #2=30; #3=15; #5=-30; #4=#3*SQRT[1-[#1-#5]*[#1-#5]/[#2*#2]]; #4=#4*2; G01 X[#4] Z[#1] F0.15; #1=#1-0.1; IF[#1GT-54.17] GOTO70; G01 Z-75; ……	用#1指定 Z 向起点值 用#2指定椭圆长半轴 用#3指定椭圆短半轴 Z 向偏距

决策与计划

学生制订计划,教师确认。

(1)各小组根据资讯获取的信息和教师的任务要求制订工作实施方案;

(2)各小组通过方案对比,作出决策和实施计划;

(3)教师对各小组实施计划进行确认。

学生:以分组形式自主完成决策与计划,项目计划应符合目标要求,同时必须考虑生产安全和环保要求。

教师:引导学生完成计划制订,在学生的决策过程中,给予实时的指导与评价,回答学生在制订计划中出现的问题,发挥咨询者和协调人的作用。

实　施

■ **01 仔细分析零件图纸(图9-1)**

■ **02 识读图纸及编程**

1.编程原点的确定

_____

_____

2.确定工艺方案

_____

_____

_____

_____

_____

3.选择刀具及切削用量(表9-4)

表 9-4　　　　　　　　　　刀具及切削用量选择

序号	刀具名称	刀具号	刀补号	刀片或刀具规格	转速 S /(r·min^{-1})	进给量 F /(mm·r^{-1})
1						
2						
3						
4						
5						
6						

4.编程部分(表 9-5)

表 9-5　　　　　　　　　　　　　　　　　程序表

程序段号	编程内容	程序说明

03 量具准备

1. _____

2. _____

3. _____

4. _____

04 零件的加工及测量(表 9-6)

表 9-6　　　　　　　　　　　　　数控车床操作评分表

姓名			学校			准考证号				
零件名称	1		时间	100 min		起止时间			总分	
考核项目	考核内容及其要求		配分	评分标准		检测结果	扣分	得分	备注	
1	编程、调试熟练程度		10	程序思路清晰,可读性强,模拟调试纠错能力强					精加工程序只允许一次	
2	椭圆外形		18	样板检测,最大间隙≤0.06						
3	粗糙度要求	$Ra1.6$	6	粗糙度 Ra 大于 1.6 不得分					6 处每处 1 分	
		$Ra3.2$	2	粗糙度 Ra 大于 3.2 不得分					2 处每处 1 分	
4	直径 16		10	超差 0.01 扣 6 分						
5	直径 28		10	超差 0.01 扣 6 分						
6	直径 48		12	超差 0.01 扣 8 分						

（续表）

考核项目	考核内容及其要求	配分	评分标准	检测结果	扣分	得分	备注
7	长度 5	8	超差不得分				
8	长度 60	8	超差不得分				
9	M24 螺纹	16	用螺纹塞规检验,止端进不得分				
10	倒角		一处没有扣 1 分				总分扣完为止
11	自由公差尺寸		每超差一处扣 1 分				总分扣完为止
12	超时扣分		每超 5 min 扣 5 分				

05 分析加工结果,结合有关资料,进行总结(表 9-7)

表 9-7　　　　　　　　　　　　问题分析总结表

问题	产生原因	预防方法
椭圆外形超差		
椭圆直径超差		
工件总长超差		

检　　查

学生通过自查、互查对已完成的工作任务进行全面的检查。检查内容包括:

◆ 检查是否安全操作;

◆ 检查是否操作正确;

◆ 检查是否观察仔细;

◆ 检查是否能表达清楚工艺流程;

◆ 听取各小组根据任务展开的讨论情况是否良好,涉及内容是否完整,提出补充或修改建议;

◆ 检查各小组执行任务中的进展程度以及最后结果,必要时给予一定的指导,使实训顺利进行;

◆ 检查各小组"5S"管理执行情况。

评 估

◆ 评价工作过程和成果的优、劣

（1）学生以小组为单位进行项目总结和评价（如果有需要，可以修改项目方案，重新完成项目），并进行工作任务相关知识点和技能点的总结，使学生建立积极的自我认知。最后各小组组织自评和互评，教师组织考核进行综合评价。

（2）根据现场各小组的讨论汇报情况、具体实施情况以及最后的结果给出客观评价并记录。

（3）根据现场各小组个人表现突出的组员进行评价表扬，对于实训中有问题的学生应给予指导和鼓励。

◆ 提出不足及改进意见

（1）学生提出不足及改进意见。

（2）教师总结不足及改进意见。

◆ 评价教学过程并提出建议（表9-8）

根据工作任务实施过程，学生、教师分别进行评价，并提出建议。

表9-8 考核评价表

项目名称				班 级			
项目小组				项目组长			
小组成员				实施时间			
评价类别	评价内容	评价标准		配分	个人自评	小组评价	教师评价
决策与策划	资料准备	参与资料收集、整理，自主学习		5			
	计划制订	能初步制订计划		5			
	小组分工	分工合理，协调有序		5			
实施	操作技术	见项目评分标准		40			
	问题探究	能实践中发现问题，并用理论知识解释实践中的问题		10			
	文明生产	服从管理，遵守 5S 标准		5			
拓展	知识迁移	能实现前后知识的迁移		5			
	应变能力	能举一反三，提出改进建议方案		5			
	创新程度	有创新建议提出		5			
态度	主动程度	主动性强		5			
	合作意识	能与同伴团结协作		5			
	严谨细致	认真仔细，不出差错		5			
		总 计		100			
教师评估及建议							

子学习情境 2　椭圆参数方程的应用

资　讯

01　课题描述与课题图

如图 9-7 所示工件,毛坯为 $\phi50$ mm×100 mm 的铝,试分析其加工工艺,编写数控车加工程序并进行加工。

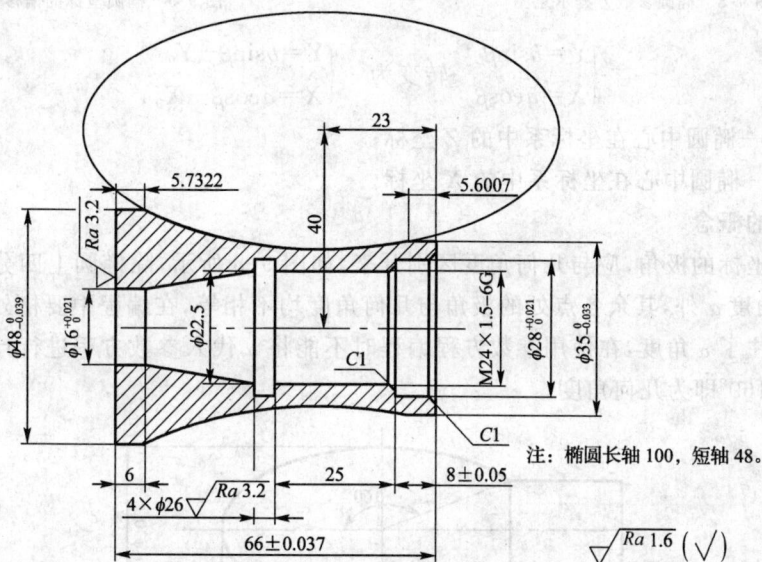

注:椭圆长轴 100,短轴 48。

$$\sqrt{}^{Ra\,1.6}\ (\sqrt{})$$

图 9-7　高级数控车床应会试题 2

02　椭圆的参数方程的编程

1. 椭圆的参数方程

椭圆的参数方程为

$$\begin{cases} X = a\cos\beta \\ Y = b\sin\beta \end{cases}$$

式中,a 为长半轴,b 为短半轴。也就是椭圆除了用标准方程来表示外,还可以用极坐标来表示,如图 9-8 所示,β 为极角。

使用椭圆参数方程的充要条件与标准方程相同,即:

(1)椭圆的对称中心与坐标原点重合;

(2)椭圆的对称轴与坐标轴重合。

如果坐标原点与椭圆中心不重合(图 9-9),这时需要将椭圆参数方程

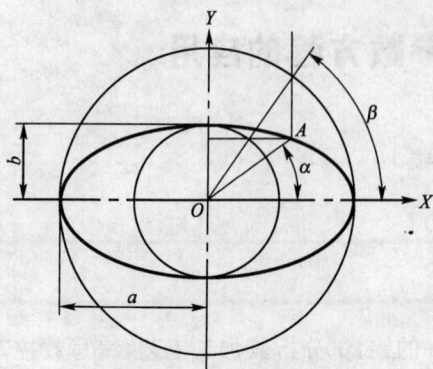

图 9-8　椭圆参数方程示意图　　　　　图 9-9　椭圆坐标的偏移

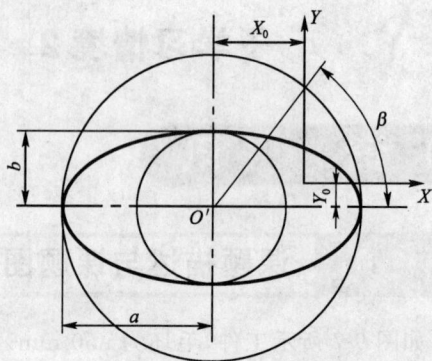

$$\begin{cases} Y = b\sin\beta \\ X = a\cos\beta \end{cases} \quad 转变为 \quad \begin{cases} Y = b\sin\beta - Y_0 \\ X = a\cos\beta - X_0 \end{cases}$$

式中　X_0——椭圆中心在坐标系中的 Z 坐标；

　　　Y_0——椭圆中心在坐标系中的 X 坐标。

2. 极角的概念

对于极坐标的极角,应与几何角度区别开来,如图 9-8 所示,除椭圆上四分点处的极角 β 等于几何角度 α 外,其余各点处的极角与几何角度均不相等,在编程中要格外注意。如果在图中只标注了 α 角度,在使用参数方程编程时不能将 α 代入参数方程进行计算。如实例图9-10中的 160°即为几何角度。

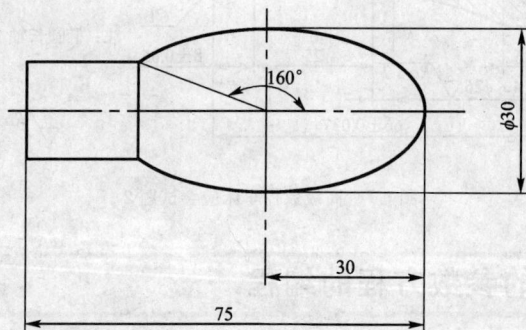

图 9-10　椭圆的几何角度

3. 方程坐标的转化

同样,因为参数方程中的坐标是数学坐标,要应用到数控车床上,必须要转化到工件坐标系中,即得到

$$X = b\sin\beta \quad Z = a\cos\beta$$

式中 β 为极角。

4. 求极角 β

如图 9-11 所示,利用已知的椭圆上点的坐标(M 点),以及长半轴 a 和短半轴 b 的数值,根据参数方程,反向计算出极角 β,公式为

$$\beta = \sin^{-1}(X_M/b)$$

或

$$\beta = \cos^{-1}(Z_M/a)$$

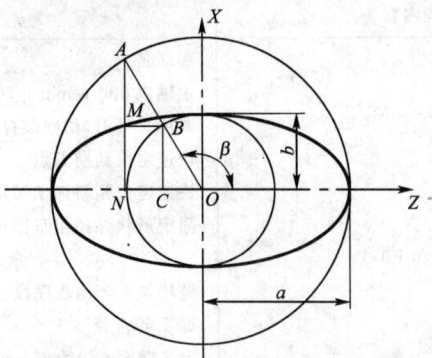

图 9-11　椭圆的极角

03　编程实例

1. 分析零件图纸（图 9-6）

2. 识读图纸及编程

（1）编程原点的确定

选择完成后工件的右端面的圆心作为编程原点。

（2）计算起点和终点的极角 β_1 和 β_2

本例起点（A 点）$\beta_1 = 0°$，终点（C 点）β_2 需要计算得出。

已知 C 点在第二象限，坐标为（9，−24.17），长半轴 $a = 30$，短半轴 $b = 15$，先计算出 C 点对应的第一象限极角

$$\beta = \sin^{-1}(X_M/b) = \sin^{-1}(9/15) = \sin^{-1}0.6 = 36.87°$$

再计算第二象限极角 β_2：利用正弦公式 $\sin\alpha = \sin(180° - \alpha)$，得出 C 点极角

$$\beta_2 = 180° - 36.87° = 143.13°$$

（3）确定工艺方案

①以毛坯的外圆表面为装夹面，车削端面；

②粗、精加工出零件轮廓，保证外轮廓尺寸；

③用切断刀切断工件，保证零件总长。

（4）选择刀具及切削用量（表 9-9）

表 9-9　　　　　　　　　　　　　刀具及切削用量选择

序号	刀具名称	刀具号	刀补号	刀片或刀具规格	转速 S /(r·min^{-1})	进给量 F /(mm·r^{-1})
1	粗车外圆车刀	T01	01	55°刀片	800	0.1
2	精车外圆车刀	T01	01	55°刀片	1000	0.05
3	切断刀	T04	04	刀宽 4 mm	350	0.05

（5）编程部分（FANUC 0i 系统）（表 9-10）

表 9-10   程序表

段号	编程内容	程序说明
	O0013；	程序名
N10	M03 S800；	主轴以 800 r/min 正转
N20	T0101 M8；	调用 1 号刀，切削液打开
N30	G00 X100 Z100；	快速定位到换刀点
N40	G00 X45 Z35；	快速定位到粗加工循环起点
N50	G73 U10 W0 R10；	固定形状外径粗车循环
N60	G73 P70 Q180 U2 W0 F0.1；	
N70	G00 X0；	循环加工起始程序段
N80	G01 Z0；	加工至 A 点
N90	#1＝0；	定义椭圆 β 起始角
N100	#2＝30；	定义椭圆长半轴
N110	#3＝15；	定义椭圆短半轴
N120	#6＝143.13；	定义椭圆 β 终止角
N130	#4＝#3＊SIN[#1]；	计算插补点 X 值，$X=b\sin\beta$
N140	#5＝#2＊COS[#1]＋30；	计算插补点 Z 值，$Z=a\cos\beta-Z_0$
N150	#4＝2＊#4； G01 X#4 Z#5；	直径编程
N160	#1＝#1＋1； IF［#1 LT #6］GOTO140；	极角为变量，即 β 值递减量为 1° 条件判断
N170	G01 X18 Z－54.17；	加工至 C 点
N180	Z－75；	加工圆柱面从 C 点至 D 点
N185	M03 S1000；	设置精加工转速为 1000 n/min
N190	G70 P70 Q190 F0.10；	工件精加工循环
N200	G00 X100 Z100；	回换刀点
N210	M05 M09；	主轴停止及切削液关
N220	G00 X100 Z100 T0404；	刀具回换刀点，换 4 号刀，加入该刀具刀补
N230	M03 S350；	主轴正转，转速 350 r/min
N240	G00 X42 Z－79；	刀宽为 4 mm
N250	G01 X－1 Z－79 F0.05；	零件切断
N260	G00 X100 Z100；	回换刀点
N270	M05；	主轴停转
N280	M02；	程序结束

决策与计划

学生制订计划，教师确认。

（1）各小组根据资讯获取的信息和教师的任务要求制订工作实施方案；

（2）各小组通过方案对比，作出决策和实施计划；

（3）教师对各小组实施计划进行确认。

学生：以分组形式自主完成决策与计划，项目计划应符合目标要求，同时必须考虑生产安全和环保要求。

教师：引导学生完成计划制订，在学生的决策过程中，给予实时的指导与评价，回答学生在制订计划中出现的问题，发挥咨询者和协调人的作用。

实　施

■ 01 仔细分析零件图纸（图 9-7）

■ 02 识读图纸及编程

1. 编程原点的确定

_____

_____

2. 确定工艺方案

_____

_____

_____

_____

3. 选择刀具及切削用量（表 9-11）

表 9-11　　　　　　　　刀具及切削用量选择

序号	刀具名称	刀具号	刀补号	刀片或刀具规格	转速 S /(r·min^{-1})	进给量 F /(mm·r^{-1})
1						
2						
3						
4						

4. 编程部分（表 9-12）

表 9-12　　　　　　　　程序表

程序段号	编程内容	程序说明

■ 03 量具准备

1. _____

2. _____

3. _____

4. _____

■ 04 零件的加工及测量(表 9-13)

表 9-13　　　　　　　　　数控车床操作评分表

姓名		学校		准考证号			
零件名称	2	时间	100 min	起止时间		总分	
考核项目	考核内容及其要求		配分	评分标准	检测结果	扣分	得分	备注
1	编程、调试熟练程度		10	程序思路清晰,可读性强,模拟调试纠错能力强				精加工程序只允许一次
2	椭圆外形		18	样板检测,最大间隙≤0.06				
3	粗糙度要求	Ra1.6	6	粗糙度 Ra 大于 1.6 不得分				6 处每处 1 分
		Ra3.2	2	粗糙度 Ra 大于 3.2 不得分				2 处每处 1 分
4	直径 16		10	超差 0.01 扣 6 分				
5	直径 28		10	超差 0.01 扣 6 分				
6	直径 48		12	超差 0.01 扣 8 分				
7	长度 8		8	超差不得分				
8	长度 66		8	超差不得分				
9	M24 螺纹		16	用螺纹塞规检验,止端进不得分				
10	倒角			少一处扣 1 分				总分扣完为止
11	自由公差尺寸			每超差一处扣 1 分				总分扣完为止
12	超时扣分			每超 5 min 扣 5 分				

■ 05 分析加工结果,结合有关资料,进行总结(表 9-14)

表 9-14　　　　　　　　　问题分析总结表

问 题	产生原因	预防方法
椭圆外形超差		
椭圆直径超差		
工件总长超差		

检　　查

学生通过自查、互查对已完成的工作任务进行全面的检查。检查内容包括：

◆ 检查是否安全操作；

◆ 检查是否操作正确；

◆ 检查是否观察仔细；

◆ 检查是否能表达清楚工艺流程；

◆ 听取各小组根据任务展开的讨论情况是否良好，涉及内容是否完整，提出补充或修改建议；

◆ 检查各小组执行任务中的进展程度以及最后结果，必要时给予一定的指导，使实训顺利进行；

◆ 检查各小组"5S"管理执行情况。

评　　估

◆ 评价工作过程和成果的优、劣

(1)学生以小组为单位进行项目总结和评价(如果有需要，可以修改项目方案，重新完成项目)，并进行工作任务相关知识点和技能点的总结，使学生建立积极的自我认知。最后各小组组织自评和互评，教师组织考核进行综合评价。

(2)根据现场各小组的讨论汇报情况、具体实施情况以及最后的结果给出客观评价并记录。

(3)根据现场各小组个人表现突出的组员进行评价表扬，对于实训中有问题的学生应给予指导和鼓励。

◆ 提出不足及改进意见

(1)学生提出不足及改进意见。

(2)教师总结不足及改进意见。

◆ 评价教学过程并提出建议(表 9-15)

根据工作任务实施过程，学生、教师分别进行评价，并提出建议。

表 9-15　　　　　　　　　　**考核评价表**

项目名称				班　级			
项目小组				项目组长			
小组成员				实施时间			
评价类别	评价内容	评价标准		配分	个人自评	小组评价	教师评价
决策与策划	资料准备	参与资料收集、整理，自主学习		5			
	计划制订	能初步制订计划		5			
	小组分工	分工合理，协调有序		5			

（续表）

评价类别	评价内容	评价标准	配分	个人自评	小组评价	教师评价
实施	操作技术	见项目评分标准	40			
	问题探究	能实践中发现问题,并用理论知识解释实践中的问题	10			
	文明生产	服从管理,遵守 5S 标准	5			
拓展	知识迁移	能实现前后知识的迁移	5			
	应变能力	能举一反三,提出改进建议方案	5			
	创新程度	有创新建议提出	5			
态度	主动程度	主动性强	5			
	合作意识	能与同伴团结协作	5			
	严谨细致	认真仔细,不出差错	5			
		总 计	100			

教师评估及建议	

资讯

01 课题描述与课题图

如图 10-1 所示工件,毛坯为 $\phi50$ mm×90 mm 的铝,试分析其加工工艺,编写数控车加工程序并进行加工。

02 实操考核的操作要求

在职业技能签定考试过程中,为了取得较高的应会操作成绩,对操作者提出了较高的操作要求,即要求操作者在操作过程中以最合理的工艺方案、最有效的精度保证、最佳刀具路径和最短时间完成试件加工。

1. 最合理的工艺方案

最合理的工艺方案是指自己最熟悉的工艺方案,即采用最少的走刀次数,实现最快捷的去除方法,最方便工作自检,在规定时间内,完成试件加工的工艺方案。

2. 最有效的精度保证

精度是零件加工中最重要的指标,精度决定零件价值。在实操过程中,操作者应合理安排加工顺序,灵活运用各种加工刀具,注意装夹对试件加工精度的影响,从实际出发分配粗、精加工余量,适时调整切削参数,充分利用各种量具和数控系统功能,及时对试件进行直接或间接测量,确保工件加工精度和配合精度。

3. 最佳刀具路径

最佳刀具路径是指在保证加工精度和表面粗糙度的前提下,数值计算最简单、走刀路线最短、空行程少、编程量小、程序短、简单易行的刀具路径。

4. 最短时间

熟练的操作,快捷的编程,选好正确的切入点,合理使用刀具,优选切削用量,确保关键得分点,把握加工节奏,粗、精加工分开,力争在规定时间内完成加工项目,确保试件完整性。

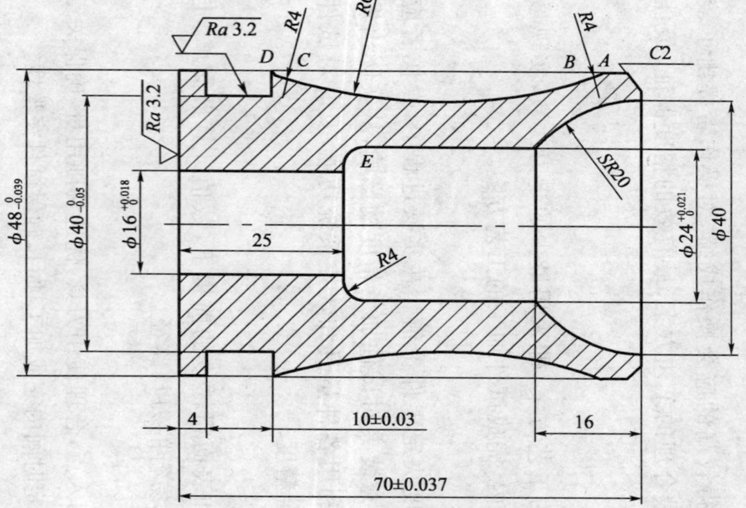

毛坯材料	45 钢、铝
毛坯尺寸	φ50
加工时间	300 min

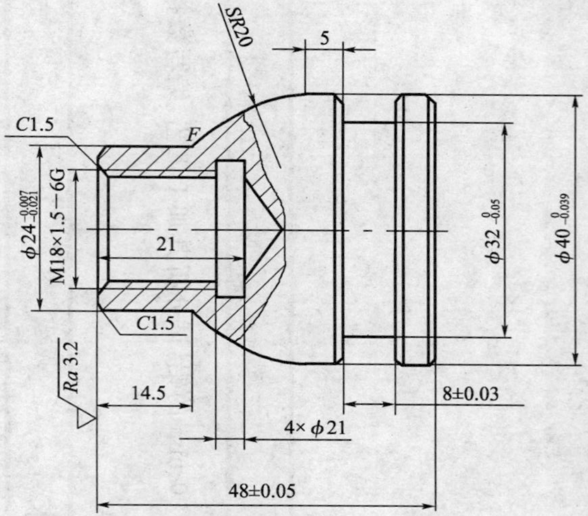

$\sqrt{Ra\,1.6}$ ($\sqrt{}$)

| A(48, −6) |
| B(47.416, −7.5) |
| C(47.416, −52.5) |
| D(48, −54) |
| E(24, −41) |
| F(25.278, −14.5) |

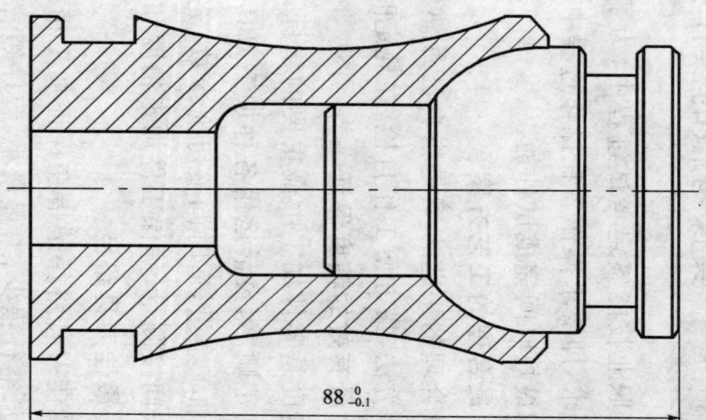

技术要求

1. 内外 SR20 圆弧涂色检验接触面大于 65‰。
2. 未注倒角 C0.5。

(b) 件2

$\sqrt{Ra\,3.2}$

(a) 件1

(c) 组合件

图 10-1 高级数控车床应会试题 20

03　实操考核的应试策略

良好的数控职业技能鉴定应试策略也是顺利通过职业技能考核的关键,常用的实操应试策略如下:

1. 确定加工流程

在加工过程中应全盘考虑每一个表面的加工次序,绝对不能出现工件加工到一半无法继续向下加工的情况。

2. 注意各项精度配分值的大小

通过合理分析配分表并根据考试时间要求,选择配分大、容易保证的尺寸进行精加工,而适当放弃一些配分小、加工难度大的尺寸。

3. 把加工程序分细

由于职业技能鉴定应会考试是单件操作,因此,可以用多个程序完成一道工序。加工过程中可以分成一把刀一个程序,也可以分成一个加工要素一个程序,这样做既可以方便程序的校正,还可以方便加工精度的修整。

4. 尽可能多用固定循环

采用复合固定循环进行编程,可以使加工程序得到简化,减少程序的输入错误。此外,有些固定循环,如螺纹加工复合固定循环,可以达到优化刀具轨迹的目的。

5. 采用手动操作及 MDI 操作来完成部分切削工作

某些特定的加工,如去除毛坯余量、端面切削、钻孔等操作,采用手动操作显然比编程操作更简单、更省事。

6. 选用合理的切削用量参数

选择切削用量参数时,可以按经验选取估算值,不必精确,但选择时应适当保守一些,即取偏小值,然后在加工过程中通过机床面板上的按钮调整。

7. 保证程序的正确性

在正式加工前,采取"锁住机床空运行"的方式校验程序,并且在显示屏上进行刀具轨迹的绘制。对于这一步操作,最好不要省略。

8. 分段实施,分步推进

实操考试切忌两个极端:一个极端是在没有看清图样上的加工要求、没有对照配分表和未推敲加工方案的条件下抢先下手,很早就开始加工,从而导致无法弥补的工艺错误;另一个极端是迟迟不动手,看图细之又细,方案慎之又慎,自以为"稳扎稳打",实则延误了时间,导致无法在规定的时间内完成工件。

9. 安全第一

确保人身和机床的安全,这是不容置疑的。在考核过程中注意工件和刀具的安全也很重要,为此,在考试过程中一定要保证程序的正确性、安装的牢靠性和操作的规范性。

职业技能鉴定不是一个精品考试,而是一个合格考试,即不要求操作者得满分,只要求操作达到及格即可。因此,操作者在应会操作过程中一定要注意应试的技能技巧,从而顺利通过相应的技能鉴定考核。

决策与计划

学生制订计划,教师确认。

(1)各小组根据资讯获取的信息和教师的任务要求制订工作实施方案;

(2)各小组通过方案对比,作出决策和实施计划;

(3)教师对各小组实施计划进行确认。

学生:以分组形式自主完成决策与计划,项目计划应符合目标要求,同时必须考虑生产安全和环保要求。

教师:引导学生完成计划制订,在学生的决策过程中,给予实时的指导与评价,回答学生在制订计划中出现的问题,发挥咨询者和协调人的作用。

实 施

■ 01 仔细分析零件图纸(图 10-1)

■ 02 识读图纸及编程

1.编程原点的确定

_____

_____

2.填写数控加工工序卡(表 10-1)

表 10-1　　　　　　　　　　数控加工工序卡

单位		产品名称或代号		零件名称	零件图号
工序简图		车间		使用设备	
		工艺序号		程序编号	
		夹具名称		夹具编号	

工步号	工步作业内容	加工面	刀具号	刀补号	主轴转速/(r·min⁻¹)	进给速度/(mm·r⁻¹)	背吃刀量/mm	备注

（续表）

工步号	工步作业内容	加工面	刀具号	刀补量	主轴转速/(r·min⁻¹)	进给速度/(mm·r⁻¹)	背吃刀量/mm	备注

编制		审核		批准		年 月 日		共 页	第 页

3. 填写数控加工刀具卡（表 10-2）

表 10-2　　　　　　　　　　数控加工刀具卡

产品名称或代号		零件名称		零件图号		
序 号	刀具号	刀具规格或名称		数 量	加工表面	备 注
编制		审核		批准	共 页	第 页

4. 编程部分（表 10-3）

表 10-3　　　　　　　　　　程序表

程序段号	编程内容	程序说明

■ 03 量具准备

1. _____
2. _____
3. _____
4. _____

■ 04 零件的加工及测量(表 10-4)

表 10-4   数控车床高级评分表

姓名			学校		准考证号		
零件名称	20		时间	300 min	起止时间		总分	
考核项目	考核内容及其要求		配分	评分标准	检测结果	扣分	得分	备注
1	编程、调试熟练程度		10	程序思路清晰,可读性强,模拟调试纠错能力强				精加工程序只允许一次
2	粗糙度要求	Ra1.6	7	每处粗糙度 Ra 大于1.6扣1分				
		Ra3.2	3	每处粗糙度 Ra 大于3.2扣1分				
3	直径 16		8	超差 0.01 扣 5 分				
4	直径 24		6	超差 0.01 扣 4 分				件1
5	直径 24		5	超差 0.01 扣 3 分				件2
6	直径 32		5	超差 0.01 扣 3 分				
7	直径 40		5	超差 0.01 扣 3 分				件1
8	直径 40		5	超差 0.01 扣 3 分				件2
9	直径 48		5	超差 0.01 扣 5 分				
10	长度 8		4	超差不得分				
11	长度 10		4	超差不得分				
12	长度 48		4	超差不得分				
13	长度 70		4	超差不得分				
14	配合长度 88		7	超差不得分				
15	M18 螺纹		10	用螺纹塞规检测,止端进不得分				
16	SR20 配合		8	低于 65% 扣 4 分,低于 50% 不得分				
17	倒角			一处没有扣 1 分				
18	自由公差尺寸			每超差一处扣 1 分				
19	超时扣分			每超 5 min 扣 5 分				

■ 05 分析加工结果,结合有关资料,进行总结(表 10-5)

表 10-5　　　　　　　　　　问题分析总结表

问　题	产生原因	预防方法

检　查

学生通过自查、互查对已完成的工作任务进行全面的检查。检查内容包括:

◆ 检查是否安全操作;

◆ 检查是否操作正确;

◆ 检查是否观察仔细;

◆ 检查是否能表达清楚工艺流程;

◆ 听取各小组根据任务展开的讨论情况是否良好,涉及内容是否完整,提出补充或修改建议;

◆ 检查各小组执行任务中的进展程度以及最后结果,必要时给予一定的指导,使实训顺利进行;

◆ 检查各小组"5S"管理执行情况。

评　估

◆ 评价工作过程和成果的优、劣

(1)学生以小组为单位进行项目总结和评价(如果有需要,可以修改项目方案,重新完成项目),并进行工作任务相关知识点和技能点的总结,使学生建立积极的自我认知。最后各小组组织自评和互评,教师组织考核进行综合评价。

(2)根据现场各小组的讨论汇报情况、具体实施情况以及最后的结果给出客观评价并记录。

(3)根据现场各小组个人表现突出的组员进行评价表扬,对于实训中有问题的学生应给予指导和鼓励。

◆ 提出不足及改进意见

(1)学生提出不足及改进意见。

(2)教师总结不足及改进意见。

◆ 评价教学过程并提出建议(表 10-6)

根据工作任务实施过程,学生、教师分别进行评价,并提出建议。

表 10-6   考核评价表

项目名称				班 级			
项目小组				项目组长			
小组成员				实施时间			
评价类别	评价内容	评价标准	配分	个人自评	小组评价	教师评价	
决策与策划	资料准备	参与资料收集、整理,自主学习	5				
	计划制订	能初步制订计划	5				
	小组分工	分工合理,协调有序	5				
实施	操作技术	见项目评分标准	40				
	问题探究	能实践中发现问题,并用理论知识解释实践中的问题	10				
	文明生产	服从管理,遵守 5S 标准	5				
拓展	知识迁移	能实现前后知识的迁移	5				
	应变能力	能举一反三,提出改进建议方案	5				
	创新程度	有创新建议提出	5				
态度	主动程度	主动性强	5				
	合作意识	能与同伴团结协作	5				
	严谨细致	认真仔细,不出差错	5				
		总 计	100				
教师评估及建议							

附 录

附录 1 数控车床操作工职业标准

一、职业概况

1.职业名称

数控车床操作工

2.职业定义

操作数控车床,按技术要求进行工件多工序组合切削加工的人员。

3.职业等级

本职业共设四个等级,分别为中级(国家职业资格四级)、高级(国家职业资格三级)、技师(国家职业资格二级)、高级技师(国家职业资格一级)。

4.职业环境

室内、常温。

5.职业能力特征

具有较强的计算能力和空间感、形体知觉及色觉,手指、手臂灵活,动作协调。

6.基本文化程度

高中毕业(含同等学历)。

7.培训要求

(1) 培训期限:全日制职业学校教育,根据其培养目标和教学计划确定。晋级培训期限:中级不少于 400 标准学时;高级不少于 400 标准学时;技师不少于 350 标准学时;高级技师不少于 350 标准学时。

（2）培训教师：基础理论课教师应具备本科及本科以上学历，具有一定的教学经验；培训初级、中级人员的教师必须具备本职业高级以上的职业资格证书；培训高级或技师人员的教师必须具备相关专业讲师以上教师资格或本职业技师职业资格证书；培训高级技师的教师必须具备相关专业高级讲师（副教授）以上资格或其他相应的职业资格证书。

（3）培训场地设备：满足教学需要的标准教室；数控车床及完成加工所需的工件、刀具、夹具、量具和机床辅助设备等。

8．鉴定要求

（1）适用对象：从事和准备从事本职业的人员。

（2）申报条件

①中级（具备以下条件之一者）

● 取得相关职业（工种）初级职业资格证书后，连续从事相关职业工作三年以上，经本职业初级正规培训达规定的标准学时数，并取得毕（结）业证书。

● 取得相关职业（工种）中级职业资格证书后，连续从事相关职业工作一年以上，经本职业中级正规培训达规定的标准学时数，并取得毕（结）业证书。

● 取得中等职业学校数控机床专业或大专以上（含大专）相关专业毕业证书。

②高级（具备以下条件之一者）

● 取得本职业中级职业资格证书后，连续从事本职业工作四年以上，经本职业高级正规培训达规定的标准学时数，并取得毕（结）业证书。

● 取得本职业中级职业资格证书后，连续从事本职业工作七年以上 。

● 取得高级技工学校或经劳动保障行政部门审核认定，以高级技能为培养目标的高等职业学校本专业毕业证书。

● 具有相关专业大专学历，并取得本职业中级职业资格证书后，连续从事本职业工作两年以上。

③技师（具备以下条件之一者）

● 取得本职业高级职业资格证书后，连续从事本职业工作五年以上，经本职业技师正规培训达规定的标准学时数，并取得毕（结）业证书。

● 取得本职业高级职业资格证书后，连续从事本职业工作八年以上 。

● 大学本科相关专业或高级技工学校本专业毕业且具有本职业高级职业资格证书，连续从事本职业工作两年以上。

④高级技师（具备以下条件之一者）

● 取得本职业技师职业资格证书后，连续从事本职业工作三年以上，经本职业高级技师正规培训达规定的标准学时数，并取得毕（结）业证书。

● 取得本职业技师职业资格证书后，连续从事本职业工作五年以上。

注:相关职业(工种)指车、铣、镗工。

(3)鉴定方式:分为理论知识考试和技能操作考核两部分。理论知识考试采用笔试,技能操作考核采用现场实际操作方式。两项鉴定均采用百分制,成绩皆达到60分以上者为合格;技师和高级技师鉴定还须进行综合评审。

(4)考评员和考生的配备:理论知识考试每标准考场配备两名监考员;技能操作考核每台设备配备两名监考人员;每次鉴定组成3~5人的考评小组。

(5)鉴定时间:各等级理论知识考试时间为120分钟;各等级技能操作考核时间:中级不少于300分钟;高级不少于360分钟;技师不少于420分钟。

(6)鉴定场所、设备:理论知识考试在标准教室进行;鉴定设备为数控车床、工件、夹具、量具、刀具及机床附件等必备仪器设备。

二、基本要求

1.职业道德

(1)职业道德基本知识

(2)职业守则

①爱岗敬业,忠于职守;

②努力钻研业务,刻苦学习,勤于思考,善于观察;

③工作认真负责,严于律己,吃苦耐劳;

④遵守操作规程,坚持安全生产;

⑤团结同志,互相帮助,主动配合;

⑥着装整洁,爱护设备,保持工作环境的清洁有序,做到文明生产。

2.基础知识

(1)数控应用技术基础

①数控车床工作原理(组成结构、插补原理、控制原理、伺服系统)

②编程方法(常用指令代码、程序格式、子程序、固定循环)

(2)安全卫生、文明生产

①安全操作规程;

②事故防范、应变措施及记录;

③环境保护(车间粉尘、噪音、强光、有害气体的防范)。

三、技能要求

本标准对中级、高级、技师、高级技师的技能要求依次递进,高级别包括低级别的要求。

1. 中级（附表1-1）

 中级技能要求

职业功能	工作内容	技能要求	相关知识
工艺准备	读图	1. 能够读懂机械制图中的各种线型和标注尺寸 2. 能够读懂标准件和常用件的表示法 3. 能够读懂一般零件的三视图、局部视图和剖视图 4. 能够读懂零件的材料、加工部位、尺寸公差及技术要求	1. 机械制图国家标准 2. 标准件和常用件的规定画法 3. 零件三视图、局部视图和剖视图的表达方法 4. 公差配合的基本概念 5. 几何公差与表面粗糙度的基本概念 6. 金属材料的性质
	编制简单加工工艺	1. 能够制定简单的加工工艺 2. 能够合理选择切削用量	1. 加工工艺的基本概念 2. 轴、螺纹、套、成型面等加工工艺特点 3. 切削用量的选择原则 4. 加工余量的选择方法
	工件的定位和装夹	1. 能够正确使用三爪卡盘、四爪卡盘、花盘、软爪等通用夹具 2. 能够正确选择工件的夹紧定位基准 3. 能够用量表找正工件 4. 能够正确夹紧工件	1. 定位夹紧原理 2. 三爪（四爪）卡盘、花盘、软爪等通用夹具的调整及使用方法 3. 量表的使用方法
	刀具准备	1. 能够依据加工工艺卡选取刀具 2. 能够在刀架上正确装卸刀具 3. 能够用刀具预调仪或在机内测量刀具几何长度 4. 能够准确输入刀具有关参数	1. 刀具的种类及用途 2. 刀具系统的种类及结构 3. 刀具预调仪的使用方法 4. 刀具长度补偿值、半径补偿值及刀号等参数的输入方法
编制程序	编制轴类、套类、螺纹加工程序	1. 能够手工编制轴类、套类、螺纹加工程序 2. 能够使用固定循环及子程序	1. 常用数控指令（G代码、M代码）的含义 2. S指令、T指令和F指令的含义 3. 数控指令的结构与格式 4. 固定循环指令的含义 5. 子程序的嵌套
	编制成型面加工程序	1. 能够手工编制成型面加工程序 2. 能够使用固定循环及子程序	1. 几何图形中直线与直线、直线与圆弧、圆弧与圆弧交点的计算方法 2. 刀具半径补偿的作用
基本操作及日常维护	日常维护	1. 能够进行加工前电、气、液、开关等的常规检查 2. 能够在加工完毕后，清理机床及周围环境	1. 数控车床操作规程 2. 日常保养的内容
	基本操作	1. 能够按照操作规程启动及停止机床 2. 正确使用操作面板上的各种功能键 3. 能够通过操作面板手动输入加工程序及有关参数 4. 能够进行程序的编辑、修改 5. 能够设定工件坐标系 6. 能够正确调入调出所选刀具 7. 能够正确进行机内对刀 8. 能够进行程序单步运行、空运行 9. 能够进行加工程序试切削并做出正确判断	1. 数控车床操作手册 2. 操作面板的使用方法 3. 各种输入装置的使用方法 4. 机床坐标系与工件坐标系的含义及其关系 5. 相对坐标系、绝对坐标系的含义 6. 机内对刀方法 7. 程序试运行的操作方法

职业功能	工作内容	技能要求	相关知识
工件加工	轴、外螺纹加工	能够对台阶轴、外螺纹切削加工,尺寸精度公差达 IT8,表面粗糙度达 $Ra3.2\ \mu m$	1.外圆车刀、外螺纹车刀等的功用 2.轴、外螺纹精度的影响因素 3.常用金属材料的切削性能
	套、内螺纹加工	能够对套、内螺纹加工,尺寸精度公差达 IT8,表面粗糙度达 $Ra3.2\ \mu m$	1.镗刀的种类及功用 2.套、内螺纹精度的影响因素 3.常用金属材料的切削性能
	成型面加工	能够对成型面加工,尺寸精度公差达 IT8,表面粗糙度达 $Ra3.2\ \mu m$	影响成型面轮廓的因素
	运行给定程序	能够检查及运行给定的加工程序	1.二维坐标的概念 2.程序检查方法
精度检验	内、外径检验	1.能够使用游标卡尺测量工件内、外径 2.能够使用内径百(千)分表测量工件内径 3.能够使用外径千分尺测量工件外径	1.游标卡尺的使用方法 2.内径百(千)分表的使用方法 3.外径千分尺的使用方法
	长度检验	1.能够使用游标卡尺测量工件长度 2.能够使用外径千分尺测量工件长度	
	深(高)度检验	能够使用游标卡尺或深(高)度尺测量深(高)度	1.深度尺的使用方法 2.高度尺的使用方法
	角度检验	能够使用角度尺检验工件角度	角度尺的使用方法
	机内检测	能够利用机床的位置显示功能自检工件的有关尺寸	机床坐标的位置显示功能

2.高级(附表 1-2)

附表 1-2　　　　　　　　　　　　高级技能要求

职业功能	工作内容	技能要求	相关知识
工艺准备	读图及绘图	1.能够读懂装配图 2.能够绘制零件图、轴测图及草图 3.能够读懂零件的展开图、局部视图、旋转视图	1.装配图的画法 2.零件图、轴测图的画法 3.零件展开图、局部视图等视图的画法
	加工工艺制订	1.能够制定数控车床的加工工艺 2.能够填写数控车床程序卡	1.数控车床工艺的制订方法 2.影响机械加工精度的有关因素 3.加工余量的确定
	工件的定位和装夹	1.能够合理选择组合夹具和专用夹具 2.能够正确安装调整夹具	组合夹具、专用夹具的特点及应用
	选择刀具	能够依据加工需要选用适当种类、形状、材料的刀具	各种刀具的几何角度、功用及刀具材料的切削性能
编制程序	编制较复杂程序	能够编制较复杂的程序	1.较复杂二维节点的计算 2.球、锥、台等几何体外轮廓节点计算
	使用用户宏程序	能够利用用户宏程序编制非圆曲线轮廓的车削程序	用户宏程序的使用方法
机床维护	常规维护	能够根据说明书内容完成机床定期及不定期维护保养	1.机床维护知识 2.液压油、润滑油的使用知识 3.液压、气动元件的结构及其工作原理
	故障排除	能够阅读各类报警信息,排除编程错误、超程、欠压、缺油、急停等一般故障	各类报警信号提示内容及其解除方法

（续表）

职业功能	工作内容	技能要求	相关知识
工件加工	轴、外螺纹加工	能够对台阶轴、外螺纹切削加工,尺寸精度公差达IT7,表面粗糙度达 $Ra1.6\ \mu m$	1.切削液的合理使用 2.常用金属材料的切削性能
	套、内螺纹加工	能够对套、内螺纹加工,尺寸精度公差达IT7,表面粗糙度达 $Ra1.6\ \mu m$	1.镗刀的种类及功用 2.套、内螺纹精度的影响因素 3.常用金属材料的切削性能
	成型面加工	能够对成型面加工,尺寸精度公差达IT7,表面粗糙度达 $Ra1.6\ \mu m$	影响成型面轮廓的因素
	运行给定程序	能够读懂、检查并运行给定的复杂加工程序	
精度检验	精度及分析	1.能够根据测量结果分析产生加工误差的原因 2.能够通过修正刀具补偿值和修正程序来减少加工误差 3.数控车床定位精度检测	1.工件精度检验项目及测量方法 2.产生加工误差的各种因素 3.数控车床定位精度检测方法
培训指导	指导工作	1.能够指导数控车床中级操作工工作 2.能够协助培训数控车床中级操作工	

3.技师(附表 1-3)

附表 1-3　　　　　　　　　　技师技能要求

职业功能	工作内容	技能要求	相关知识
工艺准备	读图绘图	1.能够根据复杂装配图拆画零件图 2.能够绘制工装草图 3.能够测绘零件 4.能够用计算机绘图	1.零件的测绘方法 2.计算机辅助绘图方法
	制订加工工艺	1.能够对零件的加工工艺方案进行合理分析 2.能够制定零件加工工艺规程	1.机械制造工艺知识 2.典型零件加工方法
	夹具设计	1.能够设计专用夹具 2.能够制作简单夹具	夹具设计原理
	刀具准备	1.能够依据切削条件估计刀具使用寿命 2.能够合理选用新型刀具 3.根据刀具寿命设置有关参数	1.刀具使用寿命的影响因素 2.刀具使用寿命参数的设定方法 3.刀具新材料、新技术知识
编制程序	计算机辅助编程	能够利用计算机软件编制非圆曲线轮廓的车削程序	1.计算机基础知识 2.CAD/CAM软件的使用方法
	编制宏程序	能够利用宏程序编制非圆曲线轮廓的车削程序	宏程序的概念及其编制方法
机床维护	机床精度的检验	1.能够进行机床几何精度检验 2.能够进行机床定位精度检验 3.能够进行机床切削精度检验 4.能够进行机床床身的水平调整 5.滚珠丝杠间隙的检测、调整及补偿	1.机床几何精度检验内容及方法 2.机床定位精度检验内容及方法 3.机床切削精度检验内容及方法 4.机床水平的调整方法 5.滚珠丝杠间隙的检测、调整及补偿方法
	故障分析	能够分析气路、液路、电机及机械故障	1.液压、气动回路的工作原理 2.机床常用电器及电机 3.机械传动及常用机构

（续表）

职业功能	工作内容	技能要求	相关知识
工件加工	轴、外螺纹加工	能够对台阶轴、外螺纹切削加工,尺寸精度公差达 IT7,表面粗糙度达 $Ra1.6\ \mu m$	1.切削液的合理使用 2.常用金属材料的切削性能
	套、内螺纹加工	能够对套、内螺纹加工,尺寸精度公差达 IT7,表面粗糙度达 $Ra1.6\ \mu m$	1.镗刀的种类及功用 2.套、内螺纹精度的影响因素 3.常用金属材料的切削性能
	成型面加工	能够对成型面加工,尺寸精度公差达 IT7,表面粗糙度达 $Ra1.6\ \mu m$	影响成型面轮廓的因素
精度检验	精度检验	能够根据测量结果分析产生加工误差的主要原因,并提出改进措施	影响工件加工精度的主要因素
	质量管理	能够进行产品抽样检验,建立质量管理图并进行统计分析	质量管理知识
培训指导	指导培训	1.能够指导中、高级操作工工作 2.能够讲授机械加工的专业知识 3.能够制订本职业各级操作工培训计划	1.生产实习教学方法 2.教育学的基本知识
管理工作	生产管理	1.能够制订数控操作车间的规章制度 2.协助部门领导进行计划、调度及人员管理 3.工时定额	1.生产管理知识 2.工时定额知识
	技术管理	1.能够贯彻执行本行业各项国家标准 2.能够提出工艺、工装、编程等方面的合理化建议	生产技术管理知识

4.数控车床高级技师

高级技师是本职业最高等级,该职业的技术随着现代化科技的发展而不断提高。高级技师的标准待今后予以补充。

四、比重表

1.理论知识(附表 1-4)

附表 1-4　　　　　　　　　　理论知识比重表

项目		中级	高级	技师
基本要求	职业道德	5	5	5
	基础知识	25	15	10
相关知识	工艺准备	20	25	25
	编制程序	20	25	20
	机床维护	5	5	10
	工件加工	15	15	10
	精度检验	10	10	10
	培训指导			5
	管理工作			5
合计		100	100	100

2. 操作技能（附表 1-5）

附表 1-5 　　　　　　　　操作技能比重表

项目		中级	高级	技师
工作要求	工艺准备	10	10	10
	编制程序	15	20	25
	机床维护	10	5	
	工件加工	60	60	60
	精度检验	5	5	5
合计		100	100	100

附录 2　数控车床高级工技能测试题库
——苏州市人力资源和社会保障局

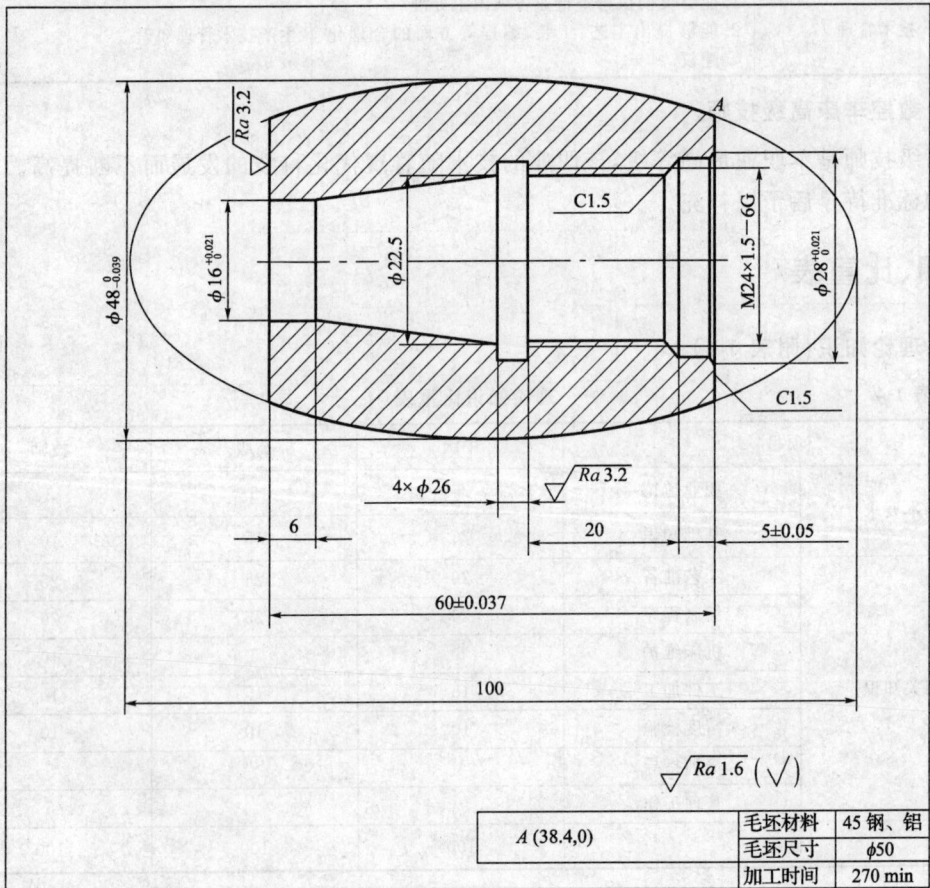

附图 2-1　数控车床高级工技能测试题 1

附表 2-1 数控车床高级评分表

姓名			学校		准考证号				
零件名称	1		时间	270 min	起止时间			总分	
考核项目	考核内容及其要求		配分	评分标准	检测结果	扣分	得分	备注	
1	编程、调试熟练程度		10	程序思路清晰,可读性强,模拟调试纠错能力强				精加工程序只允许一次	
2	椭圆外形		18	样板检测,最大间隙≤0.06					
3	粗糙度要求	Ra1.6	6	粗糙度 Ra 大于1.6不得分				6 处每处1分	
		Ra3.2	2	粗糙度 Ra 大于3.2不得分				2 处每处1分	
4	直径16		10	超差 0.01 扣6分					
5	直径28		10	超差 0.01 扣6分					
6	直径48		12	超差 0.01 扣8分					
7	长度5		8	超差不得分					
8	长度60		8	超差不得分					
9	M24 螺纹		16	用螺纹塞规检验,止端进不得分					
10	倒角			一处没有扣1分				总分扣完为止	
11	自由公差尺寸			每超差一处扣1分				总分扣完为止	
12	超时扣分			每超 5 min 扣5分					

注：椭圆长轴 100，短轴 48。

技术要求

未注倒角 C0.5。

$\sqrt{Ra\,1.6}\ (\sqrt{\ })$

毛坯材料	45 钢，铝
毛坯尺寸	φ50
加工时间	270 min

$\phi 35^{\ 0}_{-0.033}$

$\phi 28^{+0.021}_{\ 0}$

M24×1.5—6G

5.6007

C1

8±0.05

23

C1

40

25

$Ra\,3.2$

66 ± 0.037

$4\times\phi 26\,\sqrt{}$

5.7322

$\phi 22.5$

6

$Ra\,3.2\ \sqrt{}$

$\phi 16^{+0.021}_{\ 0}$

$\phi 48^{\ 0}_{-0.039}$

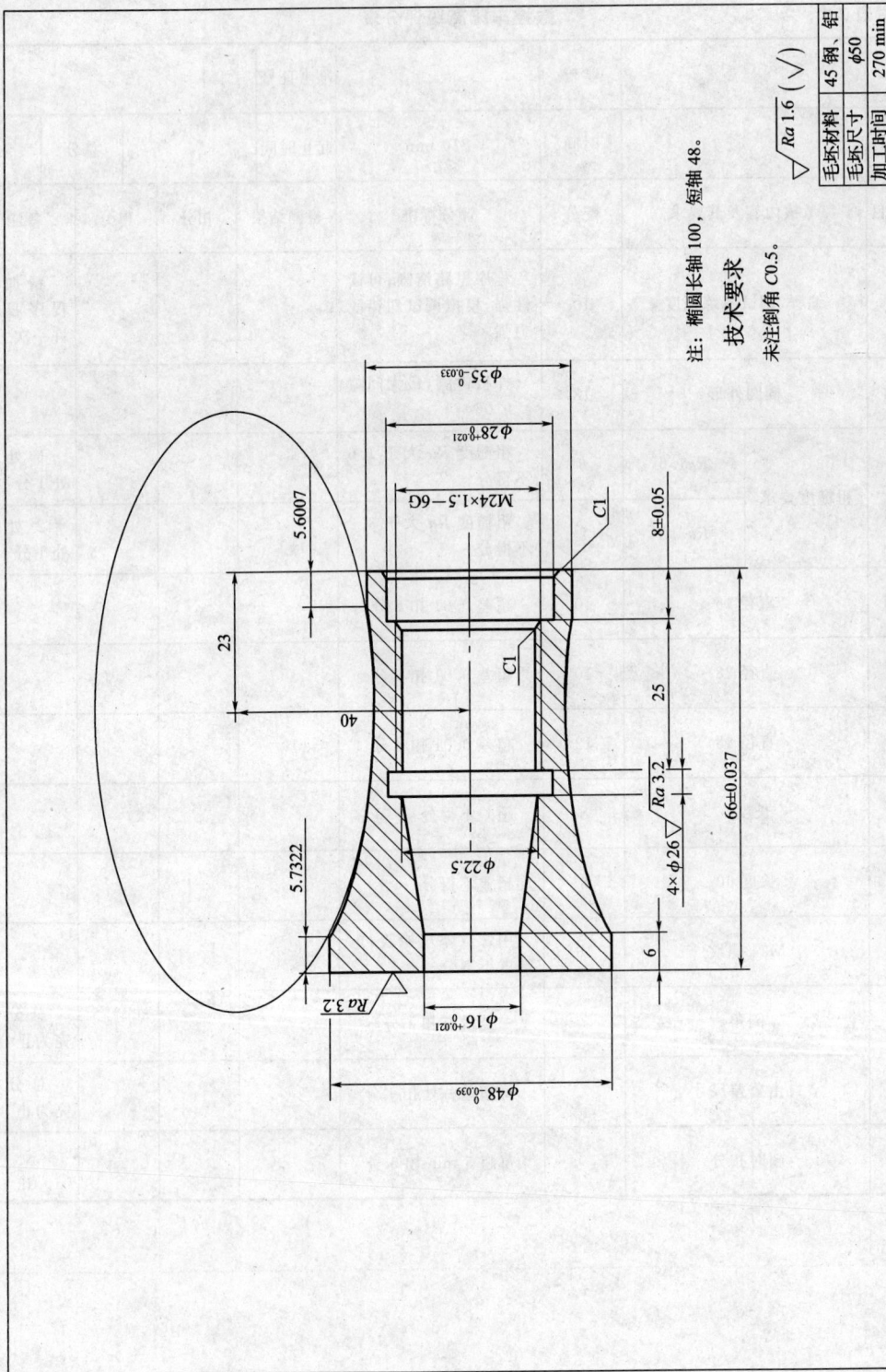

附图 2-2 数控车床高级工技能测试题 2

附表 2-2 数控车床高级评分表

姓名		学校		准考证号				
零件名称	2	时间	270 min	起止时间		总分		
考核项目	考核内容及其要求	配分	评分标准	检测结果	扣分	得分	备注	
1	编程、调试熟练程度	10	程序思路清晰,可读性强,模拟调试纠错能力强				精加工程序只允许一次	
2	椭圆外形	18	样板检测,最大间隙≤0.06					
3	粗糙度要求 Ra1.6	8	粗糙度 Ra 大于 1.6 不得分				8 处每处 1 分	
	粗糙度要求 Ra3.2	2	粗糙度 Ra 大于 3.2 不得分				2 处每处 1 分	
4	直径 16	10	超差 0.01 扣 4 分					
5	直径 28	10	超差 0.01 扣 4 分					
6	直径 35	8	超差 0.01 扣 4 分					
7	直径 48	8	超差 0.01 扣 4 分					
8	长度 8	6	超差不得分					
9	长度 66	8	超差不得分					
10	M24 螺纹	12	用螺纹塞规检验,止端进不得分					
11	倒角		一处没有扣 1 分				总分扣完为止	
12	自由公差尺寸		每超差一处扣 1 分				总分扣完为止	
13	超时扣分		每超 5 min 扣 5 分					

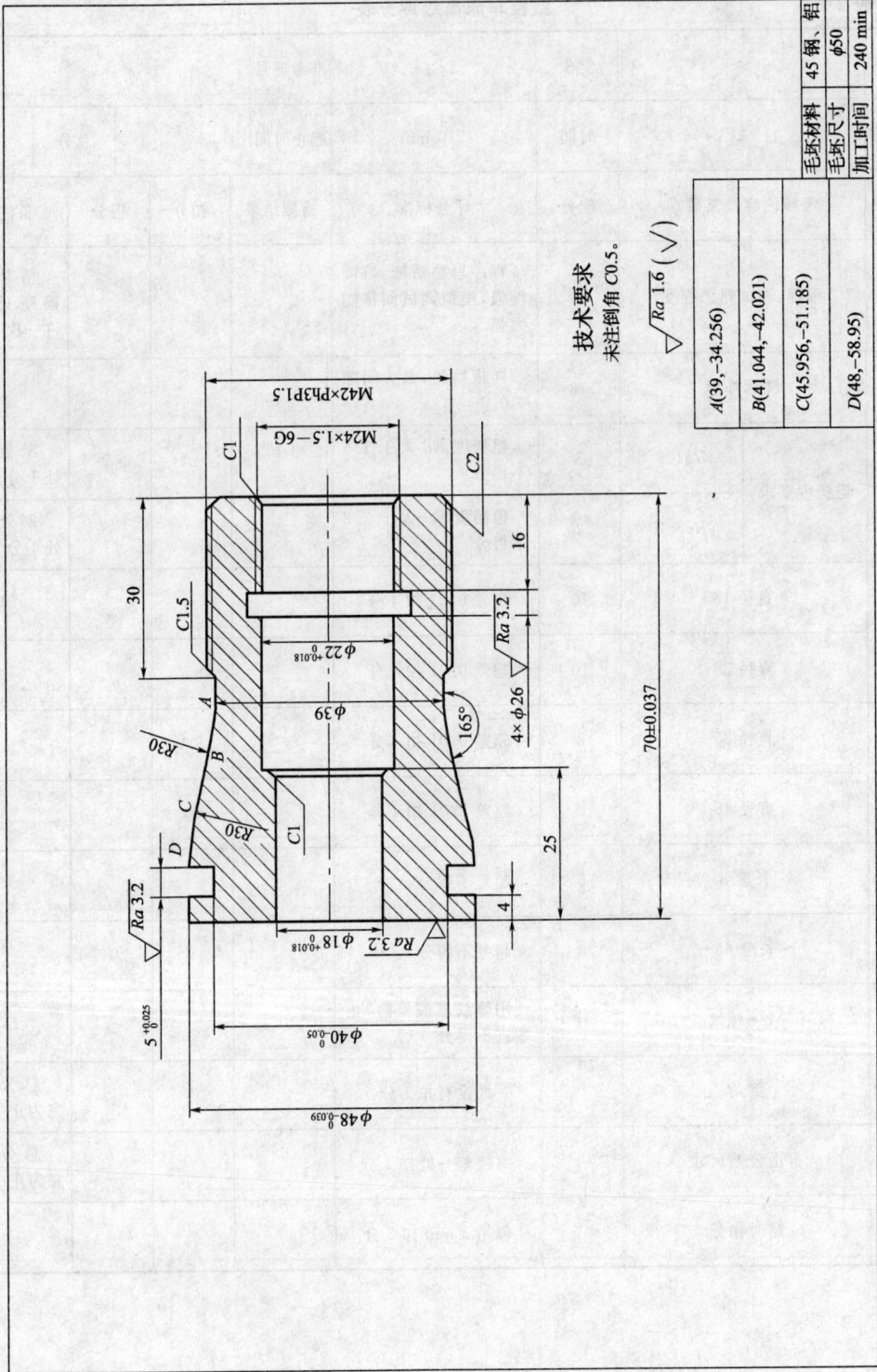

附图 2-3 数控车床高级工技能测试题 3

毛坯材料	45 钢、铝
毛坯尺寸	φ50
加工时间	240 min

技术要求
未注倒角 C0.5。

$\sqrt{Ra\ 1.6}\ (\sqrt{\quad})$

A(39,−34.256)
B(41.044,−42.021)
C(45.956,−51.185)
D(48,−58.95)

M42×Ph3P1.5
M24×1.5−6G

C1
C2
C1.5
30
16
$\phi 22^{+0.018}_{0}$
$\phi 39$
$Ra\ 3.2$
165°
4× $\phi 26$
70±0.037
A
R30
B
C
R30
C1
25
D
$Ra\ 3.2$
4
$\phi 18^{+0.018}_{0}$
$Ra\ 3.2$
$5^{+0.025}_{0}$
$\phi 40^{0}_{-0.05}$
$\phi 48^{0}_{-0.039}$

附表 2-3   数控车床高级评分表

姓名		学校		准考证号			
零件名称	3	时间	240 min	起止时间		总分	
考核项目	考核内容及其要求		配分	评分标准	检测结果	扣分	得分	备注
1	编程、调试熟练程度		10	程序思路清晰,可读性强,模拟调试纠错能力强				精加工程序只允许一次
2	粗糙度要求	Ra1.6	7	每处粗糙度 Ra 大于1.6扣分1分				
		Ra3.2	3	每处粗糙度 Ra 大于3.2扣1分				
3	直径18		10	超差0.01扣6分				
4	直径22		10	超差0.01扣6分				
5	直径40		8	超差0.01扣4分				
6	直径48		12	超差0.01扣4分				
7	长度5		8	超差0.01扣4分				
8	长度70		8	超差不得分				
9	M24 螺纹		8	用螺纹塞规检验,止端进不得分				
10	M42 螺纹		16	用三针测量,超差不得分				双头螺纹
11	倒角			一处没有扣1分				总分扣完为止
12	自由公差尺寸			每超差一处扣1分				总分扣完为止
13	超时扣分			每超5 min扣5分				

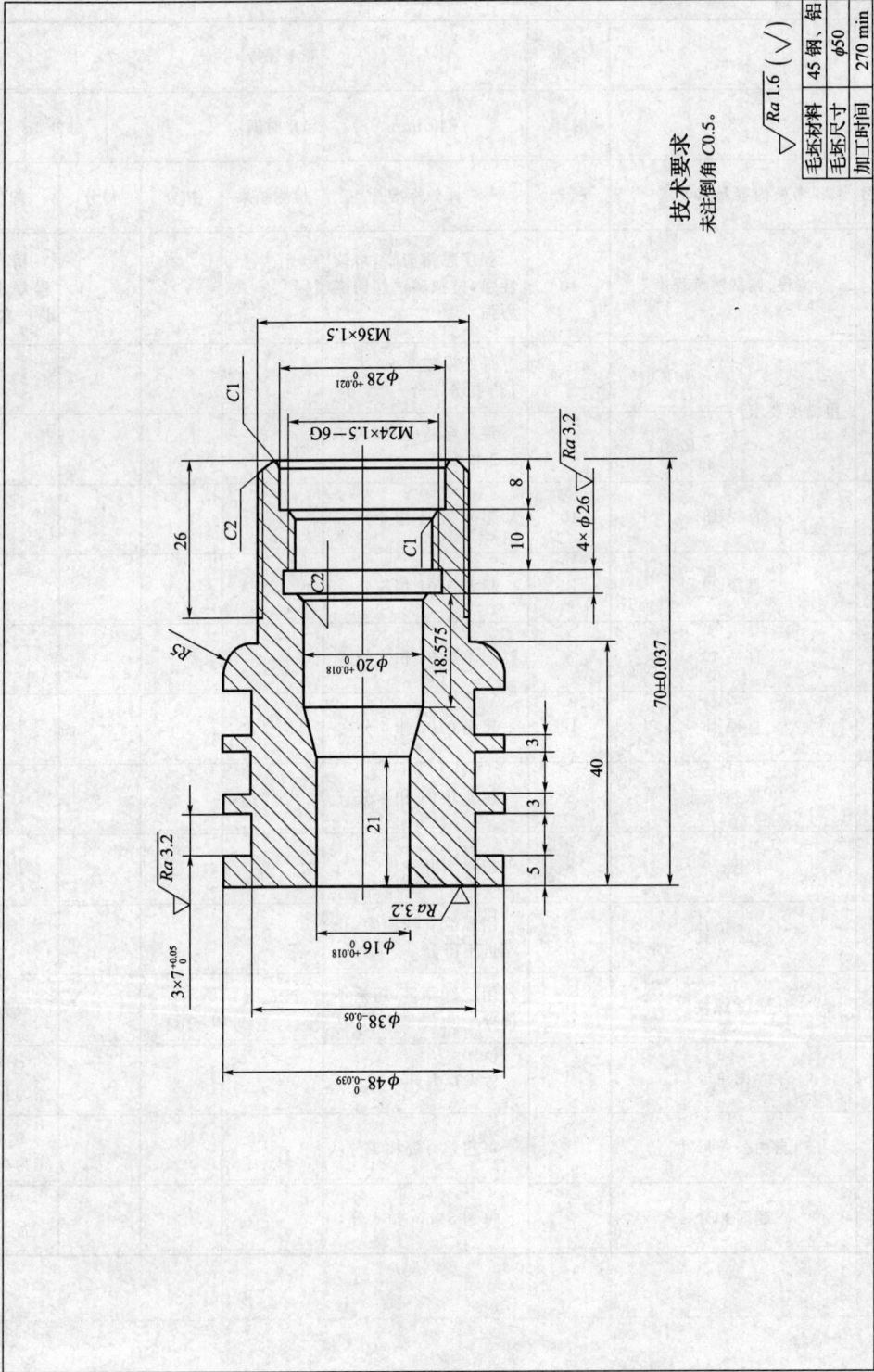

技术要求
未注倒角 C0.5。

√ Ra1.6 (√)

毛坯材料	45 钢、铝
毛坯尺寸	φ50
加工时间	270 min

附图 2-4 数控车床高级工技能测试题 4

附表 2-4 数控车床高级评分表

姓名			学校		准考证号			
零件名称	4		时间	270 min	起止时间		总分	

考核项目	考核内容及其要求		配分	评分标准	检测结果	扣分	得分	备注
1	编程、调试熟练程度		10	程序思路清晰,可读性强,模拟调试纠错能力强				精加工程序只允许一次
2	粗糙度要求	$Ra1.6$	7	每处粗糙度 Ra 大于 1.6 扣 1 分				
		$Ra3.2$	3	每处粗糙度 Ra 大于 3.2 扣 1 分				
3	直径 16		7	超差 0.01 扣 5 分				
4	直径 20		7	超差 0.01 扣 5 分				
5	直径 28		7	超差 0.01 扣 5 分				
6	直径 38		12	每处超差 0.01 扣 3 分				每处 4 分
7	直径 48		11	超差 0.01 扣 7 分				
8	长度 7		12	超差不得分				每处 4 分
9	长度 70		8	超差不得分				
10	M24 螺纹		8	用螺纹塞规检验,止端进不得分				
11	M36 螺纹		8	用螺纹环规检验,止端进不得分				
12	倒角			一处没有扣 1 分				总分扣完为止
13	自由公差尺寸			每超差一处扣 1 分				总分扣完为止
14	超时扣分			每超 5 min 扣 5 分				

技术要求
未注倒角 C0.5。

$\sqrt{Ra\,1.6}$ （√）

毛坯材料	45 钢、铝
毛坯尺寸	$\phi50$
加工时间	270 min

M45×2

$\phi33\pm0.035$

$5^{+0.033}_{0}$

Ra 3.2

C2

M24×1.5—6G

C2

$4^{+0.05}_{0}$

Ra 3.2

18.5

20

42

$\phi22^{+0.021}_{0}$

70±0.037

R2

R2

Ra 3.2

23

8

8

$8^{+0.033}_{0}$

$\phi18^{+0.018}_{0}$ Ra 3.2

$\phi38^{0}_{-0.039}$

$\phi48^{0}_{-0.039}$

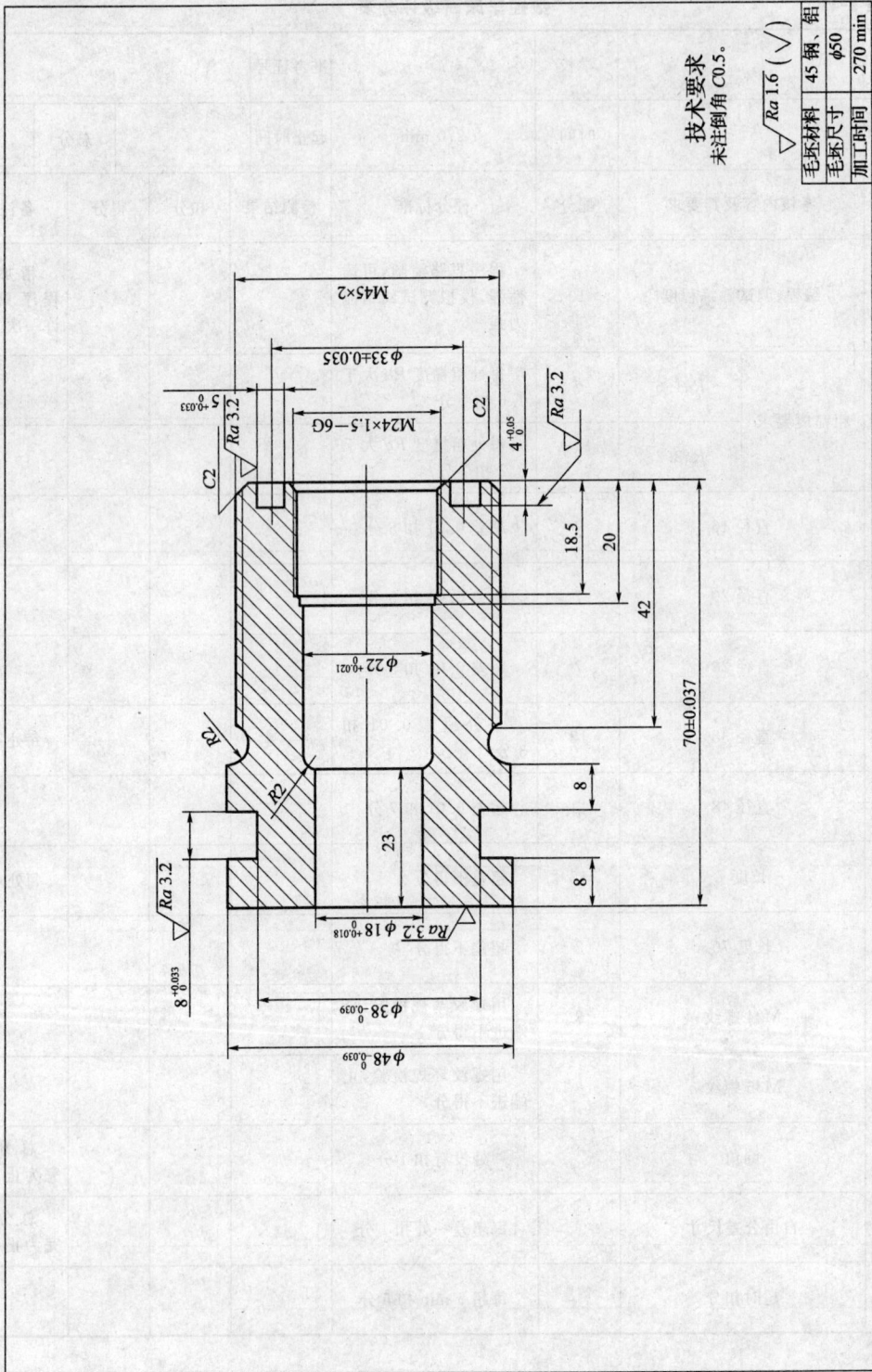

附图 2-5　数控车床高级工技能测试题 5

附表 2-5　　　　　　　　　　数控车床高级评分表

姓名		学校		准考证号			
零件名称	5	时间	270 min	起止时间		总分	

考核项目	考核内容及其要求		配分	评分标准	检测结果	扣分	得分	备注
1	编程、调试熟练程度		10	程序思路清晰,可读性强,模拟调试纠错能力强				精加工程序只允许一次
2	粗糙度要求	Ra1.6	6	粗糙度 Ra 大于1.6不得分				5 处每处1分
		Ra3.2	3	粗糙度 Ra 大于3.2不得分				4 处每处1分
3	直径18		8	超差 0.01 扣 5 分				
4	直径22		8	超差 0.01 扣 5 分				
5	直径38		8	超差 0.01 扣 4 分				
6	直径48		8	超差 0.01 扣 5 分				共两处,每处4分
7	直径33		8	超差 0.01 扣 5 分				
8	槽深4		5	超差不得分				
9	槽宽5		8	超差不得分				
10	槽宽8		6	超差不得分				
11	长度70		6	超差不得分				
12	M24 螺纹		8	用螺纹塞规检验,止端进不得分				
13	M45 螺纹		8	用三针测量,超差不得分				
14	倒角			一处没有扣1分				总分扣完为止
15	自由公差尺寸			每超差一处扣1分				总分扣完为止
16	超时扣分			每超 5 min 扣 5 分				

技术要求

未注倒角 C0.5。

$\sqrt{Ra\,1.6}\,(\sqrt{\ })$

毛坯材料	45 钢、铝
毛坯尺寸	φ50
加工时间	300 min

(a) 件 1

(b) 件 2

(c) 组合件

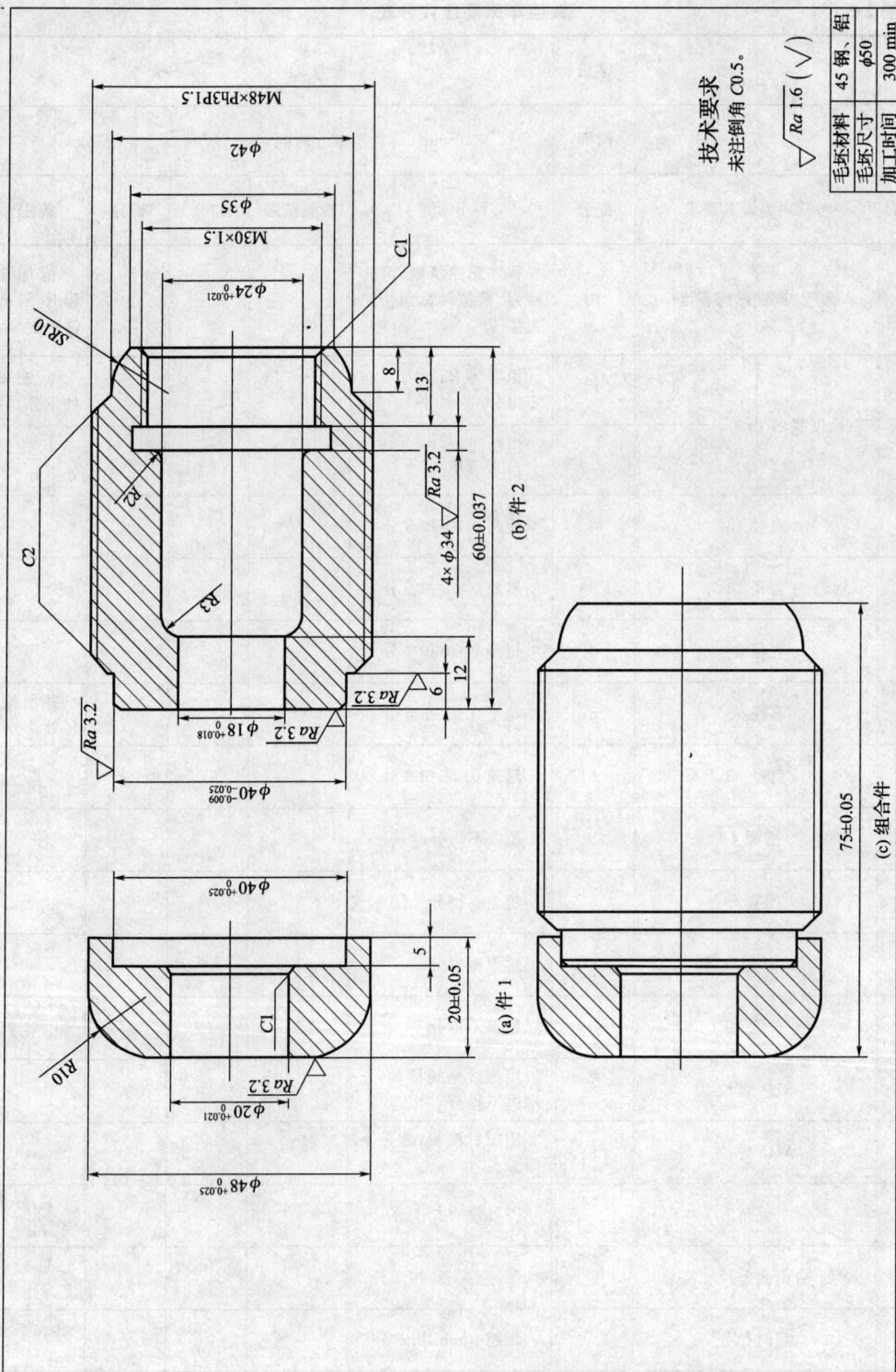

附图 2-6　数控车床高级工技能测试题 6

附表 2-6　　　　　　　　　　　数控车床高级评分表

姓名			学校		准考证号			
零件名称	6		时间	300 min	起止时间		总分	
考核项目	考核内容及其要求		配分	评分标准	检测结果	扣分	得分	备注
1	编程、调试熟练程度		10	程序思路清晰,可读性强,模拟调试纠错能力强				精加工程序只允许一次
2	粗糙度要求	$Ra1.6$	7	每处粗糙度 Ra 大于 1.6 扣 1 分				
		$Ra3.2$	3	每处粗糙度 Ra 大于 3.2 扣 1 分				
3	直径 18		6	超差 0.01 扣 3 分				
4	直径 20		6	超差 0.01 扣 3 分				
5	直径 24		6	超差 0.01 扣 3 分				
6	直径 40		6	超差不得分				内孔
7	直径 40		8	超差 0.01 扣 4 分				
8	直径 48		8	超差 0.01 扣 6 分				
9	长度 20		6	超差不得分				
10	长度 60		6	超差不得分				
11	长度 75		8	超差不得分				
12	M30 螺纹		8	用螺纹塞规检验,止端进不得分				
13	M48 螺纹		12	用三针测量,超差不得分				
14	倒角			一处没有扣 1 分				总分扣完为止
15	自由公差尺寸			每错一处扣 1 分				总分扣完为止
16	超时扣分			每超 5 min 扣 5 分				

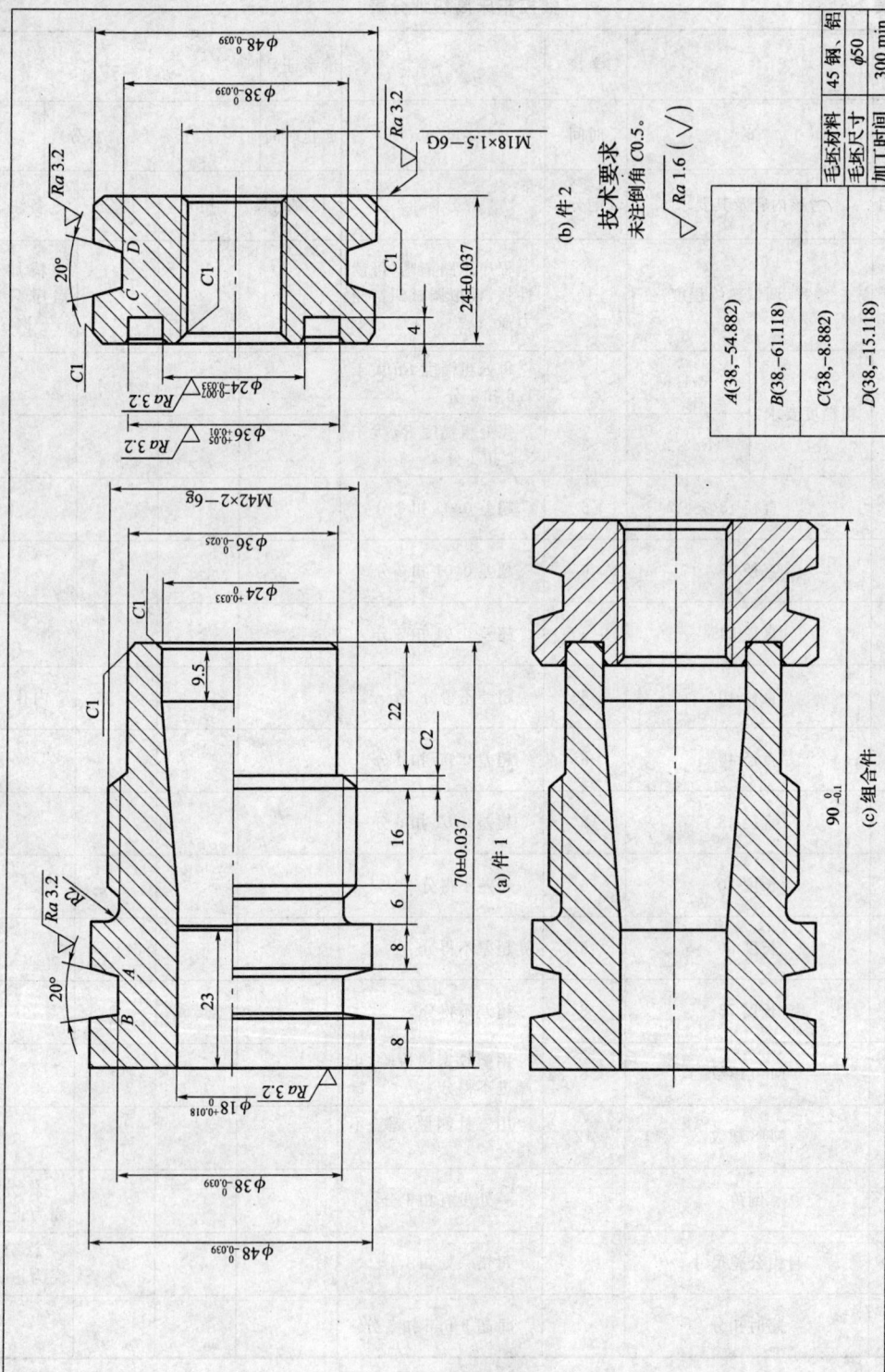

		毛坯材料	45 钢、铝
		毛坯尺寸	φ50
		加工时间	300 min

A(38,−54.882)

B(38,−61.118)

C(38,−8.882)

D(38,−15.118)

$\sqrt{Ra\,1.6}$ ($\sqrt{}$)

(b) 件2

技术要求

未注倒角 C0.5。

(a) 件1

(c) 组合件

附图 2-7 数控车床高级工技能测试题 7

附表 2-7 　　　　　　　　　　数控车床高级评分表

姓名			学校		准考证号			
零件名称	7		时间	300 min	起止时间		总分	
考核项目	考核内容及其要求		配分	评分标准	检测结果	扣分	得分	备注
1	编程、调试熟练程度		10	程序思路清晰,可读性强,模拟调试纠错能力强				精加工程序只允许一次
2	粗糙度要求	$Ra1.6$	7	每处粗糙度 Ra 大于 1.6 扣 1 分				
		$Ra3.2$	3	每处粗糙度 Ra 大于 3.2 扣 1 分				
3	直径 18		5	超差 0.01 扣 3 分				
4	直径 24		5	超差 0.01 扣 3 分				件 1
5	直径 24		6	超差不得分				件 2
6	直径 36		5	超差 0.01 扣 3 分				件 1
7	直径 36		6	超差不得分				件 2
8	直径 38		6	超差 0.01 扣 4 分				件 1
9	直径 38		6	超差 0.01 扣 4 分				件 2
10	直径 48		4	超差 0.01 扣 3 分				件 1
11	直径 48		4	超差 0.01 扣 3 分				件 2
12	长度 24		4	超差不得分				
13	长度 70		5	超差不得分				
14	长度 90		6	超差不得分				
15	M18 螺纹		10	用螺纹塞规检验,止端进不得分				
16	M42 螺纹		8	用螺纹环规检验,止端进不得分				
17	倒角			一处没有扣 1 分				总分扣完为止
18	自由公差尺寸			每超差一处扣 1 分				总分扣完为止
19	超时扣分			每超 5 min 扣 5 分				

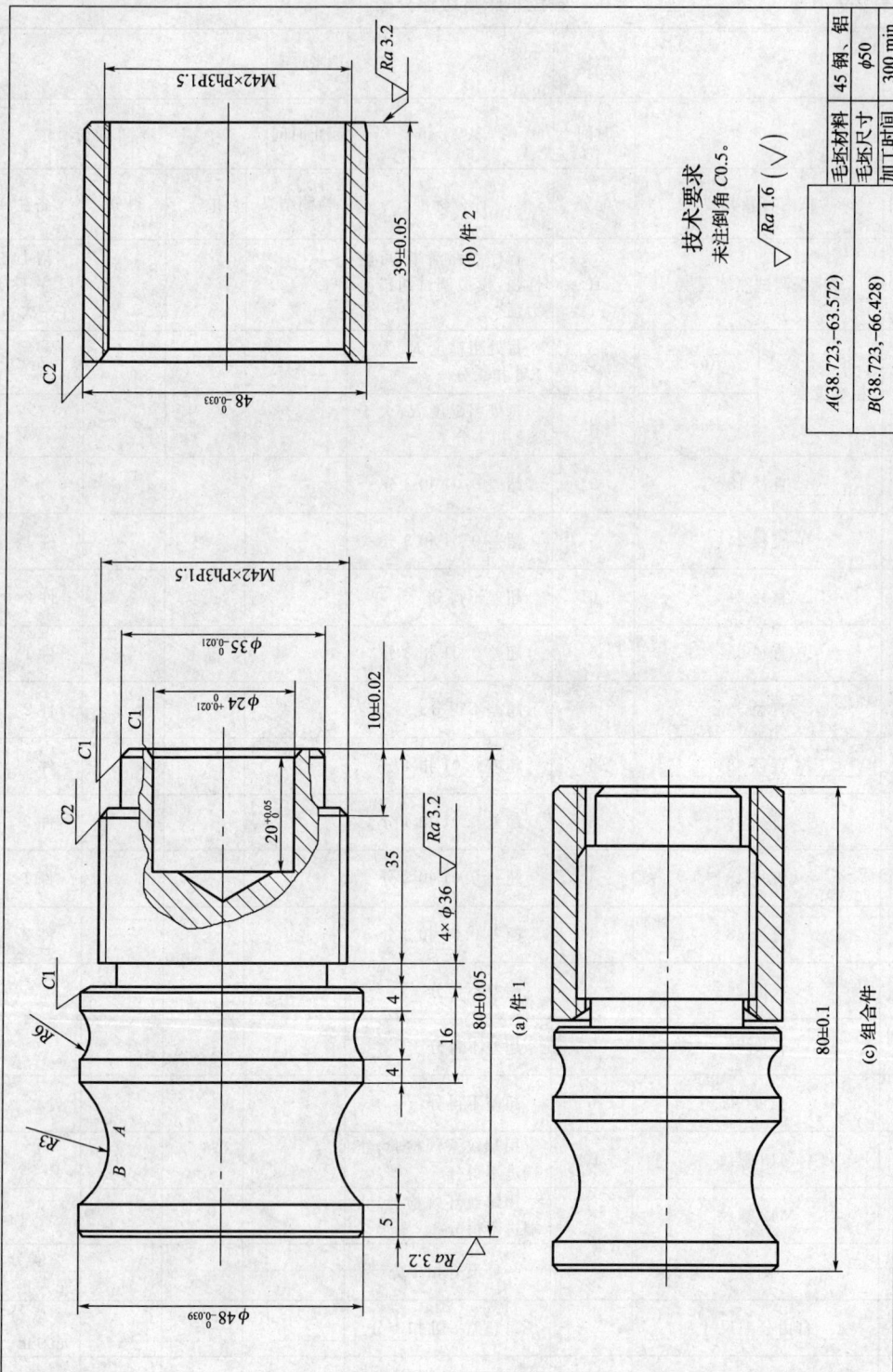

技术要求
未注倒角 C0.5。

$\sqrt{Ra\,1.6}\,(\sqrt{})$

毛坯材料	45 钢、铝
毛坯尺寸	$\phi50$
加工时间	300 min

| A(38.723, -63.572) |
| B(38.723, -66.428) |

(a) 件1

(b) 件2

(c) 组合件

附图 2-8 数控车床高级工技能测试题 8

附表 2-8　　　　　　　　　　　数控车床高级评分表

姓名		学校		准考证号			
零件名称	8	时间	300 min	起止时间		总分	
考核项目	考核内容及其要求	配分	评分标准	检测结果	扣分	得分	备注
1	编程、调试熟练程度	10	程序思路清晰,可读性强,模拟调试纠错能力强				精加工程序只允许一次
2	粗糙度要求 Ra1.6	7	每处粗糙度 Ra 大于 1.6 扣 1 分				
	粗糙度要求 Ra3.2	3	粗糙度 Ra 大于 3.2 不得分				
3	直径 24	10	超差 0.01 扣 6 分				
4	直径 35	6	超差 0.01 扣 5 分				
5	直径 48	12	超差 0.01 扣 5 分				共两处,每处 6 分
6	长度 10	6	超差不得分				
7	长度 20	6	超差不得分				
8	长度 39	6	超差不得分				
9	长度 80	6	超差不得分				
10	配合长度 80	8	超差不得分				
11	M42 内螺纹	10	用螺纹塞规检验,止端进不得分				双头螺纹
12	M42 外螺纹	10	用三针测量,超差不得分				双头螺纹
13	倒角		一处没有扣 1 分				
14	自由公差尺寸		每超差一处扣 1 分				
15	超时扣分		每超 5 min 扣 5 分				

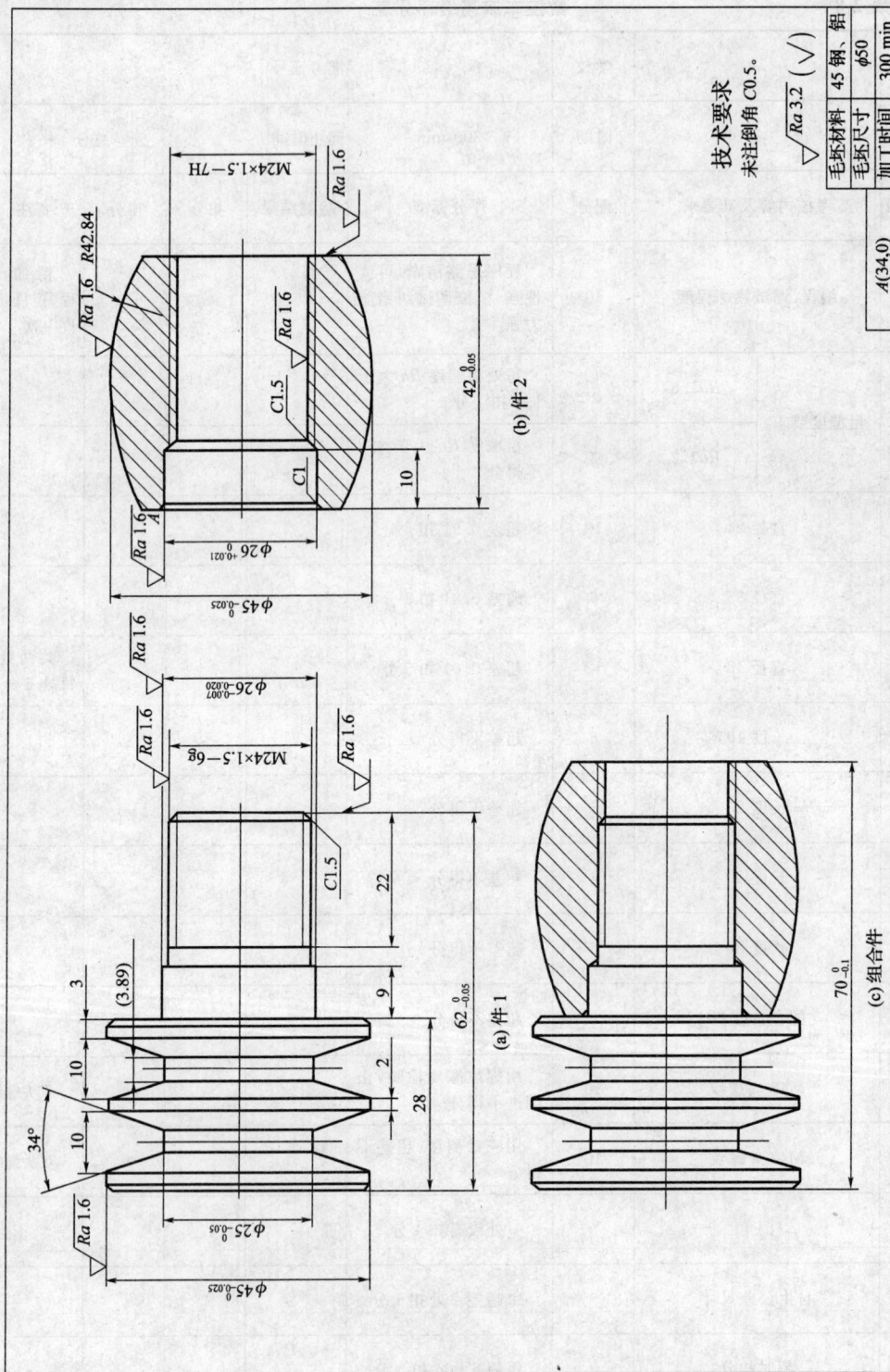

附图 2-9 数控车床高级工技能测试题 9

技术要求
未注倒角 C0.5。
$\sqrt{Ra\,3.2}$ ($\sqrt{}$)

毛坯材料	45 钢、铝
毛坯尺寸	$\phi 50$
加工时间	300 min

A(34,0)

M24×1.5−7H

$\sqrt{Ra\,1.6}$ R42.84

$\sqrt{Ra\,1.6}$

C1.5

$\sqrt{Ra\,1.6}$

$42_{-0.05}^{0}$

C1

10

$\sqrt{Ra\,1.6}$ A

$\phi 26_{+0.021}^{0}$

$\phi 45_{-0.025}^{0}$

(b) 件 2

$\sqrt{Ra\,1.6}$

$\phi 26_{-0.020}^{-0.007}$

M24×1.5−6g

$\sqrt{Ra\,1.6}$

C1.5

22

3

(3.89)

9

$62_{-0.05}^{0}$

10

2

28

$34°$

10

$\sqrt{Ra\,1.6}$

$\phi 25_{-0.05}^{0}$

$\phi 45_{-0.025}^{0}$

(a) 件 1

$70_{-0.1}^{0}$

(c) 组合件

附表 2-9   数控车床高级评分表

姓名			学校		准考证号			
零件名称	9		时间	300 min	起止时间		总分	
考核项目	考核内容及其要求		配分	评分标准	检测结果	扣分	得分	备注
1	编程、调试熟练程度		10	程序思路清晰,可读性强,模拟调试纠错能力强				精加工程序只允许一次
2	粗糙度要求	Ra1.6	7	每处粗糙度 Ra 大于1.6扣1分				
		Ra3.2	3	每处粗糙度 Ra 大于3.2扣1分				
3	34°		6	样板检测				
4	直径25		12	超差0.01扣4分				2处
5	直径26		10	超差0.01扣6分				件2
6	直径26		6	超差0.01扣4分				件1
7	直径45		6	超差0.01扣5分				件2
8	直径45		6	超差0.01扣4分				件1
9	长度42		5	超差不得分				
10	长度62		5	超差不得分				
11	长度70		8	超差不得分				
12	M24 螺纹		8	用螺纹环规检验,止端进不得分				件1
13	M24 螺纹		8	用螺纹塞规检验,止端进不得分				件2
14	倒角			一处没有扣1分				总分扣完为止
15	自由公差尺寸			每超差一处扣1分				总分扣完为止
16	超时扣分			每超5 min扣5分				

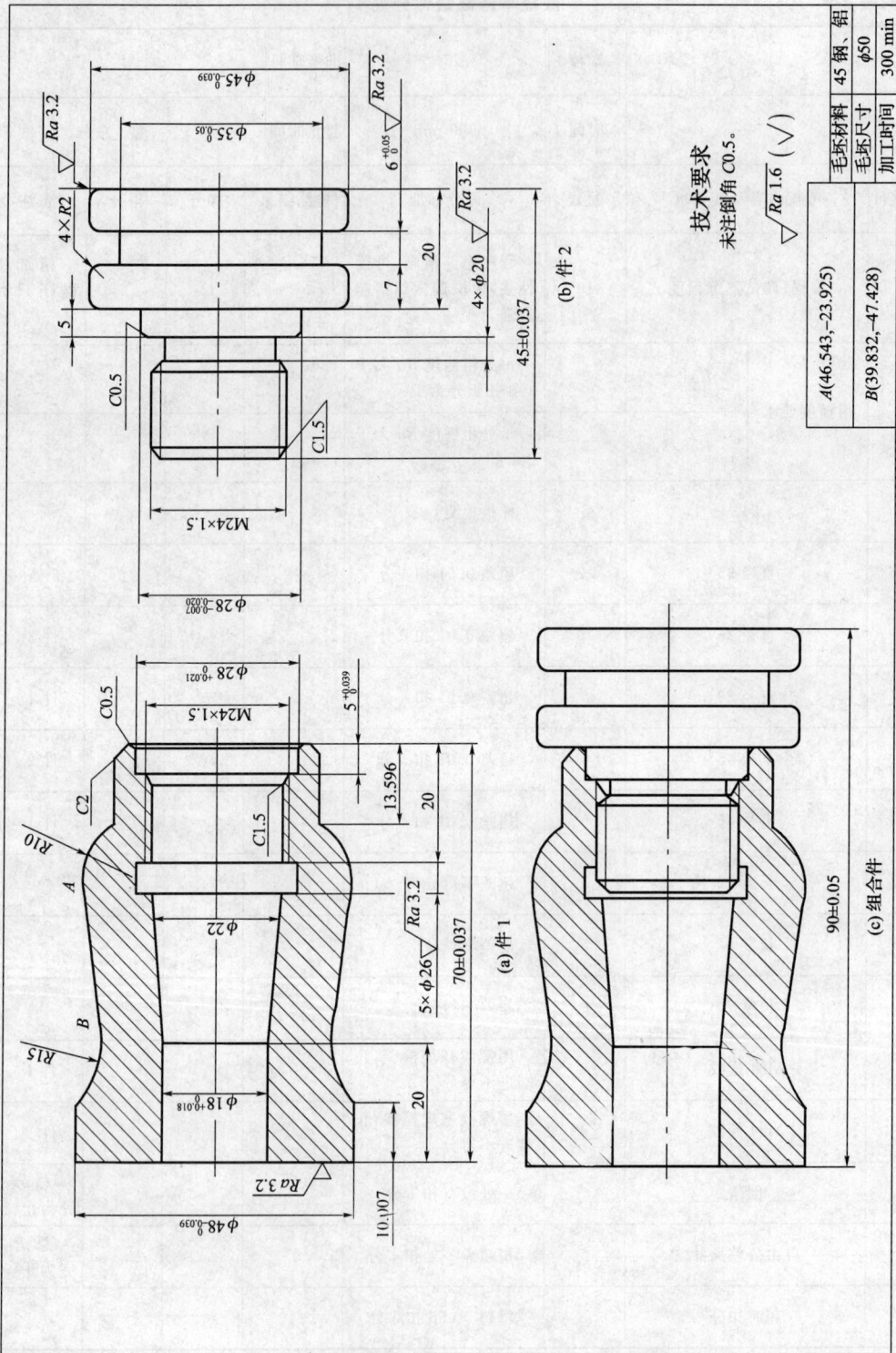

附图 2-10 数控车床高级工技能测试题 10

(a) 件 1

(b) 件 2

(c) 组合件

技术要求

未注倒角 C0.5。

毛坯材料	45 钢、铝
毛坯尺寸	φ50
加工时间	300 min

A(46.543,−23.925)

B(39.832,−47.428)

附表 2-10　　　　　　　　　　　　数控车床高级评分表

姓名			学校		准考证号			
零件名称	10		时间	300 min	起止时间		总分	
考核项目	考核内容及其要求		配分	评分标准	检测结果	扣分	得分	备注
1	编程、调试熟练程度		10	程序思路清晰,可读性强,模拟调试纠错能力强				精加工程序只允许一次
2	整体外形		5	整体几何形状准确				
3	粗糙度要求	$Ra1.6$	7	每处粗糙度 Ra 大于1.6扣1分				
		$Ra3.2$	3	每处粗糙度 Ra 大于3.2扣1分				
4	直径18		6	超差0.01扣4分				
5	直径28		7	超差不得分				件1
6	直径28		5	超差不得分				件2
7	直径35		7	超差0.01扣5分				
8	直径45		5	超差0.01扣3分				
9	直径48		5	超差0.01扣3分				
10	长度5		5	超差不得分				
11	长度6		5	超差不得分				
12	长度45		5	超差不得分				
13	长度70		5	超差不得分				
14	长度90		6	超差不得分				
15	M24 螺纹		6	用螺纹环规检验,止端进不得分				件2
16	M24 螺纹		8	用螺纹塞规检验,止端进不得分				件1
17	倒角			一处没有扣1分				
18	自由公差尺寸			超差一处扣1分				
19	超时扣分			每超5 min扣5分				

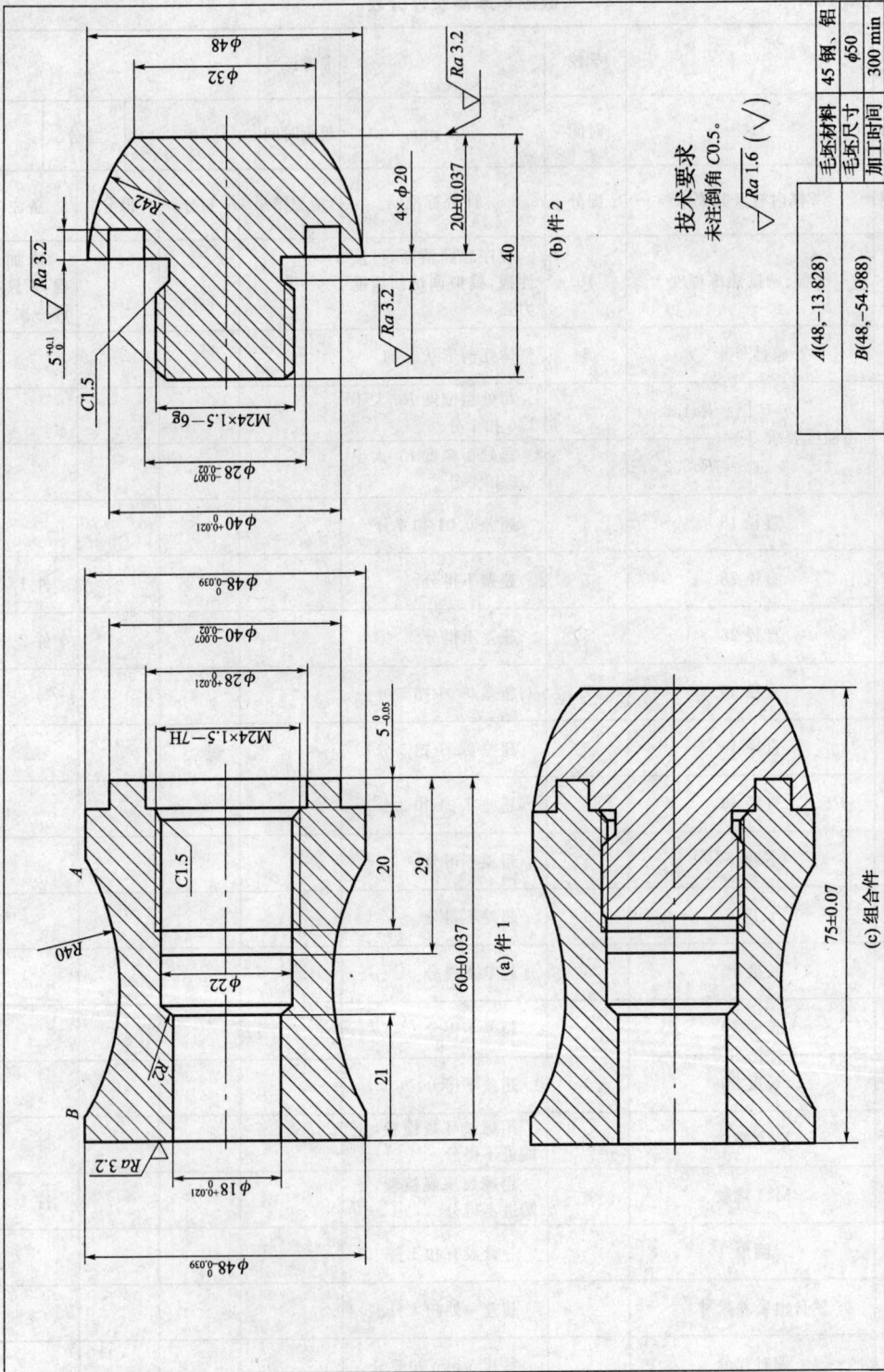

技术要求
未注倒角 C0.5。

(b) 件2

(a) 件1

(c) 组合件

附图 2-11 数控车床高级工技能测试题 11

	毛坯材料	45 钢、铝
A(48,−13.828)	毛坯尺寸	φ50
B(48,−54.988)	加工时间	300 min

数控车床高级评分表

姓名			学校		准考证号			
零件名称	11		时间	300 min	起止时间		总分	
考核项目	考核内容及其要求		配分	评分标准	检测结果	扣分	得分	备注
1	编程、调试熟练程度		10	程序思路清晰,可读性强,模拟调试纠错能力强				精加工程序只允许一次
2	粗糙度要求	$Ra1.6$	7	每处粗糙度 Ra 大于 1.6 扣 1 分				
		$Ra3.2$	3	每处粗糙度 Ra 大于 3.2 扣 1 分				
3	$R42$		4	几何形状准确				
4	直径 18		5	超差 0.01 扣 3 分				
5	直径 28		5	超差不得分				件 1
6	直径 28		6	超差不得分				件 2
7	直径 40		5	超差不得分				件 1
8	直径 40		6	超差不得分				件 2
9	直径 48		6	超差 0.01 扣 2 分				两处
10	长度 5		5	超差不得分				件 1
11	长度 5		5	超差不得分				件 2
12	长度 20		5	超差不得分				
13	长度 60		5	超差不得分				
14	长度 75		8	超差不得分				
15	M24 螺纹		7	用螺纹环规检验,止端进不得分				件 2
16	M24 螺纹		8	用螺纹塞规检验,止端进不得分				件 1
17	倒角			一处没有扣 1 分				
18	自由公差尺寸			每超差一处扣 1 分				
19	超时扣分			每超 5 min 扣 5 分				

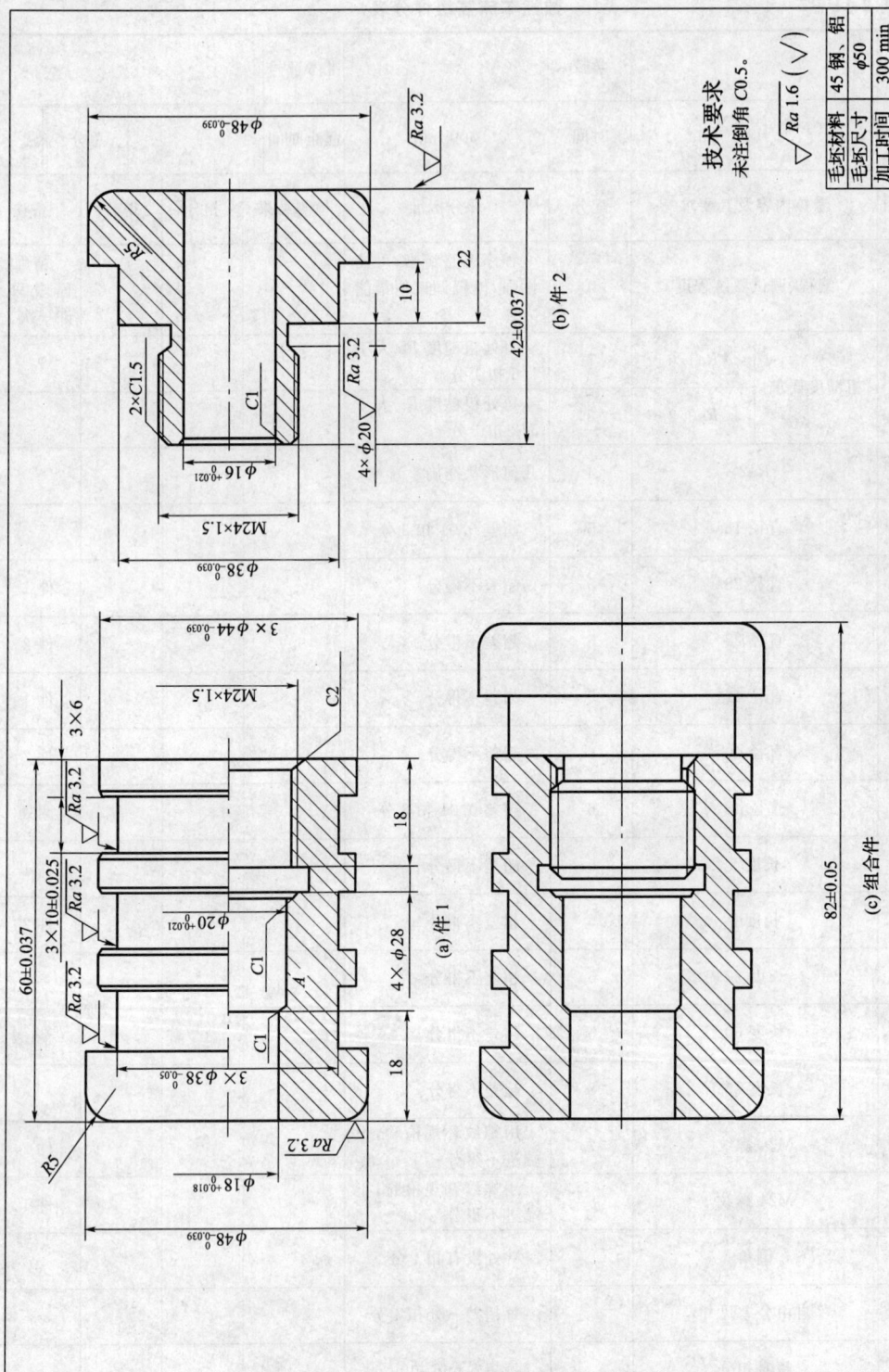

技术要求
未注倒角 C0.5。

$\sqrt{Ra\,1.6}\ (\sqrt{})$

毛坯材料	45 钢、铝
毛坯尺寸	$\phi50$
加工时间	300 min

(b) 件 2

(a) 件 1

(c) 组合件

附图 2-12　数控车床高级工技能测试题 12

附表 2-12   **数控车床高级评分表**

姓名			学校		准考证号			
零件名称	12		时间	300 min	起止时间		总分	
考核项目	考核内容及其要求		配分	评分标准	检测结果	扣分	得分	备注
1	编程、调试熟练程度		10	程序思路清晰,可读性强,模拟调试纠错能力强				精加工程序只允许一次
2	粗糙度要求	$Ra1.6$	7	每处粗糙度 Ra 大于1.6扣1分				
		$Ra3.2$	3	每处粗糙度 Ra 大于3.2扣1分				
3	直径16		5	超差0.01扣3分				
4	直径18		5	超差0.01扣3分				
5	直径20		5	超差0.01扣3分				
6	直径38		9	超差不得分				槽底3处
7	直径38		4	超差不得分				件2
8	直径44		4	超差0.01扣3分				
9	直径48		5	超差0.01扣3分				件1
10	直径48		5	超差0.01扣3分				件2
11	长度10		9	超差不得分				槽宽3处
12	长度42		4	超差不得分				
13	长度60		4	超差不得分				
14	长度82		7					
15	M24螺纹		6	用螺纹环规检验,止端进不得分				件2
16	M24螺纹		8	用螺纹塞规检验,止端进不得分				件1
17	倒角			一处没有扣1分				
18	自由公差尺寸			每超差一处扣1分				
19	超时扣分			每超5 min扣5分				

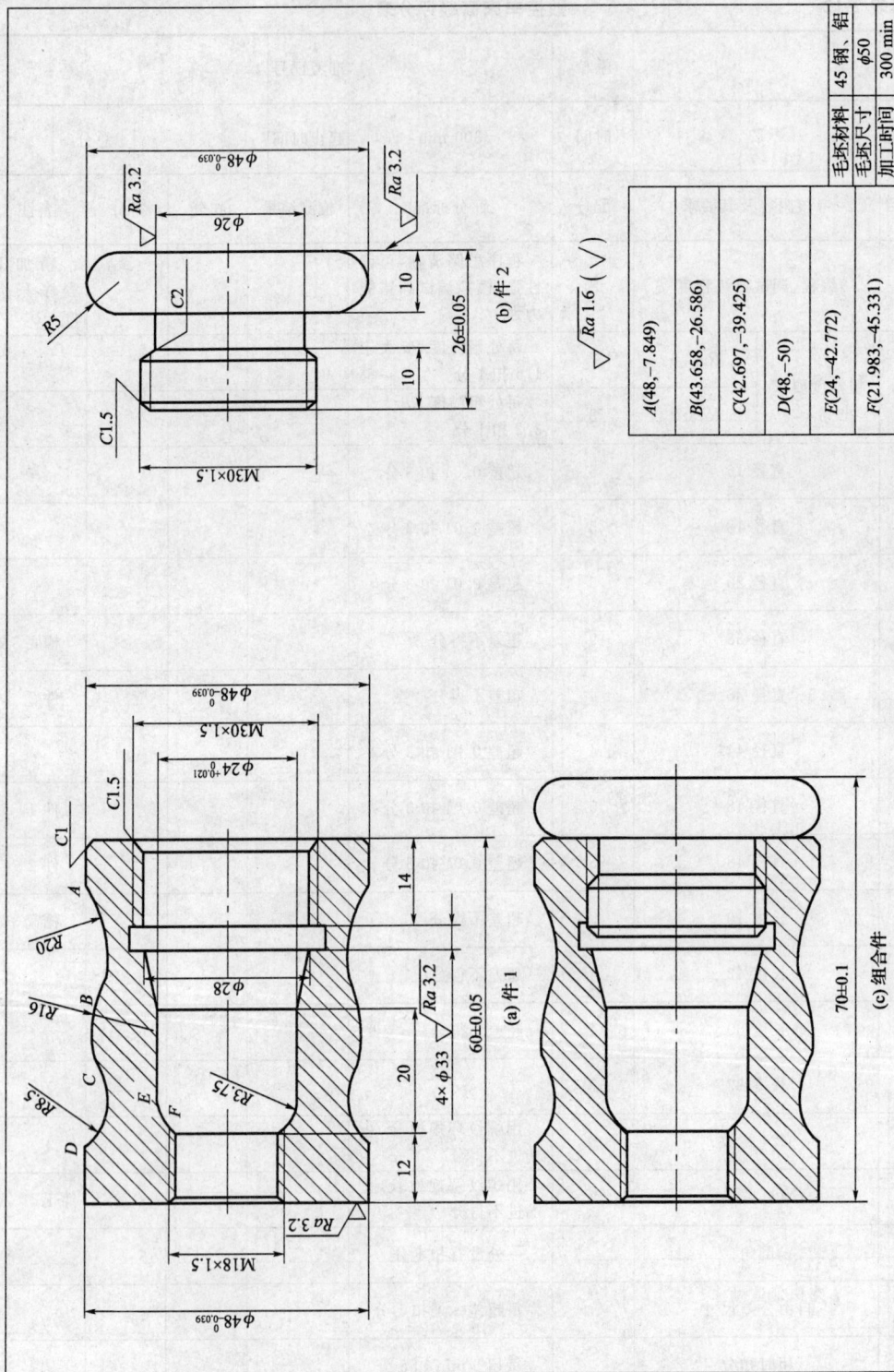

附图 2-13　数控车床高级工技能测试题 13

毛坯材料	45 钢、铝		
毛坯尺寸	φ50		
加工时间	300 min		

$\sqrt{Ra\,1.6}\,(\sqrt{\ })$

A(48,−7.849)	
B(43.658,−26.586)	
C(42.697,−39.425)	
D(48,−50)	
E(24,−42.772)	
F(21.983,−45.331)	

(a) 件 1

(b) 件 2

(c) 组合件

附表 2-13　　　　　　　　　　数控车床高级评分表

姓名			学校		准考证号			
零件名称	13		时间	300 min	起止时间		总分	
考核项目	考核内容及其要求		配分	评分标准	检测结果	扣分	得分	备注
1	编程、调试熟练程度		10	程序思路清晰,可读性强,模拟调试纠错能力强				精加工程序只允许一次
2	粗糙度要求	Ra1.6	7	粗糙度 Ra 大于 1.6 不得分				
		Ra3.2	3	粗糙度 Ra 大于 3.2 不得分				
3	外形		10	样板检验				
4	直径 24		10	超差 0.01 扣 6 分				
5	直径 48		10	超差 0.01 扣 3 分				件1两处
6	直径 48		8	超差 0.01 扣 5 分				件2
7	长度 26		6	超差不得分				
8	长度 60		6	超差不得分				
9	长度 70		8	超差不得分				
10	M18 螺纹		7	用螺纹塞规检验,止端进不得分				件1
11	M30 螺纹		8	用螺纹塞规检验,止端进不得分				件1
12	M30 螺纹		7	用螺纹环规检验,止端进不得分				件2
13	倒角			一处没有扣 1 分				
14	自由公差尺寸			每超差一处扣 1 分				
15	超时扣分			每超 5 min 扣 5 分				

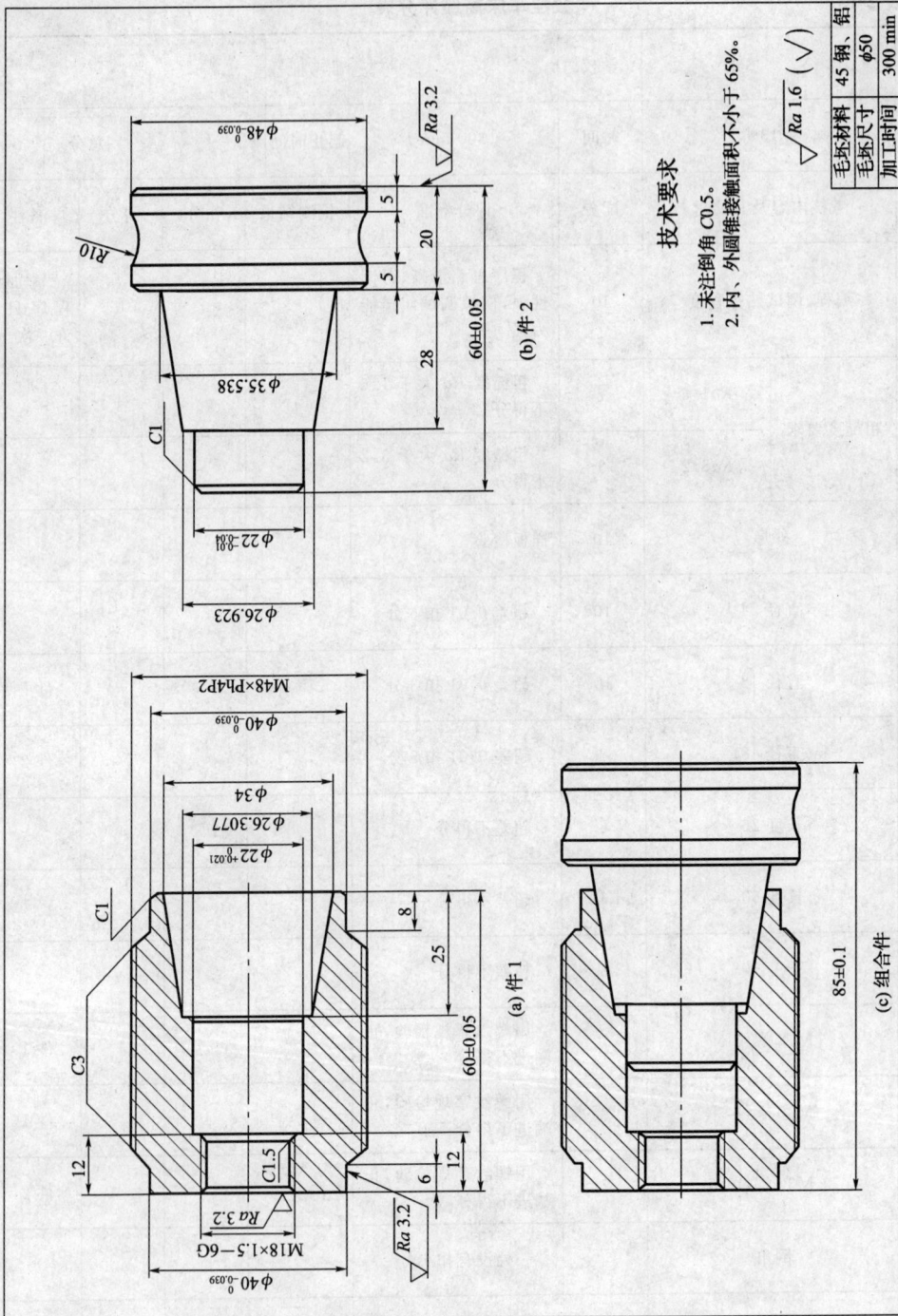

附图 2-14 数控车床高级工技能测试题 14

技术要求

1. 未注倒角 C0.5。
2. 内、外圆锥接触面积不小于 65%。

$\sqrt{Ra\,1.6}\ (\sqrt{\ })$

毛坯材料	45 钢、铝
毛坯尺寸	φ50
加工时间	300 min

(a) 件 1

(b) 件 2

(c) 组合件

附表 2-14 　　　　　　　　　　数控车床高级评分表

姓名			学校		准考证号				
零件名称	14		时间	300 min	起止时间			总分	
考核项目	考核内容及其要求		配分	评分标准	检测结果	扣分	得分		备注
1	编程、调试熟练程度		10	程序思路清晰,可读性强,模拟调试纠错能力强					精加工程序只允许一次
2	粗糙度要求	Ra1.6	7	每处粗糙度 Ra 大于 1.6 扣 1 分					
		Ra3.2	3	每处粗糙度 Ra 大于 3.2 扣 1 分					
3	直径 22		10	超差 0.01 扣 5 分					件 1
4	直径 22		6	超差 0.01 扣 5 分					件 2
5	直径 40		12	超差 0.01 扣 5 分					共两处,每处 6 分
6	直径 48		6	超差 0.01 扣 5 分					
7	长度 60		4	超差不得分					件 1
8	长度 60		4	超差不得分					件 2
9	长度 85		8	超差不得分					
10	M18 螺纹		8	用螺纹塞规检验,止端进不得分					
11	M48 螺纹		14	用三针测量,超差不得分					双头螺纹
12	圆锥面配合		8	接触面积小于 65% 扣 4 分,小于 50% 不得分					
13	倒角			一处没有扣 1 分					
14	自由公差尺寸			每超差一处扣 1 分					
15	超时扣分			每超 5 min 扣 5 分					

技术要求

内、外圆锥接触面积不小于65%。

$\sqrt{Ra\,1.6}$ (√)

A(41.8,−20)	
B(45.486,−25.468)	
C(42.545,−44.245)	

毛坯材料	45 钢、	铝
毛坯尺寸	φ50	
加工时间	300 min	

(b) 件 2

(a) 件 1

(c) 组合件

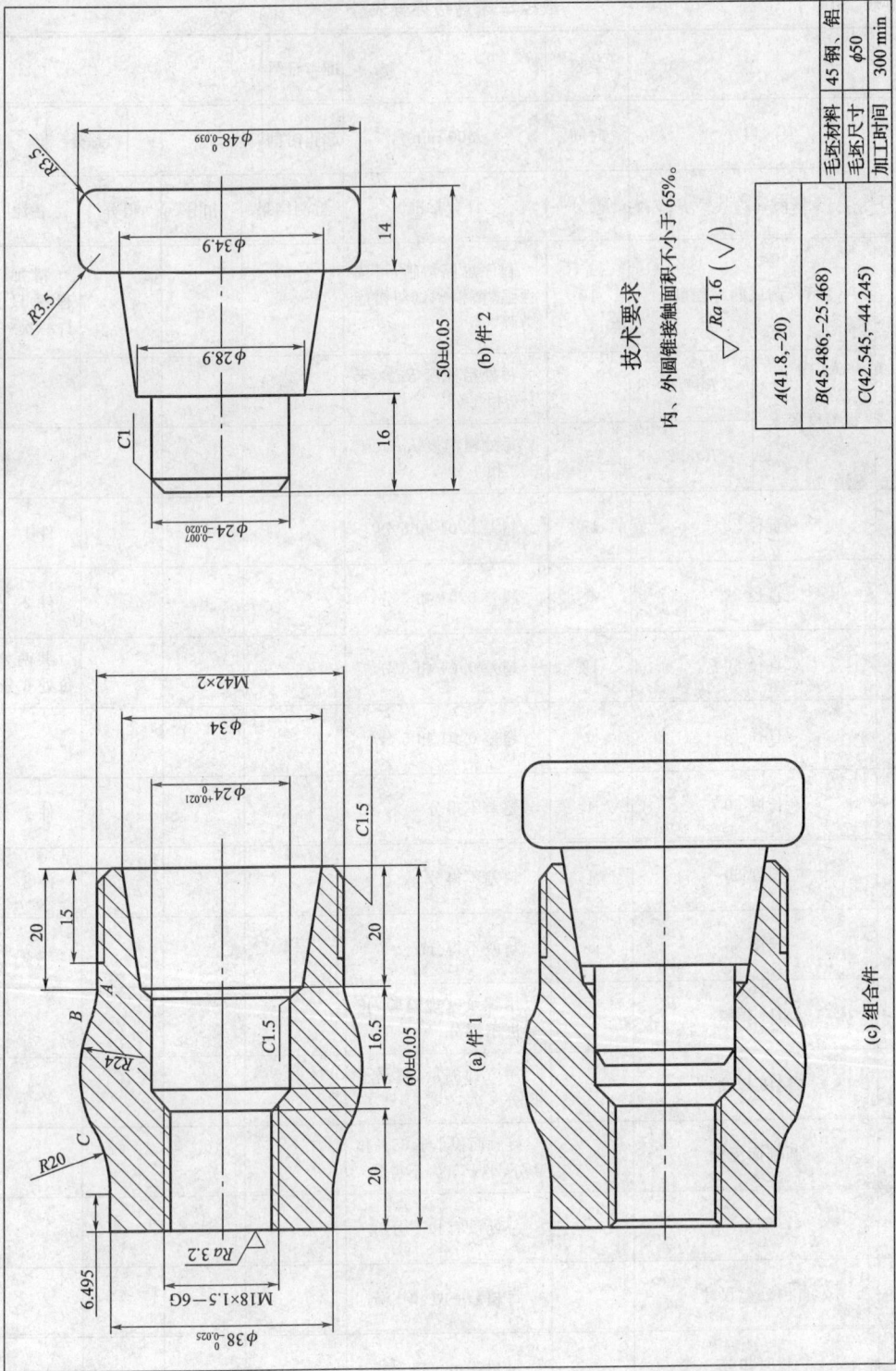

附图 12-15 数控车床高级工技能测试题 15

附表 2-15   数控车床高级评分表

姓名			学校		准考证号			
零件名称	15		时间	300 min	起止时间		总分	
考核项目	考核内容及其要求		配分	评分标准	检测结果	扣分	得分	备注
1	编程、调试熟练程度		10	程序思路清晰,可读性强,模拟调试纠错能力强				精加工程序只允许一次
2	粗糙度要求	Ra1.6	7	每处粗糙度 Ra 大于 1.6 扣 1 分				
		Ra3.2	3	每处粗糙度 Ra 大于 3.2 扣 1 分				
3	直径 24		10	超差 0.01 扣 6 分				件 1
4	直径 24		8	超差 0.01 扣 5 分				件 2
5	直径 38		8	超差 0.01 扣 4 分				
6	直径 48		8	超差 0.01 扣 4 分				
7	长度 50		7	超差不得分				
8	长度 60		7	超差不得分				
9	M18 螺纹		10	用螺纹塞规检验,止端进不得分				
10	M42 螺纹		12	用三针测量,超差不得分				
11	圆锥配合面		10	低于 65% 扣 5 分,低于 55% 不得分				
12	倒角			一处没有扣 1 分				
13	自由公差尺寸			每超差一处扣 1 分				
14	超时扣分			每超 5 min 扣 5 分				

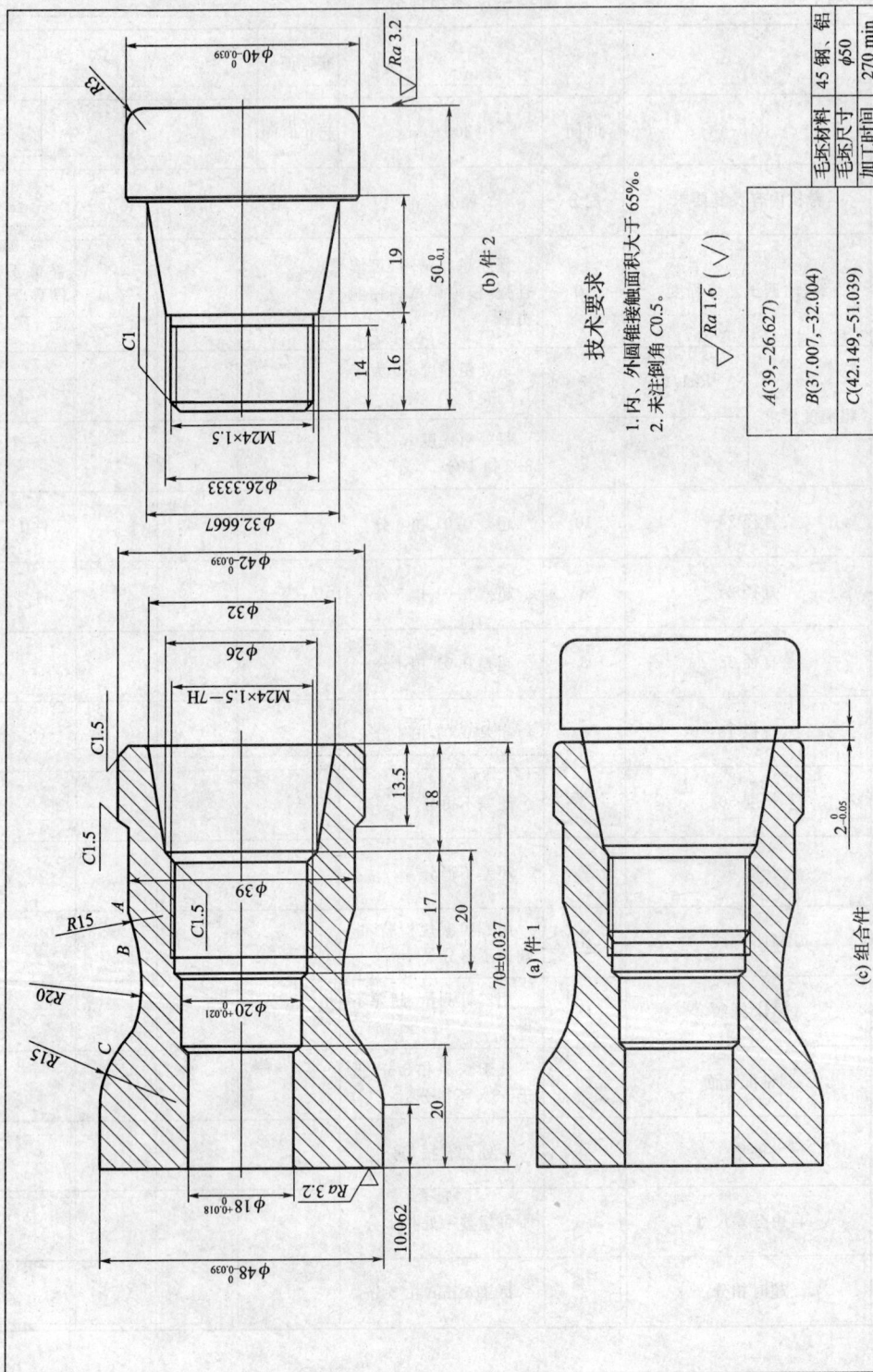

技术要求

1. 内、外圆锥接触面积大于 65%。
2. 未注倒角 C0.5。

$\sqrt{Ra\,1.6}\ (\sqrt{\ })$

毛坯材料	45 钢、铝
毛坯尺寸	φ50
加工时间	270 min

A(39,−26.627)
B(37.007,−32.004)
C(42.149,−51.039)

(a) 件 1

(b) 件 2

(c) 组合件

附图 2-16　数控车床高级工技能测试题 16

附表 2-16　　　　　　　　数控车床高级评分表

姓名			学校		准考证号				
零件名称	16		时间	270 min	起止时间			总分	
考核项目	考核内容及其要求		配分	评分标准	检测结果	扣分	得分	备注	
1	编程、调试熟练程度		10	程序思路清晰,可读性强,模拟调试纠错能力强				精加工程序只允许一次	
2	粗糙度要求	$Ra1.6$	7	每处粗糙度 Ra 大于 1.6 扣 1 分					
		$Ra3.2$	3	每处粗糙度 Ra 大于 3.2 扣 1 分					
3	外形		7	样板检验					
4	直径 18		7	超差 0.01 扣 4 分					
5	直径 20		7	超差 0.01 扣 4 分					
6	直径 40		6	超差 0.01 扣 4 分					
7	直径 42		6	超差 0.01 扣 4 分					
8	直径 48		6	超差 0.01 扣 4 分					
9	长度 50		3	超差不得分					
10	长度 70		6	超差不得分					
11	M24 螺纹		8	用螺纹塞规检验,止端进不得分				件 1	
12	M24 螺纹		8	用螺纹环规检验,止端进不得分				件 2	
13	圆锥配合面		8	低于 65% 扣 4 分,低于 50% 不得分					
14	配合 2		8	塞尺检验					
15	倒角			一处没有扣 1 分				总分扣完为止	
16	自由公差尺寸			每处超差扣 1 分				总分扣完为止	
17	超时扣分			每超 5 min 扣 5 分					

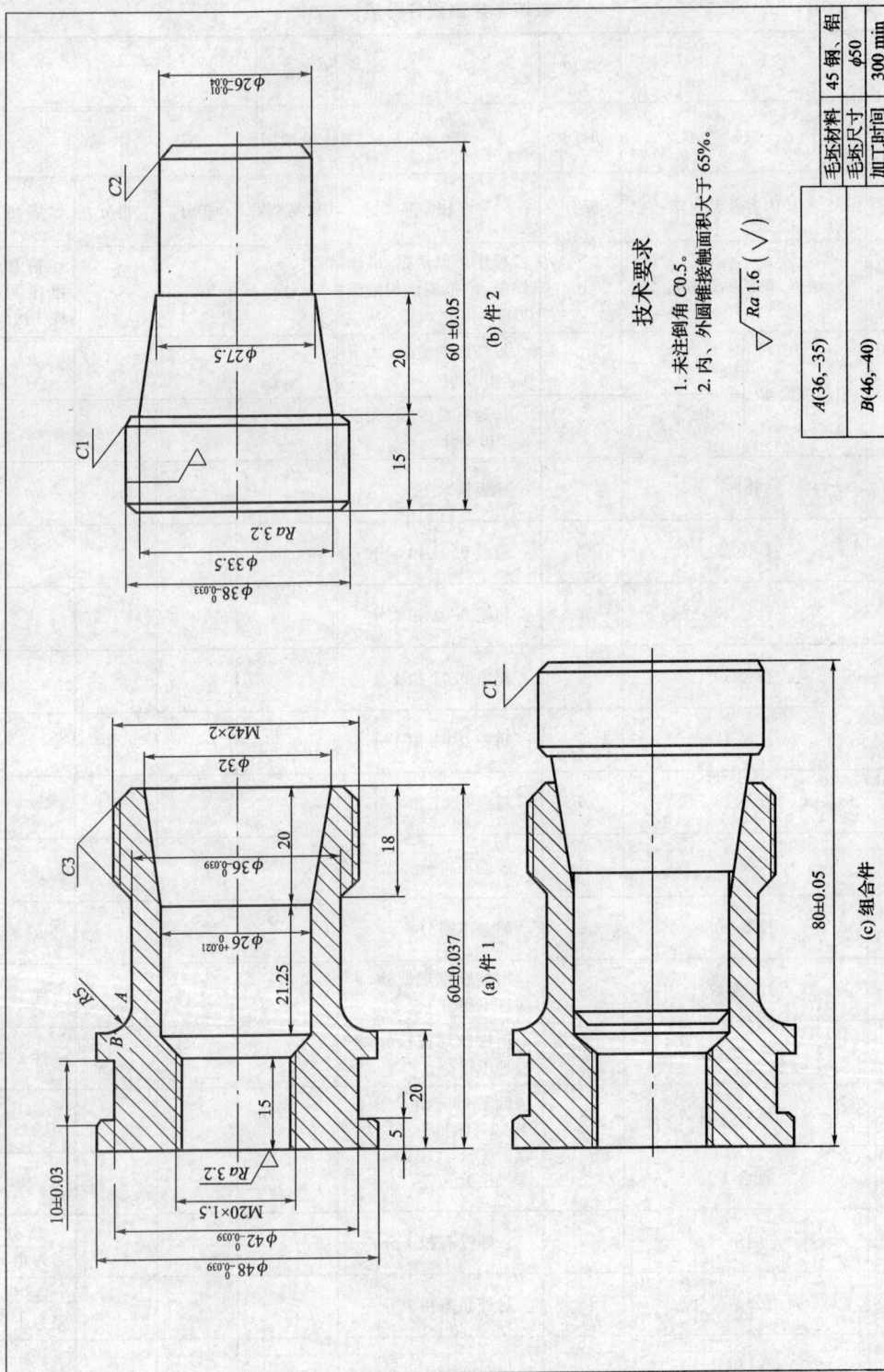

技术要求

1. 未注倒角 C0.5。
2. 内、外圆锥接触面面积大于 65%。

$\sqrt{Ra\,1.6}$ (√)

| A(36,-35) | |
| B(46,-40) | |

毛坯材料	45 钢、铝
毛坯尺寸	φ50
加工时间	300 min

(b) 件 2

(a) 件 1

(c) 组合件

附图 2-17 数控车床高级工技能测试题 17

附表 2-17　　　　　　　　　　　数控车床高级评分表

姓名			学校		准考证号			
零件名称	17		时间	300 min	起止时间		总分	
考核项目	考核内容及其要求		配分	评分标准	检测结果	扣分	得分	备注
1	编程、调试熟练程度		10	程序思路清晰,可读性强,模拟调试纠错能力强				精加工程序只允许一次
2	粗糙度要求	$Ra1.6$	7	每处粗糙度 Ra 大于 1.6 扣 1 分				
		$Ra3.2$	3	每处粗糙度 Ra 大于 3.2 扣 1 分				
3	直径 26		8	超差 0.01 扣 5 分				件 1
4	直径 26		5	超差 0.01 扣 3 分				件 2
5	直径 36		5	超差 0.01 扣 3 分				
6	直径 38		5	超差 0.01 扣 3 分				
7	直径 42		6	超差 0.01 扣 4 分				
8	直径 48		5	超差 0.01 扣 3 分				
9	长度 10		5	超差不得分				
10	长度 60		4	超差不得分				件 1
11	长度 60		4	超差不得分				件 2
12	M20 螺纹		9	用螺纹塞规检验,止端进不得分				
13	M42 螺纹		9	用螺纹环规检验,止端进不得分				
14	配合长度 80		8	超差不得分				
15	圆锥面配合		7	低于 65% 扣 4 分,低于 50% 不得分				
16	倒角			一处没有扣 1 分				
17	自由公差尺寸			每超差一处扣 1 分				
18	超时扣分			每超 5 min 扣 5 分				

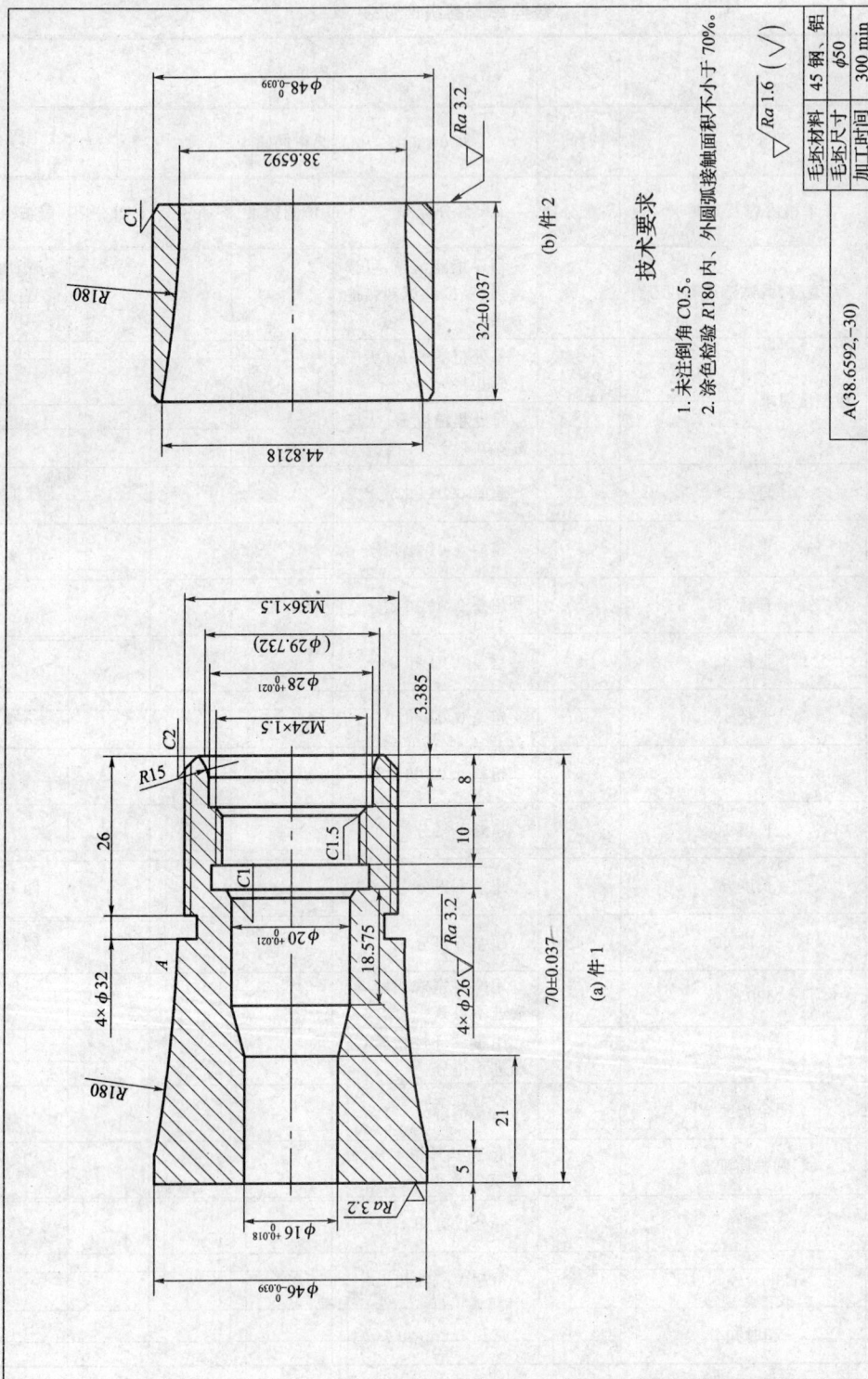

附图 2-18 数控车床高级工技能测试题 18

(b) 件 2

$\phi48^{~0}_{-0.039}$

38.6592

$C1$

$R180$

$\sqrt{Ra\,3.2}$

32 ± 0.037

44.8218

技术要求

1. 未注倒角 C0.5。
2. 涂色检验 R180 内、外圆弧接触面积不小于 70%。

$\sqrt{Ra\,1.6}\ (\sqrt{\quad})$

毛坯材料	45 钢、铝
毛坯尺寸	$\phi50$
加工时间	300 min

A(38.6592, −30)

(a) 件 1

M36×1.5

$(\phi29.732)$

$\phi28^{+0.021}_{0}$

M24×1.5

3.385

$C2$

$R15$

8

26

$C1.5$

10

$C1$

$4\times\phi32$

A

$\phi20^{+0.021}_{0}$

18.575

$4\times26\sqrt{\quad}$ $\sqrt{Ra\,3.2}$

$70^{~0}_{-0.037}$

$R180$

21

5

$\sqrt{Ra\,3.2}$

$\phi16^{+0.018}_{0}$

$\phi46^{~0}_{-0.039}$

附表 2-18　　　　　　　　　　数控车床高级评分表

姓名			学校		准考证号			
零件名称	18		时间	300 min	起止时间		总分	
考核项目	考核内容及其要求		配分	评分标准	检测结果	扣分	得分	备注
1	编程、调试熟练程度		10	程序思路清晰,可读性强,模拟调试纠错能力强				精加工程序只允许一次
2	粗糙度要求	$Ra1.6$	7	每处粗糙度 Ra 大于1.6扣1分				
		$Ra3.2$	3	每处粗糙度 Ra 大于3.2扣1分				
3	$R180$ 配合面		10	接触面积小于70%扣5分,小于60%不得分				
4	直径16		8	超差0.01扣4分				
5	直径20		6	超差0.01扣4分				
6	直径28		6	超差0.01扣4分				
7	直径46		8	超差0.01扣5分				
8	直径48		8	超差0.01扣5分				
9	长度32		6	超差不得分				
10	长度70		8	超差不得分				
11	M24 螺纹		10	用螺纹塞规检验,止端进不得分				
12	M36 螺纹		10	用螺纹环规检验,止端进不得分				
13	倒角			一处没有扣1分				
14	自由公差尺寸			每超差一处扣1分				
15	超时扣分			每超 5 min 扣5分				

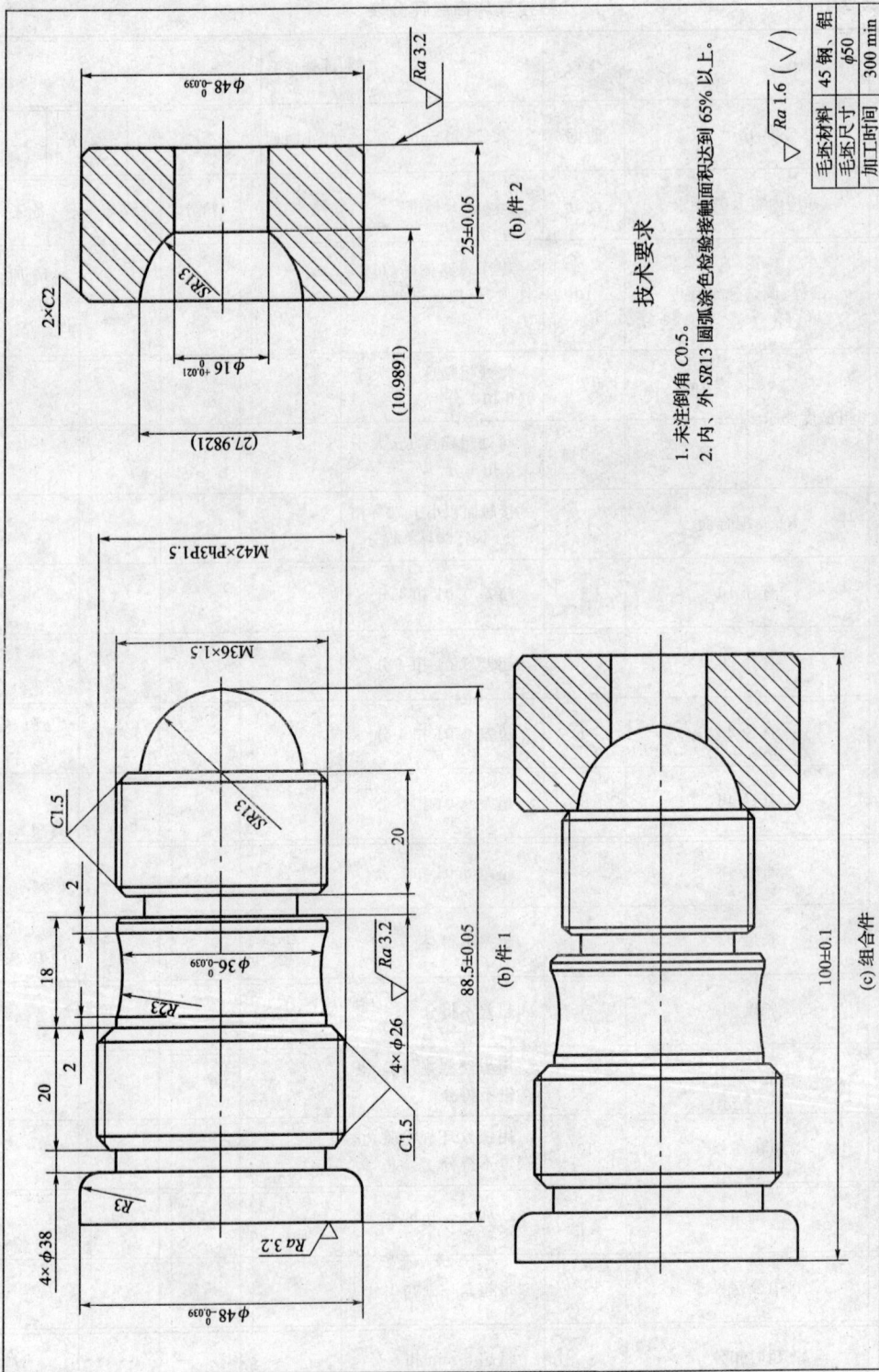

技术要求

1. 未注倒角 C0.5。
2. 内、外 SR13 圆弧涂色检验接触面积达到 65% 以上。

$\sqrt{Ra\,1.6}\ (\sqrt{\ })$

毛坯材料	45 钢	铝
毛坯尺寸	$\phi50$	
加工时间	300 min	

附图 2-19　数控车床高级工技能测试题 19

附表 2-19 　　　　　　　　　　　数控车床高级评分表

姓名		学校		准考证号			
零件名称	19	时间	300 min	起止时间		总分	
考核项目	考核内容及其要求	配分	评分标准	检测结果	扣分	得分	备注
1	编程、调试熟练程度	10	程序思路清晰,可读性强,模拟调试纠错能力强				精加工程序只允许一次
2	粗糙度要求　Ra1.6	7	每处粗糙度 Ra 大于 1.6 扣 1 分				
	Ra3.2	3	每处粗糙度 Ra 大于 3.2 扣 1 分				
3	直径 16	10	超差 0.01 扣 5 分				
4	直径 36	7	超差 0.01 扣 5 分				
5	直径 48	14	超差 0.01 扣 5 分				共两处,每处 7 分
6	长度 25	7	超差不得分				
7	长度 88.5	7	超差不得分				
8	长度 100	7	超差不得分				
9	M36 螺纹	8	用螺纹环规检测,止端进不得分				
10	M42 螺纹	12	用三针测量,超差不得分				双头螺纹
11	SR13 配合	8	低于 65% 扣 4 分,低于 50% 不得分				
12	倒角		一处没有扣 1 分				
13	自由公差尺寸		每超差一处扣 1 分				
14	超时扣分		每超 5 min 扣 5 分				

技术要求

1. 内、外 SR20 圆弧面涂色检验接触面积大于 65%。
2. 未注倒角 C0.5。

$\sqrt{Ra1.6}$ ($\sqrt{}$)

A(48,−6)	
B(47.416,−7.5)	
C(47.416,−52.5)	
D(48,−54)	
E(24,−41)	
F(25.278,−14.5)	

毛坯材料	45 钢、铝
毛坯尺寸	φ50
加工时间	300 min

(a) 件 1

(b) 件 2

(c) 组合件

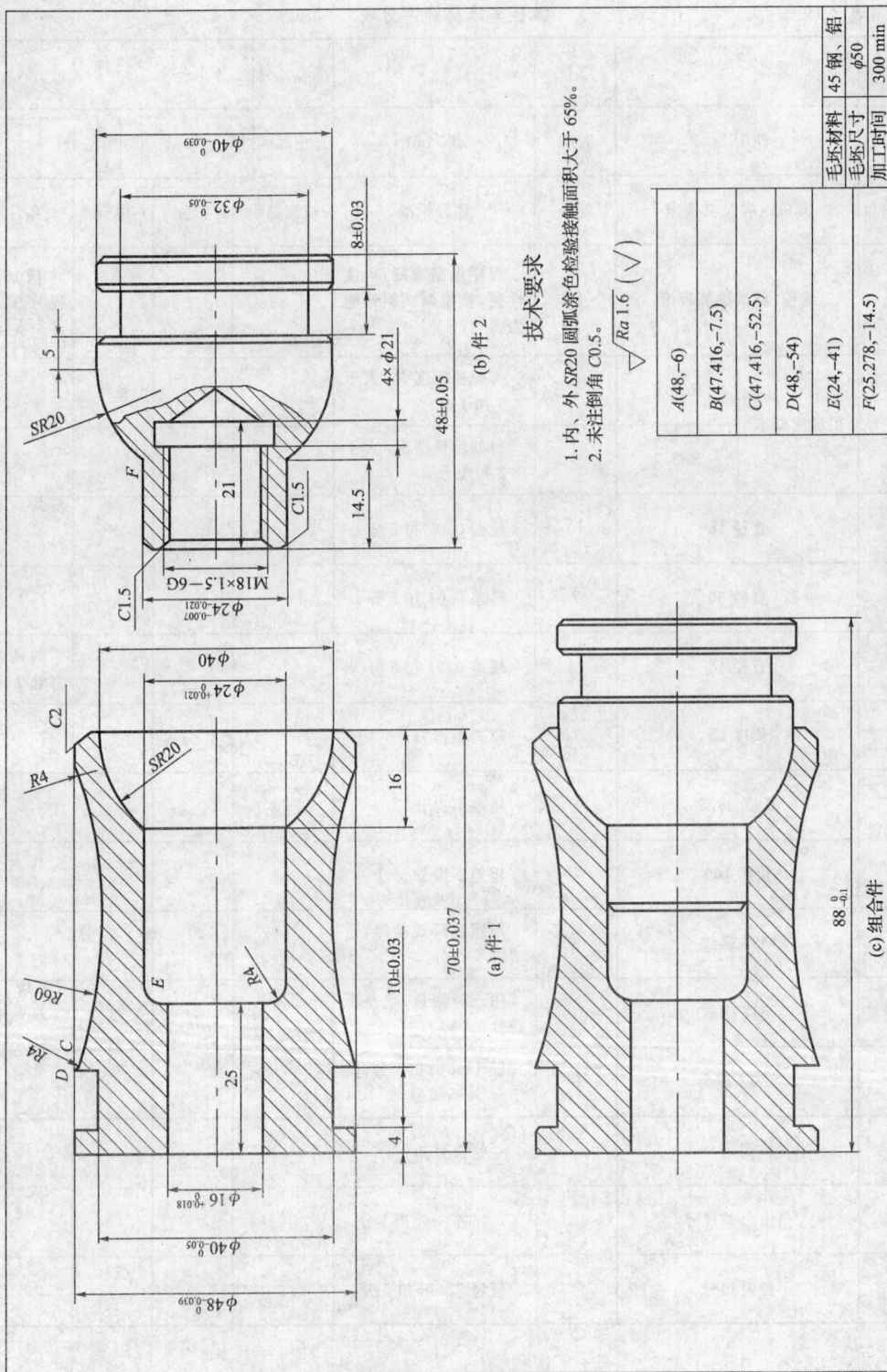

附图 2-20 数控车床高级工技能测试题 20

附表 2-20　　　　　数控车床高级评分表

姓名		学校		准考证号			
零件名称	20	时间	300 min	起止时间		总分	
考核项目	考核内容及其要求		配分	评分标准	检测结果	扣分	得分	备注

考核项目	考核内容及其要求		配分	评分标准	检测结果	扣分	得分	备注
1	编程、调试熟练程度		10	程序思路清晰,可读性强,模拟调试纠错能力强				精加工程序只允许一次
2	粗糙度要求	$Ra1.6$	7	每处粗糙度 Ra 大于 1.6 扣 1 分				
		$Ra3.2$	3	每处粗糙度 Ra 大于 3.2 扣 1 分				
3	直径 16		8	超差 0.01 扣 5 分				
4	直径 24		6	超差 0.01 扣 4 分				件 1
5	直径 24		5	超差 0.01 扣 3 分				件 2
6	直径 32		5	超差 0.01 扣 3 分				
7	直径 40		5	超差 0.01 扣 3 分				件 1
8	直径 40		5	超差 0.01 扣 3 分				件 2
9	直径 48		5	超差 0.01 扣 5 分				
10	长度 8		4	超差不得分				
11	长度 10		4	超差不得分				
12	长度 48		4	超差不得分				
13	长度 70		4	超差不得分				
14	配合长度 88		7	超差不得分				
15	M18 螺纹		10	用螺纹塞规检测,止端进不得分				
16	$SR20$ 配合		8	低于 65% 扣 4 分,低于 50% 不得分				
17	倒角			一处没有扣 1 分				
18	自由公差尺寸			每超差一处扣 1 分				
19	超时扣分			每超 5 min 扣 5 分				

参 考 文 献

［1］沈建峰,朱勤惠.数控车床技能鉴定考点分析和试题集萃[M].北京:化学工业出版社,2007

［2］龚仲化.数控机床编程与操作[M].北京:机械工业出版社,2004

［3］李银海,戴素江.机械零件数控车削加工[M].北京:科学出版社,2008

［4］郑晓峰.数控技术及应用[M].北京:机械工业出版社,2008

［5］余英良.数控车削加工实训及案例解析[M].北京:化学工业出版社,2007

［6］杜国臣.数控机床编程[M].北京:机械工业出版社,2005

［7］林岩.数控加工编程及操作[M].北京:高等教育出版社,2007

［8］韩鸿鸾,荣维芝.数控机床加工程序的编制[M].北京:机械工业出版社,2002